石油教材出版基金资助项目

高等院校特色规划教材
应用型大学特色建设教材

仪器分析实验

主　编　苏小东
副主编　周倩羽　范雨竹　杨晓凤

石油工业出版社

内 容 提 要

本书针对有关普通本科院校实验教学以及开展应用型特色课程建设的需要编写，内容涵盖了实验室基础知识、紫外—可见分光光度法、分子荧光光谱法、红外光谱法、原子发射光谱法、原子吸收分光光度法、原子荧光光谱法、电位分析法、库仑分析法、伏安分析法、气相色谱法、高效液相色谱法、离子色谱法、毛细管电泳、气相色谱—质谱联用法和液相色谱—质谱联用法。每章均概要介绍了仪器的原理及仪器结构，特别强调了各种仪器的性能检定和仪器使用注意事项。

本书可作为高等学校化学类、化工制药类等专业的仪器分析实验教材，也可用于生命科学、药学、环境、材料、地学等非化学化工类专业的仪器分析实验教材，同时也可供相关专业研究人员参考。

图书在版编目（CIP）数据

仪器分析实验/苏小东主编. —北京：石油工业出版社，2021.12
高等院校特色规划教材
ISBN 978-7-5183-5157-2

Ⅰ.①仪… Ⅱ.①苏… Ⅲ.①仪器分析—实验—高等学校—教材
Ⅳ.①O657-33

中国版本图书馆CIP数据核字（2021）第276894号

出版发行：石油工业出版社
（北京市朝阳区安华里2区1号楼 100011）
网 址：www.petropub.com
编辑部：（010）64256990
图书营销中心：（010）64523633 （010）64523731
经 销：全国新华书店
排 版：北京密东文创科技有限公司
印 刷：北京中石油彩色印刷有限责任公司

2021年12月第1版 2021年12月第1次印刷
787毫米×1092毫米 开本：1/16 印张：13.5
字数：327千字

定价：35.00元
（如发现印装质量问题，我社图书营销中心负责调换）
版权所有，翻印必究

前　言

“仪器分析实验”是高等学校化学及相关专业本科生的基础课。近年来仪器分析方法在科学研究、医学检验、食品分析、环境检测等方面应用越来越广泛。为了适应新工科建设发展、满足培养造就一大批引领未来技术与产业发展的卓越工程科技人才和科学发展的需要，编者根据化学化工类相关新工科专业仪器分析实验课程的目标要求，参考了近年来出版的仪器分析实验教材并结合重庆科技学院多年的仪器分析实验教学实践经验编写了这本新工科教材——《仪器分析实验》。

全书共16章，共包括50个实验。在重视基本操作标准规范的基础上，强调实验的多样性和新颖性，将加强基础训练、注重能力培养、提高综合素质作为指导思想，通过实验来扩展学生的知识面，培养学生分析问题和解决问题的能力。实验内容紧密结合社会发展的需求，力求既结合实际，又面向未来，突出实用性，着重经验、技能和技巧的传授，内容精练，可操作性强。

本教材由重庆科技学院化学化工学院化学系组织相关教师编写，由苏小东担任主编，周倩羽、范雨竹和四川省农业科学院分析测试中心杨晓凤担任副主编，具体编写分工如下：苏小东编写第1章、第4章、第11章、第12章；周倩羽编写第2章和第3章；范雨竹编写第5章、第6章和第7章；杨晓凤编写第14章、第15章、第16章；邱会东编写第8章、第9章、第10章和第13章。成祝、邓星、冉琴、刘洁、徐春丽和刘恩余等研究生在文字编辑和绘图等方面做了大量工作。全书由苏小东统稿。

本教材在编写过程中，参考了已出版的相关教材和大量的文献资料，并引用了其中的一些图表，主要参考书及文献资料已列于本教材后面。同时，本书还得到了石油工业出版社“石油教材出版基金”的支持，在此一并表示衷心的感谢。

由于水平有限，书中难免有疏漏、错误和不当之处，恳请各位专家和读者批评指正。

编　者

2021年10月

前言

[illegible]

2021年10月

目　　录

第1章　实验室基础知识

1.1　实验室安全规则

在仪器分析实验过程中,经常会使用有腐蚀性、易燃、易爆、易挥发或有毒的化学试剂和溶剂,进行样品处理时需要加热、加压等设备,分析仪器运行需要有机溶剂、气体钢瓶以及水电等。为确保实验的正常进行和人身安全,仪器分析实验室通常需要使用者遵循实验室安全规则。

(1)实验前必须对实验内容和实验涉及的仪器、试剂和气体及其危害性和危险性有一定的了解。进入实验室必须了解实验室的布局、灭火设施的位置和电闸的位置,了解一旦发生事故的逃生路线。

(2)进入实验室必须穿洁净的实验服,不能光脚穿凉鞋或短裤、短裙。一是防止实验中的各种化学试剂溅落到身上以及裸露的肌肤上;二是避免从室外带进大量灰尘等可能对实验有影响的物质。必要时要佩戴手套和护目镜,避免有毒的溶液或加热时产生的气体、蒸气或超细颗粒进入眼睛。实验时最好不要佩戴隐形眼镜,因为蒸气、液体或一些外来物质可能会附着在眼镜上;长发应扎紧。

(3)从瓶中取用试剂后,应立即盖好试剂瓶盖。绝不可将取出的试剂或试液倒回原试剂或试液储存瓶内。

(4)妥善处理实验中产生的有害固体或液体废弃物。应按照废弃物形态或污染性质分类回收,然后根据《危险废物贮存污染控制标准》(GB 18597—2001)、《危险废物焚烧污染控制标准》(GB 18484—2020)、《危险废物填埋污染控制标准》(GB 18598—2019)等国家标准自行或委托相关专业公司进行储存、焚烧、填埋等处理。实验室中通过下水道排放的废液需要经过科学处理,并且符合《地表水环境质量标准》(GB 3838—2002)Ⅴ类水质标准。

(5)汞盐、砷化物、氰化物等剧毒物品使用时应特别小心。氰化物不能接触酸,否则产生HCN,剧毒!氰化物废液应倒入碱性亚铁盐溶液中,使其转化为亚铁氰化铁盐,然后倒入回收器皿中。H_2O_2能腐蚀皮肤。接触过化学药品应立即洗手。

(6)将玻璃管、温度计或漏斗插入塞子前,用水或适当的润滑剂润湿,用毛巾包好再插,两手不要分得太开,以免玻璃管等折断划伤手。

(7)闻气味时应用手小心地将气体或烟雾扇向鼻子。取浓 $NH_3 \cdot H_2O$、HCl、HNO_3、H_2SO_4、

$HClO_4$等易挥发的试剂时，应在通风橱内操作。开启瓶盖时，绝不可将瓶口对着自己或他人的面部。夏季开启瓶盖时，最好先用冷水冷却。如不小心溅到皮肤和眼内，应立即用水冲洗，然后用5%碳酸氢钠溶液（酸腐蚀时采用）或5%硼酸溶液（碱腐蚀时采用）冲洗，最后用水冲洗。

（8）使用有机溶剂（乙醇、乙醚、苯、丙酮等）时，一定要远离火焰和热源。用后应将瓶塞盖紧，放在阴凉处保存。

（9）下列实验应在通风橱内进行：①制备或反应产生具有刺激性的、恶臭的或有毒的气体（如H_2S、NO_2、Cl_2、CO、SO_2、Br_2、HF等）；②加热或蒸发HCl、HNO_3、H_2SO_4或H_3PO_4等溶液；③溶解或消化试样。

（10）如化学灼伤应立即用大量水冲洗皮肤（必要时启用紧急喷淋装置），同时脱去污染的衣服；眼睛受化学灼伤或异物入眼，应立即将眼睁开，用大量水冲洗（启用洗眼器），至少持续冲洗15min；如烫伤，可在烫伤处抹上黄色的苦味酸溶液或烫伤软膏。严重者应立即送医院治疗。

（11）进行加热操作或激烈反应时，实验人员不得离开。

（12）使用电器设备时应特别小心，不能用湿的手接触电闸和电器插头。凡是漏电的仪器不要使用，以免触电。

（13）使用精密仪器时，应严格遵守操作规程，仪器使用完毕后，将仪器各部分旋钮恢复到原来的位置，关闭电源。

（14）发生事故时保持冷静，采取应急措施，防止事故扩大，如切断电源、气源等，并报告教师。

（15）实验室内严禁吸烟、进食或喝饮料，一切化学试剂禁止入口。

1.2 实验室用水

仪器分析实验室用于溶解、稀释和配制溶液的水都必须先经过纯化。分析要求不同，对水质纯度的要求也不同，故应根据不同要求采用不同纯化方法制备纯水。

一般实验室用的纯水有蒸馏水、二次蒸馏水、去离子水、无二氧化碳蒸馏水、无氨蒸馏水等。

1.2.1 实验室用水的规格

根据国家标准GB/T 6682—2008《分析实验室用水规格和试验方法》的规定，分析实验室用水分为三个级别：一级水、二级水和三级水。分析实验室用水应符合表1.1所列规格。

表 1.1　分析实验室用水规格

项　目	一级水	二级水	三级水
pH 范围(25℃)	—	—	5.0 ~ 7.5
电导率(25℃),$mS \cdot m^{-1}$	≤0.01	≤0.10	≤0.50
可氧化物质(以 O 计),$mg \cdot L^{-1}$	—	≤0.08	≤0.4
吸光度(254m,1cm 光程),AU	≤0.001	≤0.01	—
蒸发残渣(105 ±2)℃, $mg \cdot L^{-1}$	—	≤1.0	≤2.0
可溶性硅(以 SiO_2 计),$mg \cdot L^{-1}$	≤0.01	≤0.02	—

注:“—”表示难以测定,不作规定。

一级水用于有严格要求的分析实验,包括对颗粒有要求的实验,如高效液相色谱用水。一级水可用二级水经过石英设备蒸馏或离子交换混合床处理后,再经 0.2μm 微孔滤膜过滤来制取。

二级水用于无机痕量分析等实验,如原子吸收光谱分析用水。二级水可用多次蒸馏或离子交换等方法制取。

三级水用于一般化学分析实验。三级水可用蒸馏或离子交换等方法制取。

为保持实验室使用蒸馏水的纯净,蒸馏水瓶要随时加塞,专用虹吸管内外均应保持干净。蒸馏水瓶的附近不要存放浓 HCl、$NH_3 \cdot H_2O$ 等易挥发试剂,以防污染。

通常用洗瓶取蒸馏水。用洗瓶取水时,不要取出塞子和玻璃管,也不要将蒸馏水瓶上的虹吸管插入洗瓶内。

通常普通蒸馏水保存在玻璃容器中,去离子水保存在聚乙烯塑料容器中,用于痕量分析的高纯水(如二次亚沸石英蒸馏水)需要保存在石英或聚乙烯塑料容器中。

1.2.2　水纯度的检查

按照国家标准 GB/T 6682—2008 规定的实验方法检查水的纯度是法定的水质检查方法。根据各实验室分析任务的要求和特点,对实验用水也经常采用如下方法进行一些项目的检查。

(1)酸度。要求纯水的 pH 为 6 ~ 7。检查方法是在两支试管中各加 10mL 待测水,一支试管中加 2 滴 0.1% 甲基红指示剂,不显红色;另一支试管加 5 滴 0.1% 溴百里酚蓝指示剂,不显蓝色,即为合格。

(2)硫酸根。取 2 ~ 3mL 待测水放入试管中,加 2 ~ 3 滴 2mol · L^{-1} 盐酸酸化,再加 1 滴 0.1% 氯化钡溶液,放置 15h 无沉淀析出,即为合格。

(3)氯离子。取 2 ~ 3mL 待测水,加 1 滴 6mol · L^{-1} 硝酸酸化,再加 1 滴 0.1% 硝酸银溶液,不产生混浊,即为合格。

(4)钙离子。取 2 ~ 3mL 待测水,加数滴 6mol · L^{-1} 氨水使之呈碱性,再加 2 滴饱和乙二酸铵溶液,放置 12h 无沉淀析出,即为合格。

(5)镁离子。取2~3mL待测水,加1滴0.1%钛靼黄及数滴6mol·L^{-1}氢氧化钠溶液,如有淡红色出现,即有镁离子,如呈橙色则合格。

(6)铵离子。取2~3mL待测水,加1~2滴奈氏试剂,如呈黄色则有铵离子。

(7)游离二氧化碳。取100mL待测水注入锥形瓶中,加3~4滴0.1%酚酞溶液,如呈淡红色,表示无游离二氧化碳;如为无色,可加0.1000mol·L^{-1}氢氧化钠溶液至淡红色,1min内不消失,即为终点,计算游离二氧化碳的含量。注意,氢氧化钠溶液用量不能超过0.1mL。

1.2.3 水纯度分析结果的表示

水纯度的分析结果通常用以下几种方法表示:

(1)毫克/升(mg·L^{-1}),表示每升水中含有某物质的毫克数。

(2)微克/升(μg·L^{-1}),表示每升水中含有某物质的微克数。

(3)硬度,我国采用1L水中含有10mg氧化钙作为硬度的1度,这与德国标准一致,所以有时也称为1德国度。

1.2.4 各种纯度水的制备及实验室水纯化设备

1.蒸馏水的制备

将自来水在蒸馏装置中加热汽化,然后将水蒸气冷凝即可得到蒸馏水。由于杂质离子一般不挥发,因此蒸馏水中所含杂质比自来水少得多,比较纯净,可达到三级水的指标,但还有少量金属离子、二氧化碳等杂质。

2.二次石英亚沸蒸馏水的制备

为了获得较纯净的蒸馏水,可以进行重蒸馏,并在准备重蒸馏的蒸馏水中加入适当的试剂以抑制某些杂质的挥发。例如,加入甘露醇能抑制硼的挥发,加入碱性高锰酸钾可破坏有机物并防止二氧化碳蒸出。二次蒸馏水一般可达到二级水指标。第二次蒸馏通常采用石英亚沸蒸馏器,其特点是在液面上方加热,使液面始终处于亚沸状态,可使水蒸气带出的杂质减至最低。

3.去离子水的制备

去离子水是使自来水或普通蒸馏水通过离子树脂交换柱后所得的水。制备时,一般将水依次通过阳离子树脂交换柱、阴离子树脂交换柱、阴阳离子树脂混合交换柱。去离子水纯度比蒸馏水纯度高,质量可达到二级或一级水指标,但对非电解质及胶体物质无效,同时会有微量的有机物从树脂溶出,因此根据需要可将去离子水进行重蒸馏以得到高纯水。市售离子交换纯水器可用于实验室制备去离子水。

4.特殊用水的制备

(1)无氨水。一种方法是每升蒸馏水中加25mL 5%氢氧化钠溶液后,再煮沸1h,然后用

前述的方法检查铵离子；另一种方法是每升蒸馏水中加 2mL 浓硫酸，再重蒸馏，即得无氨蒸馏水。

(2)无二氧化碳蒸馏水。煮沸蒸馏水，直至煮去原体积的 1/4 或 1/5，隔离空气，冷却即得。此水应储存于连接碱石灰吸收管的瓶中，其 pH 应为 7。

(3)无氯蒸馏水。将蒸馏水在硬质玻璃蒸馏器中先煮沸，再进行蒸馏，收集中间馏出部分，即得无氯蒸馏水。

5. 实验室水纯化设备

目前，国内外已有商品化仪器用于生产各种用途的纯水、超纯水，所纯化的水达到甚至超过一级、二级或三级水纯度标准。例如，millipore 纯水系统整合了反渗透、连续电流去离子、紫外光氧化、微孔过滤、超滤和超纯水去离子等技术，可以为超痕量元素分析、微量有机化合物分析、分子生物学、微生物培养基制备、缓冲液配制和生化试剂配制等各种特定用途的场合提供纯化水。

1.3　玻璃器皿清洗

1.3.1　玻璃仪器的洗涤

仪器分析化学实验中所使用的器皿应洁净。其内外壁应能被水均匀地润湿，且不挂水珠。在分析工作中，洗净玻璃仪器不仅是一个必须做的实验前的准备工作，也是一个技术性的工作。仪器洗涤是否符合要求，对化验工作的准确度和精密度均有影响。不同分析工作(如工业分析、一般化学分析、微量分析等)有不同的仪器洗净要求。

仪器分析实验中常用的烧杯、锥形瓶、量筒、量杯等一般的玻璃器皿，可用毛刷蘸去污粉或合成洗涤剂刷洗，再用自来水冲洗干净，然后用蒸馏水或去离子水润洗 3 次。

滴定管、移液管、吸量管、容量瓶等具有精确到度的仪器，可采用合成洗涤剂洗涤。其洗涤方法是：将配制 0.1% ~0.5% 浓度的洗涤液移入容器中，浸润、摇动几分钟，用自来水冲洗干净后，再用蒸馏水或去离子水润洗 3 次，如果未洗干净，可用铬酸洗液洗涤。

光度法用的比色皿，是用光学玻璃制成的，不能用毛刷洗涤，应根据不同情况采用不同的洗涤方法。常用的洗涤方法是将比色皿浸泡于热的洗涤液中一段时间后冲洗干净。注意：比色皿不可用铬酸洗液清洗。

仪器的洗涤方法很多，应根据实验要求、污物性质、沾污的程度来选用。一般说来，附着在仪器上的脏物有尘土和其他不溶性杂质、可溶性杂质、有机物和油污，针对这些情况可分别用下列方法洗涤。

1. 刷洗

用水和毛刷刷洗，除去仪器上的尘土及其他物质，注意毛刷的大小，形状要适合。如洗圆底烧瓶时，毛刷要作适当弯曲才能接触到全部内表面，脏、旧、秃头毛刷需及时更换，以免戳破、划破或沾污仪器。

2. 用合成洗涤剂洗涤

洗涤时先将器皿用水湿润，再用毛刷蘸少许去污粉或洗涤剂，将仪器内外洗刷一遍，然后用水边冲边刷洗，直至干净为止。

3. 用铬酸洗液洗涤

被洗涤器皿尽量保持干燥，倒少许铬酸洗液于器皿内，转动器皿，使其内壁被洗液浸润(必要时可用洗液浸泡)，然后将洗液倒回原装瓶内以备再用。再用水冲洗器皿内残存的洗液，直至干净为止。热的洗液的去污能力更强。铬酸洗液主要用于洗涤被无机物沾污的器皿，它对有机物和油污的去污能力也较强，常用来洗涤一些口小、管细等形状特殊的器皿，如吸管、容量瓶等。铬酸洗液具有强酸性、强氧化性和强腐蚀性，使用时要注意以下几点：

(1)洗涤的仪器不宜有水，以免稀释洗液而失效。

(2)洗液可以反复使用，用后倒回原瓶。

(3)洗液的瓶塞要塞紧，以防吸水失效。

(4)洗液不可溅在衣服、皮肤上。

(5)洗液的颜色由原来的深棕色变为绿色，即表示 $K_2Cr_2O_4$ 已还原为 $Cr_2(SO_4)_3$，失去氧化性，洗液失效而不能再用。

4. 用酸性洗液洗涤

根据器皿中污物的性质，可直接使用不同浓度的硝酸、盐酸和硫酸进行洗涤或浸泡，并可适当加热。

(1)粗盐酸可以洗去附在仪器壁上的氧化剂(如 MnO_2)和大多数可溶于水的无机物。因此，在刷子刷洗不到或洗涤不宜用刷子刷洗的仪器，如吸管和容量瓶等，可以用盐酸洗涤。灼烧过沉淀物的瓷坩埚可用盐酸(1∶1)洗涤。洗涤过的粗盐酸能回收继续使用。

(2)盐酸—过氧化氢洗液适用于洗去残留在容器上的 MnO_2，例如过滤 $KMnO_4$ 用的砂芯漏斗可以用此洗液刷洗。

(3)盐酸—酒精洗液(1∶2)适用于洗涤被有机染料染色的器皿。

(4)硝酸—氢氟酸洗液是洗涤玻璃器皿和石英器皿的优良洗涤剂，可以避免杂质金属离子的沾附。其常温下储存于塑料瓶中，洗涤效率高，清洗速度快，但对油脂及有机物的清除效力差。其对皮肤有强腐蚀性，操作时需加倍小心。该洗液对玻璃和石英器皿有一定的腐蚀作

用，因此，精密玻璃仪器、标准磨口仪器、活塞、砂芯漏斗、光学玻璃、精密石英部件、比色皿等不宜用这种洗液。

5. 用碱性洗液洗涤

碱性洗液适用于洗涤油脂和有机物。因它的作用较慢，一般要浸泡24h或用浸煮的方法。

(1)氢氧化钠—高锰酸钾洗液。用此洗液洗过后，器皿上会留下二氧化锰，可再用盐酸洗。

(2)氢氧化钠(钾)—乙醇洗液。此洗液洗涤油脂的效力比洗涤有机溶剂的效力高，但不能与玻璃器皿长期接触。

使用碱性洗液时要特别注意，碱液有腐蚀性，不能溅到眼睛上。

6. 有机溶剂洗液

有机溶剂洗液用于洗涤油脂类、单体原液、聚合体等有机污物。应根据污物性质选择适当的有机溶剂，常用的有三氯乙烯、二氯乙烯、苯、二甲苯、丙酮、乙醇、乙醚、三氯甲烷、四氯化碳、汽油、醇醚混合液等。一般先用有机溶剂洗两次，然后用水冲洗，再用浓酸或浓碱洗液洗，最后用水冲洗。如洗不干净，可先用有机溶剂浸泡一定时间，然后如上依次处理。

7. 超声波清洗

超声波清洗是一种新的清洗方法，主要是利用超声波在液体中的空化作用。液体在超声波的作用下，液体分子时而受拉，时而受压，形成一个个微小的空腔，即所谓“空化泡”。由于空化泡的内外压力相差悬殊，在空化泡消失时其表面的各类污物就被剥落，从而达到清洗的目的。同时，超声波在液体中又能起到加速溶解作用和乳化作用，因此超声波清洗质量好、速度快，尤其对于采用一般常规清洗方法难以达到清洁度要求，以及几何形状比较复杂且带有各种小孔、弯孔和盲孔的被洗物件，效果更为显著。市售超声波清洗器对仪器分析实验室的玻璃仪器的清洗效果很好。使用时将被洗件悬挂在处于工作状态的清洗液中，清洗干净即可取出。

1.3.2　常用洗液的配制

(1)铬酸洗液。将5g重铬酸钾用少量水润湿，慢慢加入80mL浓硫酸，搅拌以加速溶解。冷却后储存在磨口试剂瓶中，防止吸水而失效。

(2)硝酸—氢氟酸洗液。含氢氟酸约5%、硝酸20%～35%，由100～120mL 40%氢氟酸、150～250mL浓硝酸和650～750mL蒸馏水配制成。洗液出现混浊时，可用塑料漏斗和滤纸过滤。洗涤能力降低时，可适当补充氢氟酸。

(3) 氢氧化钠—高锰酸钾洗液。4g高锰酸钾溶于少量水中，加入100mL 10%氢氧化钠溶液。

(4)氢氧化钠—乙醇溶液。120g氢氧化钠溶解在120mL水中，再用95%乙醇稀释至1L。

(5)硫酸亚铁酸性洗液。含少量硫酸亚铁的稀硫酸溶液,此洗液不能放置,放置后会因 Fe^{2+} 氧化而失效。

(6)醇醚混合物。1 体积乙醇和 1 体积乙醚混合。

1.3.3 洗净的玻璃仪器的干燥和存放

洗净的玻璃仪器可用以下方法干燥和存放:

(1)烘干。洗净的玻璃仪器可放入干燥箱中烘干,放置容器时应注意平放或使容器口朝下。

(2)烤干。烧杯或蒸发皿可置于石棉网上烤干。

(3)晾干。洗净的玻璃仪器可置于干净的实验柜或仪器架上晾干。

(4)用有机溶剂干燥。加一些易挥发的有机溶剂到洗净的容器中,将容器倾斜转动使器壁上的水和有机溶剂相互溶解、混合,然后倾出有机溶剂,少量残存在器壁上的有机溶剂很快会挥发,从而使容器干燥。如用吹风机或氮气流往仪器内吹风,则干燥得更快。

(5)吹干。用吹风机或氮气流往仪器内吹风,将仪器吹干,这种方法的干燥速度更快。

注意:带有刻度的玻璃仪器不能用加热的方法进行干燥,加热会影响这些玻璃仪器的准确度。

1.4 化学试剂

1.4.1 化学试剂的级别

试剂的纯度对分析结果准确度的影响很大,不同的分析工作对试剂纯度的要求也不相同。因此,必须了解试剂的分类标准,以便正确使用试剂。表 1.2 是我国化学试剂等级标志与某些国家化学试剂等级标志的对照表。

表 1.2 化学试剂等级标志对照表

<table>
<tr><td colspan="2">质量次序</td><td>1</td><td>2</td><td>3</td><td>4</td><td>5</td></tr>
<tr><td rowspan="5">我国化学试剂等级标志</td><td>级别</td><td>一级品</td><td>二级品</td><td>三级品</td><td>四极品</td><td>五极品</td></tr>
<tr><td rowspan="2">中文标志</td><td>保证试剂</td><td>分析试剂</td><td>化学纯</td><td>化学用</td><td>生物试剂</td></tr>
<tr><td>优级纯</td><td>分析纯</td><td>纯</td><td>实验试剂</td><td></td></tr>
<tr><td>符号</td><td>G. R.</td><td>A. R.</td><td>C. P. ,P.</td><td>L. R.</td><td>B. R. ,C. R.</td></tr>
<tr><td>瓶签颜色</td><td>绿</td><td>红</td><td>蓝</td><td>棕色</td><td>黄色等</td></tr>
<tr><td colspan="2">德、美、英等国通用等级和符号</td><td>G. R.</td><td>A. R.</td><td>C. P.</td><td></td><td></td></tr>
</table>

G. R. 试剂适用于作基准物质和精密分析工作。A. R. 试剂的纯度略低于 G. R. 试剂,适用于大多数分析工作。C. P. 试剂适用于一般分析工作和分析化学教学工作。L. R. 试剂纯度较

低,在分析工作中一般用作辅助试剂。

此外,还有基准试剂(PT)和部分特殊用途的高纯试剂。基准试剂作为基准物用,可直接配制标准溶液。光谱纯试剂(SP)表示光谱纯净,试剂中的杂质低于光谱分析法的检测限。色谱纯试剂是在最高灵敏度时以 10^{-10}g 下无杂质峰来表示的。超纯试剂用于痕量分析和一些科学研究工作,这种试剂的生产、储存和使用都有一些特殊的要求。

指示剂纯度往往不太明确,除少数标明“分析纯”“试剂四级”外,经常只写明“化学试剂”“企业标准”或“部颁暂行标准”等。常用的有机溶剂也常等级不明,一般只可作“化学纯”试剂使用,必要时进行提纯。

生物化学中使用的特殊试剂,纯度表示和化学中一般试剂表示不相同。例如,蛋白质类试剂经常以含量表示,或以某种方法(如电泳法等)测定杂质含量来表示。又如,酶是以每单位时间能酶解多少物质来表示其纯度,即它是以活力来表示的。

1.4.2　化学试剂的保管和使用

化学试剂如果保管不善或使用不当,极易变质和沾污,在仪器分析实验中往往是引起误差甚至造成失败的主要原因之一。因此,必须按一定的要求保管和使用试剂。

(1)使用前要认明标签。取用时,不可将瓶盖随意乱放,应将盖子反放在干净的地方。取用固体试剂时,用干净的药匙,用毕立即洗净,晾干备用。取用液体试剂时,一般用量筒。倒试剂时,标签朝上,不要将试剂泼洒在外,多余的试剂不应倒回试剂瓶内,取完试剂随手将瓶盖盖好,切不可“张冠李戴”,以防沾污。

(2)装盛试剂的试剂瓶都应贴上标签,写明试剂的名称、规格、日期等,不可在试剂瓶中装入与标签不符的试剂,以免造成差错。标签脱落的试剂,在未查明前不可使用。

(3)使用标准溶液前,应将试剂充分摇匀。

(4)易腐蚀玻璃的试剂(如氟化物、苛性碱等)应保存在塑料瓶或涂有石蜡的玻璃瓶中。

(5)易氧化的试剂(如氯化亚锡、低价铁盐)和易风化或潮解的试剂(如 $AlCl_3$、无水 Na_2CO_3、NaOH 等)应用石蜡密封瓶口。

(6)易受光分解的试剂(如 $KMnO_4$、$AgNO_3$等)应用棕色瓶盛装,并保存在暗处。

(7)易受热分解的试剂、低沸点的液体和易挥发的试剂应保存在阴凉处。

(8)剧毒试剂(如氰化物、三氧化二砷、二氯化汞等)必须特别妥善保管和安全使用。

1.4.3　常用化学试剂的提纯

利用仪器分析法经常进行痕量或超痕量测定,它们对化学试剂有特殊要求。例如,单晶硅的纯度在99.999%以上,杂质含量不超过0.001%,分析类似的高纯物质时,必须使用高纯度的试剂;在高效液相色谱法中,甲醇或乙腈经常被用作流动相,要求其中不含芳烃,否则会干扰测定。对于这些实验，市售的试剂即使是优级纯的，也必须进行适当的提纯处理。

试剂提纯并不是要除去所有杂质，这既不可能，也无必要，只需要针对分析的某种特殊要求，除去其中的某些杂质即可。例如，光谱分析中所使用的光谱纯试剂仅要求所含杂质低于光谱分析法的检测限。因此，对于某种用途已适宜的试剂，也许完全不适用另一些用途。

蒸馏、重结晶、色谱、电泳和超离心等技术是常用的试剂提纯方法。几种常用的溶剂（或熔剂）的提纯方法如下：

（1）盐酸。盐酸用蒸馏法或等温扩散法提纯。盐酸能形成恒沸化合物，恒沸点为110℃，因此通过蒸馏便能够获得恒沸组成的纯酸。蒸馏需用石英蒸馏器，取中段馏出液。等温扩散法提纯盐酸的步骤如下：在直径为30cm的干燥器（若是玻璃制品，可在内壁涂一层白蜡防止沾污）中加入3kg盐酸（优级纯），在瓷托板上放置盛有300mL高纯水的聚乙烯或石英容器。盖好干燥器盖，在室温下放置7～10d，取出后即可使用，盐酸浓度为9～10mol·L^{-1}，铁、铝、钙、镁、铜、铅、锌、钴、镍、锰、铬、锡的含量在2×10^{-9}（质量分数，下同）以下。氨水也可以用等温扩散法提纯。

（2）硝酸。硝酸能形成恒沸化合物，恒沸点120.5℃，因此可以用蒸馏法提纯。提纯步骤如下：在2L硬质玻璃蒸馏器中放入1.5L硝酸（优级纯），在石墨电炉上用可调变压器调节电炉温度进行蒸馏，馏速为200～400mL·h^{-1}，弃去初馏分150mL，收集中间馏分1L。将用上述方法得到的中间馏分2L放入3L石英蒸馏器中。将石英蒸馏器固定在石蜡浴中进行蒸馏，借可调变压器控制馏速为100mL·h^{-1}。弃去初馏分150mL，收集中间馏分1600mL。铁、铝、钙、镁、铜、铅、锌、钴、镍、锰、铬、锡的含量在2×10^{-9}以下。

（3）氢氟酸。氢氟酸形成恒沸化合物的沸点为120℃，因此可以用蒸馏法提纯。蒸馏提纯步骤如下：在铂或聚四氟乙烯蒸馏器中加入2L氢氟酸（优级纯）以甘油浴加热，用可调变压器调节控制加热器温度，控制馏速为100 mL·h^{-1}，弃去初馏分200 mL，用聚乙烯瓶收集中间馏分1600mL。将此中间馏分按上述步骤再蒸馏一次，弃去前段馏出液150mL，收集中段馏出液1250mL，保存在聚乙烯瓶中。铁、铝、钙、镁、铜、铅、锌、钴、镍、锰、铬、锡的含量在2×10^{-9}以下。蒸馏时加入氟化钠或甘露醇，即可得到除去硅或硼的氢氟酸。

（4）高氯酸。高氯酸形成的恒沸化合物沸点是203℃，需用减压蒸馏法提纯。提纯步骤如下：在500mL硬质玻璃蒸馏瓶或石英蒸馏器中加入300～350mL高氯酸（60%～65%，分析纯），用可调变压器控制加热温度140～150℃，减压至压力为2.67～3.33kPa（20～25mmHg），馏速为40～50mL·h^{-1}，弃去初馏分50mL，收集中间馏分200mL，保存在石英试剂瓶中备用。

（5）碳酸钠。将30g分析纯碳酸钠溶于150mL高纯水中，待全部溶解后，在溶液中慢慢滴加2～3mL浓度为1 mg·mL^{-1}的铁标准溶液，在滴加铁标准溶液过程中要不断搅拌，使杂质与氢氧化铁一起共沉淀。在水浴中加热并放置1h使沉淀凝聚，过滤除去胶体沉淀物。加热浓缩滤液至出现结晶膜时，取下冷却，待结晶完全析出后用布氏漏斗抽滤，并用纯制乙醇洗涤两三次，每次20mL。在真空干燥箱中减压干燥，温度为100～105℃，压力为2.67～6.67kPa(20～50mmHg)，烘至无结晶水。为了加速脱水，也可在270～300℃下灼烧。此法提纯的碳酸钠经光谱定性分析检查，仅检出痕量的镁和铝，而原料中有微量的铜、铁、铝、钙、镁。

(6)焦硫酸钾。称取87g纯制硫酸钾至于铂皿中，加入26.6mL纯浓硫酸，将铂皿放到石墨电炉上加热至皿内物质开始冒少量烟，而且皿内熔物成为透明熔体不再冒气泡时为止，取下铂皿，冷却至50～60℃，趁热将凝固的焦硫酸钾用玛瑙研钵捣碎，并将产品放至磨口试剂瓶中保存。

1.5 特殊材料

在仪器分析实验中，经常需要使用各种不同的贵重材料制备电极和器皿。应根据不同的实验对象和实验要求，正确选择和使用材料。

1.5.1 铂、金和银

铂是一种不活泼金属，化学性质非常稳定，是优良的电极材料。铂片和铂丝常分别加工成铂片电极、旋转圆盘或旋转环盘电极等各种类型的电极，广泛应用于电分析和电化学实验中。特别是近年来发展的直径为几微米至几十微米的铂超微电极，更加拓宽了其应用范围。铂电极在常用介质中的电位范围见表1.3。

表1.3　铂电极适用的电位范围

介质	电位范围，V	
	阳极	阴极
6mol·L^{-1}HCl	+0.97	-0.30
0.1mol·L^{-1}HCl	+1.1	-0.30
乙酸盐缓冲溶液，pH 4.0	+0.9	-0.50
磷酸盐缓冲溶液，pH 7.0	+0.94	-0.70
0.1mol·L^{-1} NaOH，pH 12.9	+0.72	-0.91
0.1mol·L^{-1} KCl	+1.0	—

铂也常制成铂坩埚、铂蒸馏器、铂容器，用于分解试样、蒸馏提纯酸和存放纯制的酸。

金主要用于制作各种类型的电极。金电极也常用于制备化学修饰电极。金电极适用的电位范围见表1.4。

表 1.4　金电极适用的电位范围

介质	电位范围,V	
	阳极	阴极
1mol · L^{-1} $HClO_4$	+1.5	-0.2
乙酸盐缓冲溶液,pH 4.0	+1.5	-0.88
磷酸盐缓冲溶液,pH 7.0	+1.5	-1.19
0.1mol · L^{-1} NaOH,pH 12.9	+1.5	-1.28
0.1mol · L^{-1} $NaClO_4$,pH 7.0,未缓冲	+1.5	-1.13

银主要用于制作参比电极和坩埚。由于银不如铂和金化学惰性,因此银作为工作电极不如铂电极和金电极应用广泛。在测定卤素时经常使用银电极。

1.5.2　碳

碳导电性好,化学性质稳定,价格便宜。以碳为材料的碳质电极有玻璃碳电极、渗蜡石墨电极、碳糊电极、热解石墨电极和碳纤维超微电极等。其中玻璃碳电极和碳纤维超微电极应用最广。碳质电极适用的电位范围见表 1.5。

表 1.5　0.2mol · L^{-1} KNO_3 中碳质电极适用的电位范围

电极	电位范围,V
渗蜡石墨电极	+0.25 ~ 0.0
渗蜡碳电极	+0.50 ~ 0.0
碳糊电极	+0.85 ~ -0.25
热解石墨电极	+0.90 ~ -0.75
玻璃碳电极	+1.0 ~ -0.75

碳除了作为电极材料外,还广泛用于制作石墨炉、石墨管、纯碳粉等。

1.5.3　汞

汞是优良的电极材料。汞电极主要有滴汞电极、静止汞滴电极和汞膜电极。汞也能制成汞超微电极,但与制作铂、金和碳纤维超微电极相比难度较大。在中性溶液中,汞电极的电压使用范围为 -2.5 ~ +0.2V。由于汞电极在负电位区具有很宽的适用电压范围,且容易进行表面更新,从而得到重现性好的实验结果,因此在定量分析中是一类重要的电极。但汞有毒,在使用汞电极时应小心。

1.5.4　石英和玛瑙

石英的主要成分是二氧化硅,化学性质稳定,耐高温,在 1700℃ 以下不会软化。它经常加工成石英蒸馏器、坩埚、比色皿、色散棱镜、试剂瓶、烧杯、电解池等,广泛用于仪器分析实验室中。

玛瑙是天然的贵重非金属矿物，主要成分也是二氧化硅，含有少量金属（铝、铁、钙、镁、锰等）氧化物，是石英的一种变体。它硬度很大，但很脆，与大多数化学试剂不发生反应，主要用于制研钵，是研磨各种高纯物质的极好器皿。

1.5.5　聚四氟乙烯

由于聚四氟乙烯耐酸碱腐蚀，也不受氢氟酸侵蚀，且溶样时不会带入金属杂质，力学性能和加工性能良好，因此被广泛用于制作蒸馏器、溶样管、微波消解池、电解池等各种化学器皿。聚四氟乙烯使用温度为 -195 ~200℃，当温度高于250℃时分解，并产生有毒气体。

1.5.6　坩埚材料

除了铂、银和石英坩埚外，刚玉、瓷质、铁和镍等也是制坩埚的常用材料。不同材质的坩埚所适用的熔剂（或溶剂）、试样和操作方法都有所不同，使用时应严格遵守有关规定，以免损坏坩埚和影响分析结果。

1.6　气体的使用

1.6.1　常用气体钢瓶的国家标准规定

气体钢瓶是由无缝碳素钢或合成钢制成，适用于装介质压力在15.2MPa以下的气体。不同类型气体钢瓶，其外表所漆的颜色、标记的颜色等有统一规定。我国钢瓶常用的标记列于表1.6。

表1.6　部分气体钢瓶的标记

气体钢瓶名称	外表颜色	字体颜色	色环	字样	工作压力，MPa	性质	钢瓶内气体状态
氧气	天蓝	黑	p=15.2MPa，无环 p=20.26MPa，白色一环 p=30.4MPa，白色二环	氧	14.71	助燃	压缩气体
压缩空气	黑	白	p=15.2MPa，无环 p=20.26MPa，白色一环 p=30.4MPa，白色二环	压缩空气	14.71	助燃	压缩气体
氯气	草绿	白	白色环	氯	19.61	助燃	液态
氢气	深绿	红	p=15.2MPa，无环 p=20.26MPa，红 p=30.4MPa，红	氢	14.71	易燃	压缩气体
氨气	黄	黑		氨	29.42	可燃	液态

续表

气体钢瓶名称	外表颜色	字体颜色	色环	字样	工作压力,MPa	性质	钢瓶内气体状态
乙炔	白	红		乙炔	29.42	可燃	乙炔溶解在活性丙酮中
石油液化气	灰	红		石油液化气	15.69	易燃	液态
乙烯	紫	红	p=12.16MPa,无环 p=15.2MPa,白色一环 p=30.4MPa,白色二环	乙烯		可燃	液态
甲烷	褐	白	p=15.2MPa,无环 p=20.26MPa,黄色一环 p=30.4MPa,黄色二环	甲烷	14.71	可燃	液态
硫化氢	白	红	红色环	硫化氢	2.942	可燃	液态
其他可燃气体	红	白		气体名	2.942	可燃	液态
氮气	黑	黄	p=15.2MPa,无环 p=20.26MPa,棕色一环 p=30.4MPa,棕色二环	氮气	14.71	不可燃	压缩气体
二氧化碳	黑	黄	p=15.2MPa,无环 p=20.26MPa,黑色一环	二氧化碳	12.26	不可燃	液态
氩气	灰	绿		氩	14.71	不可燃	压缩气体
氦气	棕	白	p=15.2MPa,无环 p=20.26MPa,白色一环 p=30.4MPa,白色二环	氦	14.71	不可燃	压缩气体
光气	绿	红	红	光气	2.942	不可燃	液态
氖气	褐红	白	p=15.2MPa,无环 p=20.26MPa,白色一环 p=30.4MPa,白色二环	氖	14.71	不可燃	压缩气体
二氧化硫	黑	白	黄	二氧化硫	1.961	不可燃	液态
氟利昂气	银灰	黑		氟利昂		不可燃	液态
其他不可燃气体	黑	黄		气体名		不可燃	压缩

1.6.2 使用钢瓶注意事项

(1)钢瓶应存放在阴凉、干燥,远离阳光、暖气、炉火等热源的地方。离明火 10m 以上,室温不超过35℃,并有必要的通风设备。最好放在室外,用导管通入。

(2)搬动钢瓶时要稳拿轻放,并旋上安全帽。放置使用时,必须固定好,防止倒下击爆。开启安全帽和阀门时,不能用锤或凿敲打,要用扳手慢慢开启。

(3)使用时要用减压阀(二氧化碳和氨气钢瓶除外),检查钢瓶气门的螺丝扣是否完好。一般可燃气体(如氢气、乙烯等)的钢瓶气门螺纹是反扣的,腐蚀性气体(如氯气等)一般不用减压阀。各种减压阀不能混用。

(4)氧气钢瓶的气门、减压阀严禁沾染油脂。

(5)钢瓶附件各连接处都要使用合适的衬垫(如铝垫、薄金属片、石棉垫等)防漏,不能用棉、麻等织物,以防燃烧。检查接头或管道是否漏气时,对于可燃气体可用肥皂水涂于被检查处进行观察,但氧气和氢气不可用此法。检查钢瓶气门是否漏气,可用气球扎紧于气门上进行观察。

(6)钢瓶中气体不可用尽,应保持 4.93×10^4 Pa 表压以上的残留量,乙炔气瓶要保留 2.922×10^5 Pa 表压以上,以便判断瓶中为何种气体,检查附件的严密性,也可防止大气的倒灌。

(7)氧气钢瓶和可燃性气体钢瓶、氢气钢瓶和氯气钢瓶不能存放在一起。

(8)钢瓶每隔三年进厂检验一次,重涂规定颜色的油漆。装腐蚀性气体的钢瓶每隔两年检验一次,不合格的钢瓶要及时报废或降级使用。

1.7　分析试样的制备

仪器分析实验的结果能否为质量控制和科学研究提供可靠的分析数据,关键看所取试样的代表性和分析测定的准确性,这两方面缺一不可。从大量的被测物质中选取能代表整批物质的小样,必须掌握适当的技术,遵守一定的规则,采取合理的采样与制备试样的方法。

1.7.1　试样的采集

在仪器分析实验中,常需测定大量物料中某些组分的平均含量。取样的基本要求是有代表性。对比较均匀的物料,如气体、液体和固体试剂等,可直接取少量分析试样,不需再进行制备。通常遇到的分析对象,从形态来分,不外气体、液体和固体三类,对于不同的形态和不同的物料,应采取不同的取样方法。

1. 固体试样的采集

固体物料种类繁多,性质和均匀程度差别较大。组成不均匀的物料有矿石、煤炭、废渣和土壤等;组成相对均匀的物料有谷物、金属材料、化肥、水泥等。对组成不均匀试样,应按照一定方式选取不同点进行采样,以保证所采试样的代表性。

采样点的选择方法有随机采样法、判断采样法、系统采样法等。取样份数越多越有代表性,但所耗人力、物力将大大增加,应以满足要求为原则。

组成平均试样采取量与试样的均匀程度、颗粒大小等因素有关。通常,试样量可按切乔特经验公式(Qegott formula)计算:

$$m \geqslant Kd^2$$

式中,m 为采取平均试样的最低质量,kg;d 为试样的最大颗粒直径,mm;K 为经验常数,可由实验求得,通常 K 值为 $0.05 \sim 1 \text{kg} \cdot \text{mm}^{-2}$。

【例 1.1】 采集矿石样品,若试样的最大直径为 10mm,$K = 0.2 \text{kg} \cdot \text{mm}^{-2}$,则应采集多少试样?

解:$m \geqslant Kd^2 = 0.2 \times 10^2 = 20(\text{kg})$

答:应采集试样 20 kg。

对于金属(合金)样品采集由于金属经过高温熔炼,组成比较均匀,因此,对于片状或丝状试样,剪取一部分即可进行分析。钢锭和铸铁,由于表面和内部的凝固时间不同,铁和杂质的凝固温度也不一样,因此,表面和内部的组成不均匀。取样时应先清理表面,然后用钢钻在不同部位、不同深度钻取碎屑混合均匀,作为分析试样。

对于那些极硬的样品,如白口铁、硅钢等,因无法钻取,可用铜锤砸碎,再放入钢钵内捣碎,然后再取其一部分作为分析试样。

2. 液体试样的采集

常见的液体试样包括水、饮料、体液、工业溶剂等,一般比较均匀,采样单元数可以较少。

(1)对于体积较小的物料,可在搅拌下直接用瓶子或取样管取样。

(2)对于装在大容器里的物料,在贮槽的不同位置和深度取样后混合均匀即可作为分析试样。

(3)对于分装在小容器里的液体物料,应从每个容器里取样,然后混匀作为分析试样。

(4)对于水样,应根据具体情况,采取不同的方法采样:

①采取水管中或有泵水井中的水样时,取样前需将水龙头或泵打开,先放水 10 ~ 15min,然后再用干净瓶子收集水样;

②采取池、江、河、湖中的水样时,首先根据分析目的及水系的具体情况选择好采样地点,用采样器在不同深度各取一份水样,混合均匀后作为分析试样。

3. 气体试样的采集

常见的气体试样有汽车尾气、工业废气、大气、压缩气体以及气溶物等。需按具体情况,采用相应的方法。

最简单的气体试样采集方法为用泵将气体充入取样容器中,一定时间后将其封好即可。但由于气体储存困难,大多数气体试样采用装有固体吸附剂或过滤器的装置收集。

(1)固体吸附剂用于挥发性气体和半挥发性气体采样。

(2)过滤法用于收集气溶胶中的非挥发性组分。

(3)大气样品的采取,通常选择距地面 50 ~ 180cm 的高度采样,使其与人的呼吸空气相同。

(4)测定大气污染物时应使空气通过适当吸收剂,由吸收剂吸收浓缩之后再进行分析。

(5)对储存在大容器内的气体,因不同部位的密度和均匀性不同,应在上、中、下等不同处采样混匀。气体试样的化学成分通常较稳定,不需采取特别措施保存。

4. 生物试样的采集

采样时应根据研究和分析需要选取适当部位和生长发育阶段进行,即采样除应注意群体代表性外,还应具有适时性和部位典型性。

1.7.2　试样的制备

制备试样分为破碎、过筛、混匀和缩分四个步骤。

大块矿样先用压碎机(如颚式碎样机、球磨机等)破碎成小的颗粒,再过筛。分析试样一般要求过 100 ~ 200 目筛。如果缩分后试样的质量大于按计算公式算得的质量较多,则可连续进行缩分直至所剩试样稍大于或等于最低质量为止。试样缩分采用四分法。缩分的次数不是任意的,每次缩分时,试样的粒度与保留的试样之间都应复合切乔特经验公式,否则应进一步破碎才能缩分。如此反复经过多次破碎和缩分,直至样品的质量减至供分析用的数量为止。然后再进行粉碎、缩分,最后制成 100 ~ 300g 的分析试样,装入瓶中,贴上标签供分析之用。

1.7.3　试样的分解

在一般分析工作中,通常先要将试样分解,制成溶液。在分解试样时必须注意:(1)试样分解必须完全,处理后的溶液中不得残留原试样的细屑或粉末;(2)试样分解过程中待测组分不应挥发,也不应引入被测组分和干扰物质。

具体可根据试样的组成和特性、待测组分性质和分析目的选择合适的分解方法。

1. 溶解法

采用适当的溶剂将试样溶解制成溶液,这种方法比较简单、快速。常用的溶剂有水、酸和碱等。溶于水的试样一般称为可溶性盐类,如硝酸盐、醋酸盐、铵盐、绝大部分碱金属化合物和大部分氯化物、硫酸盐等。对于不溶于水的试样,则采用酸或碱作溶剂的酸溶法或碱溶法进行溶解,以制备分析试液。

(1)水溶法。可溶性的无机盐直接用水制成试液。

(2)酸溶法。酸溶法是利用酸的酸性、氧化还原性和形成络合物的作用,使试样溶解。钢铁、合金、部分氧化物、硫化物、碳酸盐矿物和磷酸盐矿物等常采用此法溶解。常用的酸溶剂有盐酸、硝酸、硫酸、磷酸、高氯酸、氢氟酸、混合酸。

(3)碱溶法。碱溶法的溶剂主要为 NaOH 和 KOH,碱溶法常用来溶解两性金属铝、锌及其合金,以及它们的氧化物、氢氧化物等。在测定铝合金中的硅时,用碱溶法使 Si 以 SiO_3^{2-} 的形式转到溶液中。如果用酸溶法则 Si 可能以 SiH_4 的形式挥发损失,从而影响测定结果。

2. 熔融法

(1)酸熔法。碱性试样宜采用酸性熔剂。常用的酸性熔剂有 $K_2S_2O_7$(熔点为 419℃)和 $KHSO_4$(熔点为 219℃),后者经灼烧后也生成 $K_2S_2O_7$,所以两者的作用是一样的。这类熔剂在 300℃以上可与碱或中性氧化物作用,生成可溶性的硫酸盐。如分解金红石的反应如下:

$$TiO_2 + 2K_2S_2O_7 = Ti(SO_4)_2 + 2K_2SO_4$$

这种方法常用于分解 Al_2O_3、Cr_2O_3、Fe_3O_4、ZrO_2、钛铁矿、铬矿、中性耐火材料(如铝砂、高铝砖)及磁性耐火材料(如镁砂、镁砖)等。

(2)碱熔法。酸性试样宜采用碱熔法,如酸性矿渣、酸性炉渣和酸不溶试样均可采用此法,以使它们转化为易溶于酸的氧化物或碳酸盐。

常用的碱性熔剂有 Na_2CO_3(熔点为 853℃)、K_2CO_3(熔点为 891℃)、NaOH(熔点为 318℃)、Na_2O_2(熔点为 460℃)和它们的混合熔剂等。这些熔剂除具有碱性外,在高温下均可起氧化作用(本身的氧化性或空气氧化),可以把一些元素氧化成高价(3 价 Cr、2 价 Mn 可以被氧化成 6 价 Cr、7 价 Mn),从而增强试样的分解作用。有时为了增强氧化作用还加入 KNO_3 或 $KClO_3$,以使氧化作用更为完全。

①Na_2CO_3 或 K_2CO_3,常用来分解硅酸盐和硫酸盐等。分解反应如下:

$$Al_2O_3 + 2SiO_2 + 3Na_2CO_3 = 2NaAlO_2 + 2Na_2SiO_3 + 3CO_2\uparrow$$

$$BaSO_4 + Na_2CO_3 = BaCO_3\downarrow + Na_2SO_4$$

②Na_2O_2,常用来分解含硒、锑、铬、钼、钒和锡的矿石及其合金。Na_2O_2 是强氧化剂,能把其中大部分元素氧化成高价状态。例如铬铁矿的分解反应如下:

$$2FeO \cdot Cr_2O_3 + 7Na_2O_2 = 2NaFeO_2 + 4Na_2CrO_4 + 2Na_2O$$

熔块用水处理,溶出 Na_2CrO_4,同时 $NaFeO_2$ 水解生成 $Fe(OH)_3$ 沉淀,反应如下:

$$NaFeO_2 + 2H_2O = NaOH + Fe(OH)_3\downarrow$$

然后利用 Na_2CrO_4 溶液和 $Fe(OH)_3$ 沉淀分别测定铬和铁的含量。

③NaOH(KOH),常用来分解硅酸盐矿物、磷酸盐矿物、钼矿和耐火材料等。

3. 半熔融法(烧结法)

此法是将试样与熔剂混合,小心加热至熔块(半熔物收缩成整块),而不是全熔,故称为半熔融法,又称为烧结法。

常用的半熔混合熔剂为2份 $MgO+3Na_2CO_3$、1份 $MgO+Na_2CO_3$、1份 $ZnO+Na_2CO_3$。

此法广泛地用来分解铁矿及煤中的硫。其中 MgO、ZnO 的作用在于其熔点高，可以预防 Na_2CO_3 在灼烧时熔合，保持松散状态，使矿石氧化得更快、更完全，使产生的气体更容易逸出。此法不易损坏坩埚，因此可以在瓷坩埚中进行熔融，不需要贵重器皿。

4. 干式灰化法

将试样置于马弗炉中加热(400～1200℃)，以大气中的氧作为氧化剂使之分解，然后加入少量浓盐酸或浓硝酸浸取燃烧后的无机残余物。

5. 湿式消化法

用硝酸和硫酸的混合物与试样一起置于烧瓶内，在一定温度下进行煮解，其中硝酸能破坏大部分有机物。在煮解的过程中，硝酸逐渐挥发，最后剩余硫酸。继续加热使之产生浓厚的 SO_3 白烟，并在烧瓶内回流，直到溶液变得透明为止。

6. 微波辅助消解法

微波辅助消解法是利用试样和适当的溶(熔)剂吸收微波能产生的热量加热试样，同时微波产生的交变磁场使介质分子极化，极化分子在高频磁场交替排列，导致分子高速振荡，使分子获得较高的能量。这种方法溶(熔)解迅速，加热效率高。微波辅助消解法既可用于有机和生物样品的氧化分解，也可用于难溶无机材料的分解。在试样分解过程中，应考虑误差的来源，尽量消除误差。

1.8　实验数据记录和处理

实验测得的数据代表一定的不确定度，会产生测量误差，必须按照有效数字的原则保留，并评价测量产生的误差。

有效数字是实验中实际测量的数据，根据使用仪器的不同正确记录有效数字的位数。例如，万分之一的分析天平应记录到0.0001g，而百分之一的天平应记录到0.01g；酸度计给出的pH根据仪器的数据精度范围记录到0.01或0.001；色谱中色谱峰的峰面积和保留时间根据仪器软件给出的数据记录，通常保留时间记录到0.01min。所有实验中测量的原始数据都必须记录在实验记录本上，包括称量、溶液的体积、浓度和分析仪器测量的相关数据。

在任何实验测量中，所有的计算和结果都有误差和测量所产生的不确定度。在测量某数据 x 时，其测量误差 E_x 为测量值与真实值之差 $E_x=x-x_{true}$。测量误差总是存在的，但是往往无法测量出来，因为真实值是未知的。在大多数情况下我们只能估计测量误差的大小，称为不确定度。当测量数据为 $yy.x$ 时，不确定度为 $\pm\Delta x$，x 为所记录数据的最后一位。不确定度可能由已知来源的误差、仪器运行时检测器信号随机的浮动或读数显示及显示屏的分辨率较差导致。不确定度可以表达为确定的误差(如果能测量出来)、估计的误差、标准偏差或置信度。不确定度也存在于由测量数据计算的定量结果,因为测量数据都有一定的不确定度,所以这些不确定度会体现到计算结果中,称为误差的传递。

1.8.1 不确定度

仪器给出的测量结果都有不确定度,如果没有明确指出,不确定度一般为最后一位有效数字 ±1。例如:

摩尔质量 $M=(242.13\pm0.01)\,g\cdot mol^{-1}$

电位计读数 $E=-(163\pm1)\,mV$

吸光度 $A=(0.137\pm0.001)\,AU$

浓度 $c=(1.00\times10^{-3}\pm1\times10^{-5})\,mol\cdot L^{-1}$

我们熟悉的分析天平读数、滴定管和吸量管读数都具有不确定度。当针对某样品 n 次平行测定得到平均值时,不确定度就是测量结果的标准偏差 s:

$$s=\sqrt{\frac{\sum_{i=1}^{n}(x_i-\bar{x})^2}{n-1}}$$

式中,s 为标准偏差;n 为平行测量次数;x_i 和 $\bar{x}$ 为测量值和平均值;$n-1$ 为自由度 f。

现在的许多计算器(包括计算机上的计算器)都有计算统计量的功能,可以快速计算出测量值的标准偏差。

应注意标准偏差是测量平均值的估计误差,只有一位有效数字,计算出的标准偏差可以指出非有效数字的位数,避免在之后的计算中过度保留有效数字。

例如,一组实验数据:m = 10.0120g、10.0051g、10.0073g、10.0046g、10.0111g,$\bar{m}$ = 10.0162_8g,$n=5$,$s=0.017$g,测量结果应为$\bar{m}=(10.02\pm0.02)$g($\bar{m}\pm s$,$n=5$)。

可以看出平均值有效数字的位数比实际上测量的单次测量值要少,这是由于标准偏差较大,结果的不确定度在小数点后第二位,后面的数据就没有意义了。注意,为了有效地保留有效数字,上述计算多保留了一位数字,以下标表示。

有时由于仪器读数显示的分辨率较低,可能无法反映内在的读数漂移情况,因此读数一致,$s=0$。在这种情况下,不确定度表示为仪器显示读数最后一位数字 ±1。

1.8.2 有效数字的运算规则

有效数字进行运算时,计算结果的有效数字要符合以下规则:

(1)进行加减运算时,按小数点后位数最少,即读数的绝对误差最大的位数保留小数点后的位数。

(2)进行乘除运算时,按有效数字位数最少,即读数的相对误差最大的数字保留有效数字的位数。

(3)在运算时最好保留一位非有效数字,以防在计算中过度舍取数字。但保留的非有效数字要明确标示,如用下标、下划线等方式。

例如,计算 $CaCO_3$ 的摩尔质量,其中读数误差最大的是 $40.08g \cdot mol^{-1}$,不确定度为 $\pm 0.01g \cdot mol^{-1}$,计算结果的有效数字小数点后仅保留两位,但有效数字的位数是五位。

$$1 \times 40.08 = 40.08$$

$$1 \times 12.011 = 12.011$$

$$3 \times 15.9994 = 47.9982$$

$$40.08 + 12.011 + 47.9982 = 100.08_{92}$$

$$M_{CaCO_3} = 100.09\ g \cdot mol^{-1}$$

如果要计算配制 $0.200mol \cdot L^{-1} Ca^{2+}$ 溶液 100.0mL 需要多少克 $CaCO_3$ 时:

$$c = \frac{m(g)}{M_{CaCO_3}(g \cdot mol^{-1}) \cdot V(L)}$$

$$m = \frac{0.200 \times 100.08_{92} \times 100}{1000} = 2.00_{18}(g)$$

在计算中有效数字位数最少的是三位(0.200),则结果保留三位有效数字,即需要称量 2.00g $CaCO_3$。

注意:在以上计算中,体积换算、原子个数的数字等不计入有效数字,这些数字不影响有效数字的保留。一些数字,如 0.200 容易引起有效数字位数保留错误,规范的写法应为 2.00×10^{-1}。

1.8.3 误差传递

由于测量数据都具有一定的不确定度,这些个别的不确定度都对最终结果的不确定度有贡献。在数学运算过程中,不确定度的传递遵循一定的规律。和有效数字在运算中保留规则一样,不确定度在进行加减或乘除运算步骤中也是分开来计算,遵循不同的原则。

当进行加减运算时,运算的数据含有读数误差,结果具有的不确定度包括参与运算数据的不确定度。例如,$q = x + y$ 或 $q = x - y$,结果 q 的不确定度如下:

$$\Delta q = \pm \sqrt{(\Delta x)^2 + (\Delta y)^2}$$

当用上述称量的 $CaCO_3$ 质量,每个读数的读数误差为 ±0.0001g:

$$m = 23.2476 - 21.1942 = 2.0534(g)$$

$$\Delta m = \pm \sqrt{(0.0001)^2 + (0.0001)^2} = \pm 0.0001_4(g)$$

当进行乘除运算时,如 $q = ax \cdot y$,其中 a 为常数,运算结果的不确定度与每个数字的相对

误差有关:

$$\Delta q = \pm\sqrt{\left(\frac{\Delta x}{x}\right)^2 + \left(\frac{\Delta y}{y}\right)^2}$$

当用上述称量的 $CaCO_3$配制 Ca^{2+}溶液 100.0mL 时,计算溶液浓度:

$$c = \frac{m(\mathrm{g})}{M_{CaCO_3}(\mathrm{g \cdot mol^{-1}}) \cdot V(\mathrm{L})} = \frac{2.5403}{100.08_{92}} \times \frac{100}{1000} = 2.051_{57} \times 10^{-1}$$

式中,称量的不确定度为 $\pm 0.0001_4$g;摩尔质量计算不确定度为 $\pm 0.01\mathrm{g \cdot mol^{-1}}$;容量瓶体积的不确定度为 ±0.08mL,则计算出浓度的不确定度为

$$\Delta c = \pm c\sqrt{\left(\frac{\Delta m}{m}\right)^2 + \left(\frac{\Delta M}{M}\right)^2 + \left(\frac{\Delta V}{V}\right)^2} = \pm 0.2051_{57}\sqrt{\left(\frac{0.0001_4}{2.0534}\right)^2 + \left(\frac{0.01}{100.08_{92}}\right)^2 + \left(\frac{0.08}{100.0}\right)^2}$$

$$= \pm 1.66 \times 10^{-4}(\mathrm{mol \cdot L^{-1}})$$

因此,配制 Ca^{2+}溶液浓度 $c = (0.2052 \pm 0.0002)\mathrm{mol \cdot L^{-1}}$。最终运算结果中保留的非有效数字应按照“四舍六入五成双”的原则处理。

1.9 分析仪器的性能参数

仪器的性能参数表征分析仪器的主要功能、测量所能达到的灵敏度、精密度和稳定性、主要运行参数范围和精确度以及适用的样品。仪器的性能参数通常由仪器厂商提供。分析仪器的性能指标帮助使用者对同类型不同型号的仪器进行比较,评价仪器的工作状况,为不同的分析任务和样品选择合适的仪器类型和型号。同时,仪器的性能参数也是选择仪器测量条件和样品分析方案的重要参考。目前国内外关于各种分析仪器的性能及指标尚无统一的认识和标准,不同类型的分析仪器,同类型但不同厂家的分析仪器,甚至同厂家同类型但不同型号的仪器,性能参数可能都有所不同。一般性的性能参数和指标主要有以下几个方面。

1.9.1 精密度

精密度(precision)是衡量仪器测量稳定性和重复性的指标,指在相同的仪器条件下,对同一标准溶液进行多次测量所得数据间的一致程度, 表征随机误差的大小。衡量仪器的测量精密度用相对标准偏差(*RSD*)。

1.9.2 灵敏度

灵敏度(sensitivity)是指特定的分析仪器对待测物浓度变化的响应敏感程度,即单位浓度变化时引起的输出信号的变化。灵敏度可通过校正曲线的斜率得到。对同一仪器,不同类型的化合物,灵敏度不同。因此,不同类型的分析仪器会选择特定的标准物来衡量仪器的灵敏度,仪器制造商一般会提供仪器的灵敏度数据和测量数据的条件和试样。

考虑仪器的噪声水平，灵敏度常用信噪比来衡量，许多仪器用特定化合物或参数的信噪比来表示灵敏度。例如，目前荧光光度计一般采用350nm激发时纯水在397nm的拉曼峰的信噪比作为仪器的灵敏度指标。质谱仪则用利血平测量的信噪比来表示，如10pg利血平在选择离子峰609.3*m/z*的信噪比为100∶1。原子吸收分光光度计一般以特征浓度，即指获得1%吸收时或能产生吸光度为0.0044所对应的元素浓度，常用Cu或Cd元素来测定。

1.9.3　稳定性

稳定性(stability)指仪器在一定的运行时间内，信号值的波动情况，常用信号波动的幅度表示，如某质谱仪在室温下12h内，信号值变化小于等于0.1*m/z*，也可以用信号值的相对标准偏差或偏离百分数来表示。信号值的波动越小，说明仪器越稳定。目前的大型商品仪器都有较好的稳定性。

值得注意的是，仪器的稳定性容易受到环境因素的影响，因此实际应用时常达不到厂家提供的稳定性。例如，不稳定的电源会引起光谱、极谱以及色谱等仪器工作时基线不稳定，光源达到或超过使用寿命也会导致信号值有较大的波动。此外，室内环境(如湿度、温度以及清洁程度)都会导致信号不稳。仪器运行时需要的气体和液体的纯度也是影响稳定性的重要因素，如色谱仪使用的流动相如果纯度达不到要求，基线的漂移会非常严重。因此，分析仪器特别是大型精密仪器对运行环境要求十分严格。

1.9.4　分辨率

分辨率(resolution)指仪器能够区分相近组分信号间的最小差异，有时和仪器能够测量读数的精确度有关。例如，有的分光光度计能够达到的分辨率是±2nm，一些性能较高的光度计可以达到±0.1nm。不同仪器表示分辨率的指标和方法不一样。原子发射光谱仪的分辨率指将波长相近的谱线分开的能力；质谱仪的分辨率指能够分辨的最小*m/z*值，如果两个分子片段相差0.1*m/z*，仪器就能检测出来；但是色谱仪的分辨率往往与配备的检测器的分辨率相关，而色谱峰的分离度则是各个分析条件下总体的体现。核磁共振波谱仪有其独特的分辨率指标，以邻二氯苯中特定峰在最大峰的半宽度(以Hz为单位)为分辨率大小。

1.9.5　响应速度

响应速度指仪器对于被测物质产生的检测信号的反应速度，定义为仪器达到信号总变化量一定的百分数所需的时间，也称响应时间(response time)。一般是指仪器达到信号总变化量的90%所需要的时间。

1.9.6　检出限和动态响应范围

仪器的检出限(detection limit)是指在一定的置信水平下，能检出被测物的最小量或最低浓度,一般是 3 倍信噪比所对应的浓度。由于不同化合物的检出限不同,因此仪器大多给出灵敏度或针对某种典型化合物标准溶液的检出限。仪器的检出限是用标准溶液测定的,与 1.10 节中方法的检出限有所区别。

动态响应范围(dynamic range)和校正曲线有区别,是指仪器对组分浓度变化的动态响应曲线,其中包括线性部分和偏离线性仍有一定变化的部分。动态响应范围为起点到信号达到平台区的浓度范围,比线性范围宽。

1.10 分析方法的评价

仪器分析的主要目的是对样品中待测组分进行测定,给出待测组分准确可靠的结果。根据待测物的性质和样品的组成,选择合适的分析仪器,优化选择各种仪器测量条件,选择合适的样品前处理条件,在选择的样品处理方法和仪器测量条件下,建立定性和定量分析方法。然而一种分析方法是否具有良好的检测能力、较强的抗干扰能力和可操作性,在什么条件和范围内能给出可靠准确的分析结果,是否适用于特定的样品,需要进行方法学研究,通过特定参数指标测定对分析方法进行评价。如果研究建立新的分析方法,对分析方法评价是实验研究的重要环节。评价分析方法的一些参数和上述仪器性能指标的名称虽然一样,但意义不同。

1.10.1 检出限

国际纯粹与应用化学联合会(IUPAC)规定,方法的检出限(detection limit, LOD)是指产生一个能可靠地被检出的分析信号所需的被测组分的最小浓度或含量。这里的检出是指定性检出,即判定样品中存在有浓度高于仪器背景噪声水平的待测物质。噪声是指仪器的背景信号,包括仪器的电子噪声、室内温度、压力的变化、试剂的纯度以及空白样品的背景。待测物产生的信号与噪声水平的比值称为信噪比。在测定误差服从正态分布的条件下,当检测信号和噪声水平显著性差异达到一定程度(置信度为 99.7%)时,即检测信号值和噪声平均值相差 $3s_b$,即 3 倍的信噪比时,检测信号所对应的浓度则为检出限:

$$c_{LOD}/q_{LOD}=\frac{\overline{x_L}-\overline{x_b}}{m}=\frac{3s_b}{m}$$

式中,c_{LOD}/q_{LOD} 为检出浓度或检出量;$\overline{x_L}$、$\overline{x_b}$ 分别为低浓度测量的信号和噪声的平均值;m 为低浓度区校正曲线的斜率。

对于特定的分析方法,空白样品经过和样品同样的处理过程后测定的信号为空白值。因此,检出限中的噪声实际上是空白值。空白值的标准偏差可以通过对空白样品多次平行测定得到的测定值计算。在进行空白值的测定时,应在仪器灵敏度挡位于最高的情况下进行,否则空白值的差异测定不出来,得到的检出限偏低。噪声水平也可以从仪器给出的背景信号测定,如图 1.1 所示。噪声水平的大小一般为峰对峰的大小,即图中 h 的高度,图 1.1(a)中的信噪比为 10,(b)中的信噪比为 3,信号的大小所对应的浓度即为检出限。

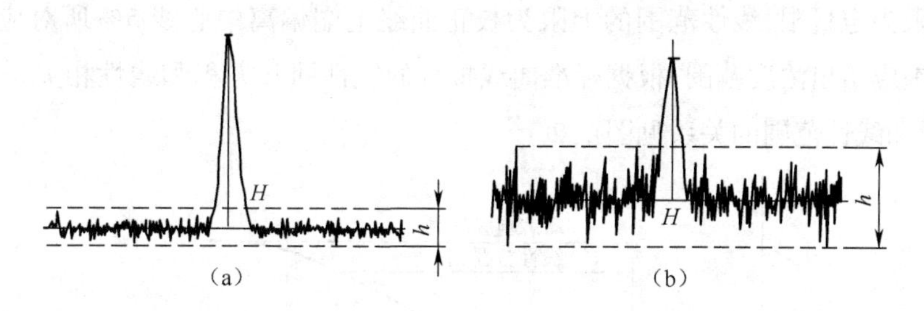

图 1.1　10 倍信噪比(a)和 3 倍信噪比(b)

检出限虽然可以通过空白值或噪声的标准偏差计算出来,但是必须要配制接近检出限浓度的标准溶液进行测定,确定是否能够得到 3 倍于空白值的信号值,并给出实验结果。不能仅依据空白值的测定给出检出限的结果。

必须指出的是,检出限与 1.9.1 节提及的仪器灵敏度是不同的概念。灵敏度是指特定的分析仪器对待测物浓度变化的响应敏感程度,即单位浓度变化时引起的输出信号的变化。校正曲线的斜率可以表征仪器的灵敏度,是仪器的性能指标之一。

分析方法的检出限和特定分析仪器的检出限也有差异。仪器的检出限一般是配制标准溶液直接测定,或直接测得仪器噪声,得到检出的最小浓度,即 3 倍的信噪比所对应的浓度。方法的检出限则是包括样品处理、富集或稀释并考虑样品基体背景的最小浓度,这里的信噪比是信号与空白值的比值。

1.10.2　定量限

检出限是指定性检出的最小浓度,进行定量分析时,则需确定能够准确定量的最小浓度值。定量限(quantitation limits, LOQ)是线性范围的测定下限。定量限的大小一般取 10 倍的信噪比[图 1.1(a)],有时也用 3 倍或 4 倍的检出限作为定量限。

1.10.3　线性和动态响应范围

仪器的响应信号与浓度变化呈现一定的相关关系,称为动态响应范围。如图 1.2 所示,从最低浓度直至信号达到信号平台区为测量的动态响应范围,在平台区,仪器响应不再随浓度发生变化。为了能准确进行定量分析,仪器的响应信号应直接与浓度呈线性比例关系。在有些分析方法中,仪器的响应可能不直接与浓度呈线性,应对浓度和信号做数学转换,再进行线性回归计算。线性范围(linear range)是浓度和信号之间能够呈线性关系的浓度范围,是能够准确进行定量分析的浓度范围。线性范围的测定是配制一系列 5 个或 5 个以上不同浓度的标准溶液,如已知样品的浓度,浓度范围应为预计样品测定含量的 80% ~120%,测定出标准曲线。

仪器的响应信号应直接与浓度呈比例关系。标准曲线拟合的回归方程的截距应接近于零,截距过大或为负值说明分析过程中背景值较高,有较为严重的干扰或存在较大的测量误差。线性范围的下限为定量限,线性范围的上限为校正曲线上端偏离中心线5%所对应的浓度。方法的线性范围应给出浓度范围,根据标准曲线拟合的线性回归方程和线性相关系数(R^2)。检出限、定量限和线性范围的关系见图1.2。

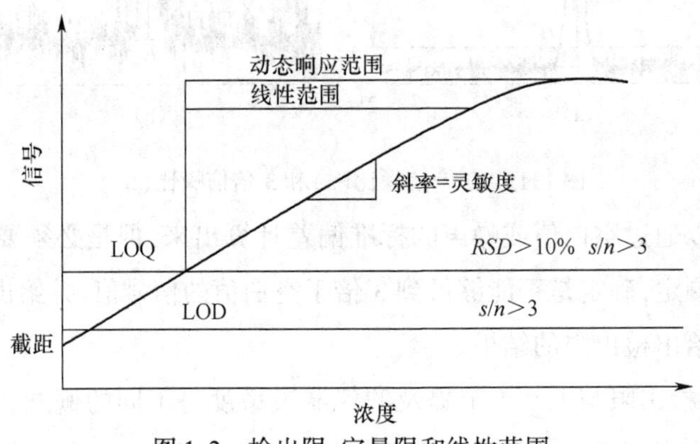

图1.2 检出限、定量限和线性范围

1.10.4 方法精密度

精密度(precision)是用特定的分析方法对某一样品进行多次重复测定时,所得的测量值之间的离散程度,用标准偏差和相对标准偏差表示。

精密度有3个评价水平:重复性(repeatability),室内精密度或中间精密度(intermediate precision),重现性(reproducibility)。

重复性是指用同样的方法和条件,在同一实验室对同一样品进行多次重复测定时测定结果的精密度。重复性测定至少平行测定6份,或在3个不同的浓度水平(低、中和高),每个浓度水平平行测定3份。

室内精密度是指在同一实验室,但测量的某些条件改变时对同一样品进行多次重复测定的精密度。如测量的时间不同,从事测定的人员不同,或测量的仪器型号或不同的部件(如不同批号的色谱柱)以及样品的批次等有变化等。

重现性是指不同的实验室间进行同一方法的精密度。重现性对于方法的实用价值非常重要。不同的实验室环境条件和操作条件均有所不同,同样的分析方法在不同的实验室对样品进行分析,如能得到统计学允许的误差范围内的分析结果,才能有实际应用的价值。

在评价分析方法的精密度时,应注意以下问题:

(1)精密度和被测物的浓度大小有关,因此在测量精密度数据时,必须给出测量的浓度水平,应在两个或两个以上的浓度水平进行精密度测量,其中应该有一个接近定量限的低浓度水平。

(2)用标准溶液测定方法的精密度和分析实际样品的精密度存在一定的差异,对分析样品进行测定时,要有足够的测量次数,并计算精密度。

1.10.5　准确度和回收率

准确度(accuracy)是指样品的测量结果和真实值的吻合程度。分析方法的准确度评价可以有几种方式:

首先,准确度评价可以采用标准方法或目前公认的可靠方法对同一样品进行分析,用统计学方法评价所建立的分析方法和标准方法所得结果之间的差异(t 检验),如果显著性水平在允许的误差范围内,则说明分析方法的准确度较好。

其次,还可以将分析方法用于国家相关标准部门制备的标准样品的测定,标准样品具有明确的标示量,而标示量的不确定度和置信区间已经经过多个实验室测定后确定。标准样品应和被测样品的种类相同,被测物含量也应较为接近。如果分析方法用于茶叶样品,则标准样品应该也是茶叶,最好是同种茶叶,如都是绿茶或红茶等。如果分析方法用于矿物,则应选用相应的矿物标准样品。对标准样品测定的分析结果与标准值进行 t 检验,以评价分析方法的准确度。采用标准样品或标准方法来评价分析方法虽然较为可靠,但是目前已有的标准样品种类不够齐全,或由于条件所限,实行标准方法或其他方法进行比较有一定限制,因此加标回收的方法常用于方法准确度的评价。

标准回收率的测定是在样品中加入准确浓度和体积的被测物标准溶液,用待评价的分析方法进行测定,比较分析结果与加入量,得到回收率(recovery,R):

$$R = \frac{A_x - A_0}{A_s} \times 100\%$$

式中,R 为加标回收率;A_x 为加标后的分析结果,可以是待测物的含量或仪器测定信号值;A_0 为不加标样品的本底值;A_s 为所加标准溶液的含量或仪器测定的信号值。加标回收率不需要达到100%,样品的类型不同、被测物的浓度水平不同、样品基体的复杂程度不同,加标回收率的要求也不一样。例如,测定环境水样中的多环芳香烃,浓度水平为 $ng \cdot L^{-1}$ 加标回收率为60% ~120%都是允许的。

加标回收率有空白加标和样品加标两种方式。

(1)空白加标回收。在没有被测物质的空白样品基质中加入定量的标准物,按样品处理步骤分析,得到的结果与理论值的比值即为空白加标回收率。空白加标回收率能较好地评价分析测量中存在的各种影响准确度的因素,但是空白样品必须和被测样品除不含被测物外的其他组成相同,要制备或采集空白样品有一定的难度。

(2)样品加标回收。相同的样品取两份,其中一份加入定量的待测成分标准物质;两份同时按相同的分析步骤分析,加标的一份所得的结果减去未加标一份所得的结果,其差值同加入标准物质的理论值之比即为样品加标回收率。样品加标回收是最常用的加标回收方式。但是样品的加标回收是被测物在样品本底值水平上进行加标,而且加标样品和不加标样品是在相同条件下进行测量的。样品中如存在较低水平的干扰物质,测定中如有固有的系统误差和不正确操作等因素,所导致的效果相等。当以其测定结果的减差计算回收率时,常不能确切反映样品测定结果的实际效果。

加标回收实验的加标浓度应涵盖线性范围,一般应在3个浓度水平进行实验,每个浓度水平平行做3份。最低浓度应接近线性范围的定量限、中等水平和线性范围的上限。如果是针对特定的样品,加标量中一个浓度水平应尽量与样品中待测物含量相等或相近,其他两个浓度水平应高于或低于待测物的含量。在任何情况下,加标量均不得大于待测物含量的3倍,加标后的测定值不应超出方法测定上限的90%。

加标时应注意校正加标溶液的体积和使用的溶剂对样品浓度的影响。加标的体积如果远小于样品的体积,如样品体积为100mL,加标的体积为0.5mL或1mL,则可忽略体积的变化。对于分析方法的准确度评价,加标应直接加到待测样品中,如果是固体样品,应尽可能均匀,不应该加到处理后的样品溶液中。如果是考察分析过程中的特定步骤的影响,则根据情况确定加标方式。

1.10.6 选择性或专属性

选择性(selectivity)是指在其他组分存在下,分析方法对于被测物质检测的识别和抗干扰能力。其他组分指样品的基质、样品中的杂质或被测物质的降解产物和结构类似物等。专属性(specificity)则是指分析方法只识别样品中某单一目标物,产生信号,酶免疫分析常具有较好的专属性。

加标回收实验在一定程度上可以反映分析方法的选择性,但不足以评价方法的选择性。

对于单一分析技术建立的分析方法,选择性可以采用干扰实验来评价,在测量溶液中添加不同浓度水平的可能干扰物质,考察添加物质对目标物测量的影响,一般以待测目标物信号值影响±5%以内为不产生干扰。添加的潜在干扰物质可以是样品中大量存在的常量组分、与被测物质结构和性质类似的物质等。

如果是色谱分析方法,样品中其他组分是否也在待测物色谱峰所在位置出峰影响选择性,应该对色谱峰的纯度进行评价。可以用不含被测物的空白样品进样,考察是否在样品出峰位置有杂质峰;如果检测器是二极管阵列(diode array detector,DAD),可以采用在线扫描紫外(UV)光谱的方法,要提高准确度,可以在色谱峰两侧分别扫描光谱,比较所得光谱是否一致。如果得到一致的光谱,则峰比较纯;如果光谱不一致,则其中可能存在其他物质。但是这种方法不够准确,因为很多有机化合物的紫外吸收光谱较为接近。现在的气相色谱—质谱(GC-MS)和液相色谱—质谱(LC-MS)方法可以用质谱对待测物质的色谱峰进行检验,准确度

和选择性均有很大提高。

对于复杂样品的分析，分析方法的选择性很大程度上依赖于样品处理方法的选择性。目前，很多样品处理新方法都着眼于选择性提取被测物质，提高了从复杂基体中提取目标物的能力。对于选择性的样品处理方法，也应评价方法的选择性。

1.10.7　稳健性

稳健性（robustness）表示当测定条件在一定程度内变动时，测定结果不受影响的承受程度。为测定方法的稳健性，一系列方法的参数，如 pH、温度、检测波长、样品的用量，在色谱分析中如进样体积、流速、同性质不同批次或品牌的色谱柱、流动相组分等应在一定合理范围内变化，在此基础上应用分析方法进行样品定量测定。如果参数的变化对分析结果的影响在允许的范围内，则分析方法对该参数有较好的耐受性，当在不同实验室或环境下使用该分析方法时，该条件的改变不会影响分析结果。如果在稳健性研究中发现分析方法对某个或某些实验条件敏感或要求苛刻，在分析方法中应予以说明。在建立新的分析方法时，条件的优化和选择应考虑到方法的耐用性，在一些条件下，虽然灵敏度可能比较高，但是条件很苛刻，微小的变化就会影响分析结果的精密度，如有其他选择，则可牺牲一点灵敏度。

稳健性研究对于方法的适用性很重要，在不同的环境下采用该方法时，根据方法的稳健性数据可以帮助实验者判断是否需要对分析方法重新评价。不同行业对分析方法的评价有不同的要求，依据新的原理或技术建立分析方法时，对方法进行评价应考虑方法的应用范围。

第 2 章　紫外—可见分光光度法

2.1　基础知识

2.1.1　紫外—可见分光光度法的基本原理

紫外—可见分光光度法(Ultraviolet-visible absorption spectrometry, UV-Vis)是某些物质分子吸收 200 ~ 800nm 紫外可见光谱区的辐射,使价电子和分子轨道上的电子在电子能级和分子能级间跃迁而产生的分子吸收光谱,常用于鉴定和定量测定无机化合物和有机化合物。

分子中外层电子的分子轨道可以分为 σ 成键轨道、σ * 反键轨道、π 成键轨道、π * 反键轨道和 n 非键轨道五种,产生的电子跃迁有 σ→σ * 、n→σ * 、π→π * 、n→π * 、π→σ * 和 σ→π * 六种。轨道跃迁波长在紫外可见光谱区的电子跃迁有 n→σ * 、n→π * 和 π→π * 。

1. n→σ * 跃迁

含 N、O、S、P 和 X(卤素)的饱和有机化合物都可以发生这种跃迁。n→σ * 跃迁的吸收峰多出现在 200nm 以下,通常在紫外区不易观察到这类跃迁。

2. n→π * 和 π→π * 跃迁

分子中存在 C═C、C═O、—N═O、C═C—O—等不饱和基团,称为生色团,可以引起 n→π * 和 π→π * 跃迁,产生紫外光或可见光区吸收。没有生色作用但能增强生色团生色能力的取代基称为助色团,如—OH、—NH_2、—SH 和—X。助色团含有孤对电子,可以与生色团中的 π 电子作用,令 π→π * 跃迁能量降低,引起吸收峰向长波方向移动,称为红移。而—CH_3 和—C_2H_5 等取代基会使吸收峰向短波方向移动,称为紫移或蓝移。

朗伯—比尔定律是光吸收的基本定律,其数学表达式为

$$A = Kbc$$

朗伯—比尔定律的物理意义是:当一束平行单色光垂直通过某透明溶液时,溶液的吸光度 A 与吸光物质的浓度 c 及液层厚度 b 成正比。当液层厚度 b 以 cm、吸光物质的浓度 c 以 $mol \cdot L^{-1}$ 为单位时,系数 K 以 ε 表示,称为摩尔吸收系数。此时,朗伯—比尔定律表示为

$$A = \varepsilon bc$$

式中,摩尔吸收系数 ε 的单位为 $L \cdot mol^{-1} \cdot cm^{-1}$。$\varepsilon$ 越大,溶液对单色光的吸收能力越强,光度法测定的灵敏度越高。

紫外—可见分光光度法具有以下特点：灵敏度高，低含量可检测到 10^{-7} g · mL^{-1}；准确度好，相对误差为1% ~5%，满足对微量组分测定的要求；选择性好，虽然有多种组分共存，但通常无需分离，可以直接测定混合物中的单一组分；操作简便、快速；仪器设备简单、价格低廉、应用广泛。

2.1.2　紫外—可见分光光度计的基本结构

紫外—可见分光光度计的基本结构由五个部分组成，即光源、单色器（单色仪）、吸收池、检测器和信号处理与显示系统。

1. 光源

紫外—可见分光光度计中对光源的要求是：在所需的光谱区域内能够发射足够强度和良好稳定性的辐射，并且辐射能量随波长的变化应尽可能小。常用的光源有热辐射光源和气体放电光源两类。

（1）热辐射光源用于可见光区，如钨丝灯和碘钨灯。钨丝灯和碘钨灯可使用的范围为320 ~2500nm。这类光源的辐射能量与外加电压有关。在可见光区，辐射的能量与工作电压的4 次方成正比，光电流也与灯丝电压有关。为了使光源稳定，必须严格控制灯丝电压，仪器需备有稳压装置。

（2）气体放电光源用于紫外光区，如氢灯、氘灯和氙灯。氢灯、氘灯和氙灯可以在160 ~375nm 产生连续辐射，165nm 以下为线光谱。氘灯是紫外光区应用最广泛的一种光源，其光谱分布与氢灯类似，但光强度比相同功率的氢灯大3 ~5 倍。

2. 单色器

单色器是从光源辐射的复合光中分出单色光的光学装置，波长在紫外—可见区内任意可调。单色器一般由入射狭缝、准直镜（透镜或凹面反射镜使入射光成平行光）、色散元件、聚焦元件和出射狭缝等组成。其核心部分是起分光作用的色散元件。单色器的性能直接影响入射光的单色性，从而影响测定的灵敏度、选择性及标准曲线的线性关系。

常用的色散元件是棱镜和光栅。棱镜的材料有玻璃和石英两种。它们的色散原理是依据不同波长的光通过棱镜时有不同的折射率，从而将不同波长的光分开。玻璃可以吸收紫外光，所以玻璃棱镜只能用于测定350 ~3200nm 的可见光区。石英棱镜适用于测定185 ~4000nm的波长范围，可用于紫外、可见、近红外三个光谱区。

光栅是利用光的衍射与干涉原理制成的。光栅可用于紫外、可见及近红外光谱区，在整个波长区具有良好和几乎均匀一致的分辨能力。相对于棱镜，光栅具有色散波长范围宽、分辨率高、成本低、便于保存和易于制备等优点。其缺点是各级光谱会重叠而产生干扰。

入射狭缝、出射狭缝、透镜及准直镜等光学元件中狭缝在决定单色器性能上起重要作用。

狭缝的大小直接影响单色光纯度,狭缝太宽则灵敏度下降,狭缝太窄会减弱光强。

3. 吸收池

吸收池用于盛放待分析的液体试样,要求能够透过光源辐射,通常由石英和玻璃材料制成。紫外光区和可见光区测定时用石英吸收池,可见光区测定时可以用玻璃吸收池。为减少光的反射损失,吸收池的光学面必须完全垂直于光束方向。典型的吸收池光程长一般为 1cm。在高精度的分析测定中,尤其紫外区,参比池和吸收池要挑选配对。吸收池材料的本身吸光特征以及吸收池的光程长度的精度等对分析结果都有影响。

4. 检测器

检测器的功能是将光信号转变为电信号,测量单色光透过吸收池后的强度变化。常用的检测器有硒光电池、光电管、光电倍增管和光电二极管阵列等。它们通过光电效应将照射到检测器上的光信号转变成电信号。检测器应在测定的光谱范围内具有高灵敏度、对辐射能量响应迅速、线性关系好、对不同波长的辐射响应一致、信噪比高、稳定性好。

(1)硒光电池检测器:硒光电池对光的敏感范围为 300 ~ 800nm,在 500 ~ 600nm 最为灵敏。这种光电池的特点是能产生可直接推动微安表或检流计的光电流,但容易出现疲劳效应,硒光电池只用于低级的分光光度计中。

(2)光电管检测器:光电管在紫外—可见分光光度计中应用广泛。它的结构是以一半圆柱形的金属片为阴极,阴极的内表面涂有光敏层。在圆柱形的中心置一金属丝为阳极,接受阴极释放出的电子。两电极密封于玻璃或石英管内并抽成真空。阴极上光敏材料不同,光谱响应的灵敏区不同。常见的有蓝敏和红敏两种光电管。蓝敏光电管是在镍阴极表面沉积锑和铯,测定波长范围为 210 ~625nm。红敏光电管是在阴极表面沉积银和氧化铯,测定波长范围为 625 ~1000nm。与硒光电池相比,光电管检测器具有灵敏度更高、光敏范围宽、不易疲劳等优点。

(3)光电倍增管检测器:光电倍增管是检测微弱光最常用的光电元件,它的灵敏度比一般的光电管高 200 倍,因此可使用较窄的单色器狭缝,从而对光谱的精细结构有较好的分辨能力。

(4)光电二极管阵列检测器:光电二极管阵列检测器是以光电二极管阵列或 CCD 阵列硅光导摄像管等作为紫外—可见分光光度计的检测器。它可以同时检测 190 ~900nm 由光栅分光后投射到阵列检测器上的全部波长信号,得到时间、光强度、波长的三维图谱。通常的紫外—可见检测器是先分光,然后让分光后的单色光通过吸收池。而光电二极管阵列检测器是让所有波长的光都通过吸收池,然后通过光栅分光,使全部波长的光都入射到光电二极管阵列而被检测。光电二极管阵列检测器是目前比较先进的紫外—可见分光光度计检测器。

5. 信号处理与显示系统

信号处理与显示系统的作用是放大记录信号并经软件处理后输出或显示。通常分光光度计配置计算机,对测试过程进行控制,对测量数据进行处理并显示。

2.1.3　紫外—可见分光光度计的分类

紫外—可见分光光度计的类型很多,但可归纳为三种类型,即单光束分光光度计、双光束分光光度计和双波长分光光度计。

1. 单光束分光光度计

单光束分光光度计是紫外—可见分光光度计的经典结构。其光路结构简图如图2.1(a)所示。经单色器分光后的一束平行光轮流通过参比溶液和样品溶液,进行吸光度的测定。这种类型的分光光度计结构简单,操作方便,容易维修,适用于常规分析。

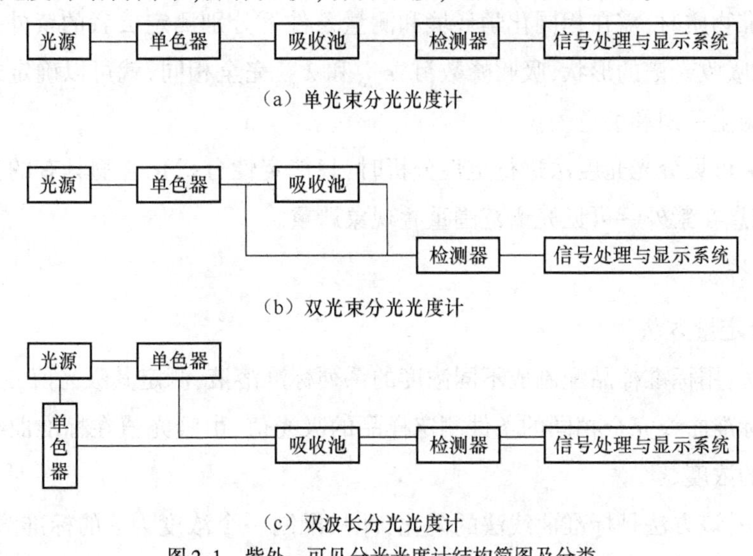

图2.1　紫外—可见分光光度计结构简图及分类

2. 双光束分光光度计

双光束分光光度计的光路结构简图如图2.1(b)所示。光源发出的连续辐射经单色器分光后经反射镜分解为强度相等的两束光,一束通过参比池,另一束通过吸收池。光度计能自动比较两束光的强度,比值即为试样的透射比。此数值经对数变换后转换成吸光度,并作为波长的函数记录下来。

双光束分光光度计一般都能自动记录吸收光谱曲线。由于两束光同时分别通过参比池和吸收池,因此还能自动消除光源强度变化引起的误差。

3. 双波长分光光度计

由同一光源发出的光被分成两束,分别经过两个单色器,得到两束不同波长的单色光。再利用斩光器使两束光以一定的频率交替照射同一吸收池，信号经过检测器检测与处理后，由显示器显示出两个波长处的吸光度差值。双波长分光光度计的基本光路如图2.1(c)所示。

双波长分光光度计适用于多组分混合物、浑浊试样（如生物组织液）的分析，以及存在背景干扰或共存组分吸收干扰样品的分析测试。双波长分光光度法能提高灵敏度和选择性，还可以获得导数光谱。如果在两波长处分别记录吸光度随时间变化的曲线，还可以进行化学反应动力学研究。

2.1.4 紫外—可见分光光度法的应用

1. 定性分析

紫外—可见分光光度法进行定性分析时，主要将样品吸收光谱的形状、吸收峰的数目、摩尔吸收系数 ε 以及最大吸收波长 λ_{max} 等与标准物质的吸收光谱相比较，推断出未知物。在比较未知物与标准物质时，需在相同化学环境和测量条件下分别测定二者的紫外—可见吸收光谱，若两物质的吸收光谱的形状、吸收峰数目、ε_{max} 和 λ_{max} 完全相同，就可以确定未知物与标准物质具有相同的生色团和助色团。

使用紫外—可见分光光度法进行定性分析时，只能定性分析化合物具有的生色团与助色团，而且光谱信息在紫外—可见光谱范围重叠现象严重。

2. 定量分析

(1)单组分定量方法。

标准曲线法：用标准样品配制成不同浓度的系列标准溶液，测定其吸光值，绘制标准曲线。然后用与绘制标准曲线完全相同的条件测定样品的吸光值，由吸光值在标准曲线上直接查出样品待测组分的浓度。

标准对比法：该方法是标准曲线法的简化，即只配制一个浓度为 c 的标准溶液，并测量其吸光度，求出吸收系数 k，然后由式(2.1)求出 c_x。

$$A_x = kc_x \tag{2.1}$$

(2)多组分定量方法。该方法是利用吸光度的加和性，在同一试样中测定多个组分。设试样中有 a 和 b 两组分，显色后分别绘制吸收曲线，会出现如图2.2所示的三种情况。

图2.2(a)中，组分 a、b 的最大吸收波长不重叠，相互不干扰，可以按两个单一组分处理。图2.2(b)和(c)中，a、b 两组分相互干扰，此时可通过解联立方程组求得 a 和 b 的浓度：

$$\begin{cases} A_{\lambda_1}^{a+b} = \varepsilon_{\lambda_1}^{a} lc_a + \varepsilon_{\lambda_1}^{b} lc_b \\ A_{\lambda_2}^{a+b} = \varepsilon_{\lambda_2}^{a} lc_a + \varepsilon_{\lambda_2}^{b} lc_b \end{cases} \tag{2.2}$$

式中，组分 a、b 在波长 λ_1 和 λ_2 处的摩尔吸收系数 ε 可由已知浓度的 a、b 纯溶液测得。解上述方程组可求得 c_a 及 c_b。

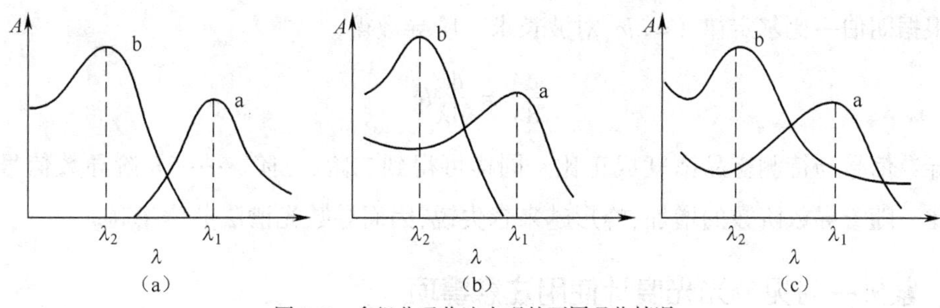

图 2.2　多组分吸收法出现的不同吸收情况

(3)双波长法(等吸收点法)。当混合物的吸收曲线重叠时,如图 2.3 所示,可利用双波长法来测定。

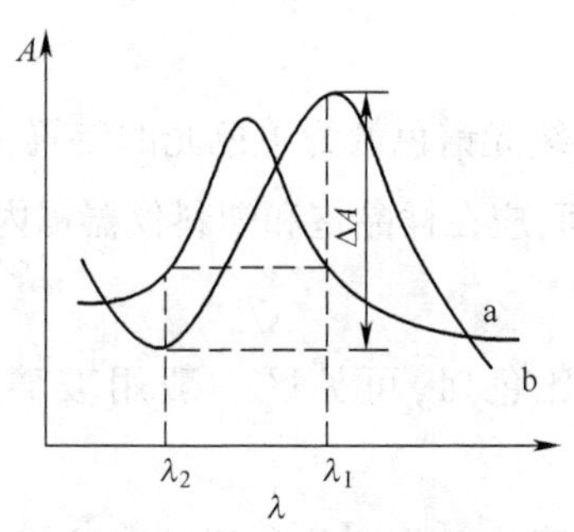

图 2.3　多组分吸光度曲线

若将 a 视为干扰组分,现要测定组分 b。分别绘制各自的吸收曲线,画一平行于横轴的直线分别交于组分 a 曲线上两点,并与组分 b 相交。以交于 a 上一点所对应的波长 λ_1 为图 2.3 多组分吸光度曲线量,可得参比波长,另一点对应的为测量波长 λ_2,并对混合液进行测量,可得

$$\begin{cases} A_{\lambda_1} = A_{\lambda_1}^{a} + A_{\lambda_1}^{b} + A_{\lambda_1}^{s} \\ A_{\lambda_2} = A_{\lambda_2}^{a} + A_{\lambda_2}^{b} + A_{\lambda_2}^{s} \end{cases} \tag{2.3}$$

若两波长处的背景吸收相同,$A_{\lambda_1}^{s} = A_{\lambda_2}^{s}$,而且组分 a 在两波长处的吸光度相等,因此

$$\Delta A = (\varepsilon_{\lambda_2}^{b} - \varepsilon_{\lambda_1}^{b}) l c_{b} \tag{2.4}$$

从中可求出 a,进而求出 c_a。

(4)示差分光光度法。当试样中组分的浓度过大时,则吸光值很大,会产生读数误差。此时若以一浓度略小于试样组分浓度作参比,则有

$$\Delta A = A_x - A_s = \varepsilon l (c_x - c_s) = \varepsilon l \Delta c \tag{2.5}$$

若以浓度为 c_s 的标准溶液调 $T = 100\%$ 或 $A = 0$(调零),则测得的试样吸光度实际就是式(2.5)中的 ΔA,然后求出 Δc,则试样中该组分的浓度为 $c_x = c_s + \Delta c$。

(5)导数光谱法。该方法是将吸光度信号转化为对波长的导数信号。导数光谱是解决干扰物质与被测物光谱重叠、消除胶体等散射影响和背景吸收、提高光谱分辨率的一种数据处理

技术。根据朗伯—比尔定律 $A=\varepsilon lc$,对波长求一阶导数得

$$\frac{dA}{d\lambda}=\frac{d\varepsilon}{d\lambda}lc \tag{2.6}$$

即一阶导数信号与待测样品浓度成正比。同样可得到二阶、三阶、……、n 阶导数信号也与浓度成正比。随着导数阶数的增加,峰形越来越尖锐,因而导数光谱法分辨率高。

2.1.5 紫外—可见分光光度计使用注意事项

(1)光源。为了延长光源的使用寿命,在使用时应尽量减少开关次数,短时间工作间隔内可以不关灯。刚关闭的光源灯,不要立即重新开启。如果光源灯亮度明显减弱或不稳定,应及时更换新灯。

(2)单色器。单色器是将连续光谱色散为单色光的装置,色散元件易受潮生霉,要经常更换盒内的干燥剂。仪器停用期间,应在样品室和塑料仪器罩内放置防潮硅胶,以免受潮而使反射镜面有霉点及沾污。

(3)吸收池。吸收池也叫比色皿,可见区一般用玻璃吸收池,紫外区一般用石英吸收池。

①吸收池的匹配:将配套使用的吸收池装相同的溶液,于所使用的测量波长下测定透光度,透光度之差应小于0.5%。

②保护吸收池光学面:不能将光学面与手指、硬物或脏物接触,只能用擦镜纸或丝绸擦拭光学面;不得在火焰或电炉上进行加热或烘烤吸收池。生物样品、胶体或其他在池体上易形成薄膜的物质要用适当的溶剂洗涤;有色物质污染,可用 $3\text{mol}\cdot\text{L}^{-1}$ HCl 和等体积乙醇的混合液洗涤。

(4)电压与电源。电压波动较大时,要配备有过压保护的稳压器。停止工作时,必须切断电源,盖上防尘罩。仪器若长期不用要定期通电20~30min。

2.2 实　　验

实验一　紫外—可见分光光度计主要性能检定

一、实验目的

(1)掌握紫外—可见分光光度计的测定原理。

(2)熟悉紫外—可见分光光度计的主要性能和技术指标的检定方法。

(3)了解紫外—可见分光光度计的基本结构。

二、实验原理

紫外—可见分光光度计是根据物质的分子对紫外—可见光谱区电磁辐射的吸收光谱特征和吸收程度进行定性和定量分析的仪器,其定量依据是朗伯—比尔定律:

$$A = \lg \frac{I_0}{I_t} = \lg \frac{1}{T} = Kbc \tag{2.7}$$

式中,A 为物质的吸光度;I_0 为入射单色光的强度;I_t 为透射单色光的强度;T 为透光度;K 为比例常数;b 为液层的厚度,cm;c 为溶液中物质的浓度,$mol \cdot L^{-1}$。

为了确保分析的灵敏度和准确度,仪器要进行定期检定,检定周期一般为一年。根据紫外—可见分光光度计检定规程(JJG 178—2007)的规定,将仪器的工作波长分为两段,其中A段190～340nm,B段340～900nm。检定的主要计量性能见表2.1。

表2.1　紫外—可见分光光度计检定主要性能指标

检定项目	性能指标		
	级别	A段	B段
波长最大允许误差	Ⅰ	±0.3	±0.5
	Ⅱ	±0.5	±1.0
	Ⅲ	±1.0	±4.0
	Ⅳ	±2.0	±6.0
波长重复性	Ⅰ	≤0.1	≤0.2
	Ⅱ	≤0.2	≤0.5
	Ⅲ	≤0.5	≤2.0
	Ⅳ	≤1.0	≤3.0
透射比最大允许误差	Ⅰ	±0.3	±0.3
	Ⅱ	±0.5	±0.5
	Ⅲ	±1.0	±1.0
	Ⅳ	±2.0	±2.0
透射比重复性	Ⅰ	≤0.1	≤0.1
	Ⅱ	≤0.2	≤0.2
	Ⅲ	≤0.5	≤0.5
	Ⅳ	≤1.0	≤1.0
基线平直度	Ⅰ	±0.001	±0.001
	Ⅱ	±0.002	±0.002
	Ⅲ	±0.005	±0.005
	Ⅳ	±0.010	±0.010
最小光谱带宽	仪器的最小光谱带宽不超过标称光谱带宽的±20%		

续表

检定项目	性能指标			
杂散光	级别	A 段	B 段	
		220nm	360nm	420nm
	Ⅰ	≤0.1	≤0.1	≤0.2
	Ⅱ	≤0.2	≤0.2	≤0.5
	Ⅲ	≤0.5	≤0.5	≤1.0
	Ⅳ	≤1.0	≤1.0	≤2.0

三、仪器与试剂

1.仪器

紫外—可见分光光度计,附相同光径的吸收池一套,镨钕玻璃滤光片,分析天平,烧杯,容量瓶。

2.试剂

(1)重铬酸钾溶液的配制:准确称取0.2829g重铬酸钾,用0.05mol·L^{-1}硫酸溶液溶解,并稀释至100mL,摇匀,此溶液铬的质量浓度为1.00×10^3mg·L^{-1}。

(2)硫酸铜溶液的配制:准确称取3.9290g硫酸铜($CuSO_4 \cdot 5H_2O$),用0.05mol·L^{-1}硫酸溶液溶解,并稀释至100mL,摇匀,此溶液铜的质量浓度为1.00×10^4mg·L^{-1}。

(3)氯化钴溶液的配制:准确称取4.0373g氯化钴($CoCl_2 \cdot 6H_2O$),用0.10mol·L^{-1}盐酸溶液溶解,并稀释至100mL,摇匀,此溶液钴的质量浓度为1.00×10^4mg·L^{-1}。

(4)亚硝酸钠溶液的配制:准确称取经干燥至恒重的亚硝酸钠5.00g,用蒸馏水溶解后,稀释至100mL,摇匀,此溶液亚硝酸钠的浓度为50.0g·L^{-1}。

实验用水为蒸馏水。

四、实验步骤

(1)同内径长度吸收池的透光率相差:将同样厚度的四个吸收池分别编号加入蒸馏水于220nm(石英吸收池)、440nm(玻璃吸收池)处,将一个吸收池的透射比调至100%,测量其他各吸收池的透射比值,各吸收池之间透光率的差值应不大于0.5%。若有显著差异,应将吸收池重新洗涤后再装蒸馏水测试,经洗涤可使透光率的差异减小时,可通过洗涤使透光一致,若经几次洗涤,吸收池的通光率差异基本无变化,可用下法校正。

以透过率最大的吸收率为100%透光,测定其余各吸收池的透光率,分别换算成吸光度作为各比色皿校正值,测定溶液时,应以上述100%透光率的吸收池作为空白,用其他各吸收池装溶液,测得值以吸光度计算,应减去所用吸收池的吸光度的校正值(表2.2)。

表 2.2　紫外—可见分光光度计吸收池的校正

比色皿编号	用空白溶液测量值		有色溶液测量值的校正		
	测得透光率（T）	校正值（吸光度 A）	测得值		校正后测量值
			T	A	
1	99%	0.004	62.5%	0.204	0.200
2	100%		100%	0.000	作空白管
3	98%	0.009	39.0%	0.409	0.400
4	95%	0.022	23.8%	0.623	0.601

(2)灵敏度：指仪器能够从吸光度上反映出来的最小浓度变化值，以溶液铬的质量浓度为 $1.00\times10^3\mathrm{mg\cdot L^{-1}}$ 的 $K_2Cr_2O_7$，溶液注入 1cm 比色皿，在 440nm，以蒸馏水作参比，其吸光度读数不小于 0.01A。

(3)重现性：指在同一工作条件下，用同一种溶液，连续重复测定 5 次，其透光率最大读数与最小读数之差不应大于 0.5%。

(4)波长准确度与波长重复性检定：镨钕玻璃滤光片吸收峰的参考波长值见表 2.3。

表 2.3　镨钕玻璃滤光片吸收峰的参考波长值

光谱带宽	参考波长值，nm						
2	431.3	513.7	529.8	572.9	585.8	739.4	807.7
5	431.8	513.7	530.1	574.2	585.7	740.0	807.4
8	432.1	513.9	529.6	579.4	585.8	740.4	807.0

将镨钕玻璃滤光片置于样品室内的适当位置，按均匀分布原则，选择 3 ~5 个吸收峰参考波长，逐一做连续 3 次测量(从一个波长方向)，记录吸收峰波长测量值。波长准确度和波长重复性的计算公式分别为

$$\Delta\lambda = \frac{1}{3}\sum_{i=1}^{3}\lambda_i - \lambda_r \tag{2.8}$$

$$\delta_\lambda = \max\left|\lambda_i - \frac{1}{3}\sum_{i=1}^{3}\lambda_i\right| \tag{2.9}$$

式中，$\Delta\lambda$ 为波长准确度，nm；δ_λ 为波长重复性，nm；λ_i 为波长测量值，nm；λ_r 为波长标准值，nm。

(5)透射比最大允许误差和重复性：用标准物质和标准吸收池，分别在 235nm、257nm、313nm、350nm 处测量透射比。用透射比标准值为 10%、20%、30% 的光谱中心滤光片，分别在 440nm、546nm、635nm 处，以空气为参比，测量透射比。按下式计算透射比误差：

$$\Delta T = \overline{T} - T \tag{2.10}$$

式中，$\overline{T}$为 3 次测量的平均值；T 为透射比标准值。

按下式计算透射比重复性：

$$\delta_T = T_{max} - T_{min} \tag{2.11}$$

式中，T_{max}、T_{min} 分别为3次测量透射比的最大值与最小值。

(6)杂散光：选择规定的杂散光测量标准物质，在相应波长处测量标准物质的透射比，其透射比值即为仪器在该波长处的杂散光。

A段用碘化钠标准溶液（或截止滤光片）于220nm，亚硝酸盐标准溶液（或截止滤光片）于360nm（钨灯），1cm标准石英吸收池，蒸馏水做参比，测量其透射比值。

B段棱镜式仪器，用截止滤光片在波长420nm处，以空气为参比，测量其透射比值。

五、注意事项

(1)仪器处于工作状态时，光源发光应稳定无闪烁现象。当波长置于580nm处时，在样品室内应能看到正常的黄色光斑。

(2)仪器不能受潮，应经常保持干燥。仪器工作环境的温度为10～35℃，相对湿度小于85%。

(3)不同型号的仪器其技术指标要求会有一定差别。

六、思考题

(1)同组比色皿透光性的差异对比色测定有何影响？如何消除？

(2)检查分光光度计的灵敏度、重现性有何实际意义？

(3)某有色溶液的最大吸收波长如何选择？为什么要用 λ_{max} 作为入射光？

实验二　紫外—可见分光光度法测定苯酚含量

一、实验目的

(1)了解紫外—可见分光光度计的结构、性能和使用方法。

(2)掌握紫外—可见分光光度计法测定苯酚含量的方法。

(3)学会紫外—可见分光光度法中吸收曲线和标准曲线的绘制方法。

二、实验原理

紫外—可见分光光度法是以溶液中物质分子对光的选择性吸收为基础而建立起来的方法。与所有光度分析法一样，其进行定量分析的依据是朗伯—比尔定律。苯酚是一种剧毒物质，可以致癌，已经被列入有机污染物黑名单。但在一些药品、食品添加剂、消毒液等产品中均含有一定量的苯酚。如果其含量超标，就会产生很大的毒害作用。苯酚在酸碱介质中吸收波长不同(图2.4)。在酸性及中性介质中，$\lambda_{max} \approx 270$nm；而在碱性介质中 $\lambda_{max} \approx 288$nm。

本实验在中性条件下测试,因此苯酚在紫外光区的最大吸收波长 $\lambda_{max}\approx 270nm$。在 270nm 处测定不同浓度苯酚标准溶液的吸光值,绘制标准曲线。然后在相同条件下测定待测物的吸光度值。根据标准曲线可得待测物中苯酚的含量。

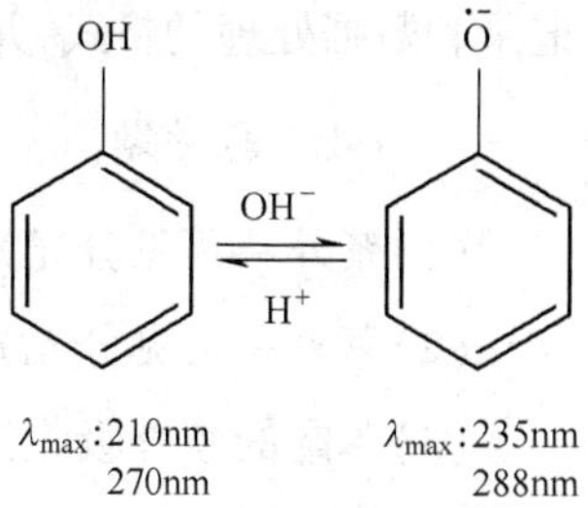

OH　OH^- / H^+　$\ddot{O}$

λ_{max}:210nm 270nm　λ_{max}:235nm 288nm

图 2.4 苯酚的吸收波长

三、仪器与试剂

1. 仪器

UV－2450 紫外—可见分光光度计;电子天平;容量瓶(250mL、1000mL);吸量管(5mL、10mL);石英吸收池(10mm);比色管(25mL)。

2. 试剂

苯酚标准储备液($100\mu g \cdot mL^{-1}$):准确称取 0.1000g 苯酚溶于 200mL 去离子水中,然后转移至1000mL 容量瓶中,用去离子水稀释至刻度,摇匀备用。

四、实验步骤

1. 系列浓度标准溶液的配制

于 5 支 25mL 比色管中,用吸量管分别加入 0.50mL、1.00mL、2.00mL、5.00mL、10.00mL 的 $100\mu g \cdot mL^{-1}$ 苯酚标准储备液,用去离子水稀释至刻度,摇匀待测。

2. 样品测定

(1)定性分析:确定定性分析参数条件,然后将有空白溶液的两个比色皿分别放入参比光路和样品光路,进行基线扫描,再将装有苯酚溶液的比色皿放入样品光路,进行定性扫描。将苯酚的波长扫描图与已知相同条件下的波长扫描图或已知的谱图比较,对试样进行定性分析。

(2)定量分析:确定定量分析参数条件,然后用空白溶液进行调零。仪器调零后,开始进行定量测量,按照提示依次放入系列浓度标准溶液和待测溶液。测定后,查看标准曲线,确定待测溶液中苯酚的含量。

五、注意事项

(1)正确使用吸量管和容量瓶,移液、定容等需要规范操作。配制标准溶液时,为了减少误差,取不同体积的同种溶液应用同一支移液管。

(2)苯酚有剧毒,避免接触皮肤。

(3)注意仪器的正确使用和保养维护。

六、数据记录与结果处理

查阅文献,参考仪器分析的实验记录标准表格,结合本次实验内容和过程自行设计各实验记录和数据处理的格式,并记录在本次实验的实验记录本上。

七、思考题

(1)紫外—可见分光光度法的定性分析、定量分析的依据是什么?

(2)紫外—可见分光光度计的主要组成部件有哪些?

(3)苯酚的紫外吸收光谱中 210mm 和 270mm 的吸收峰是由哪类价电子跃迁产生的?

实验三　紫外吸收光谱法测定 V_C 片剂中维生素 C 的含量

一、实验目的

(1)熟悉紫外—可见分光光度计的主要结构及工作原理。

(2)掌握紫外—可见分光光度计的操作方法。

(3)掌握标准曲线法进行维生素 C 定量分析的方法及操作。

二、实验原理

维生素 C(抗坏血酸)是人体重要的维生素之一,它影响胶原蛋白的形成,参与人体多种氧化—还原反应,并且有解毒作用。人体不能自身合成维生素 C,所以人体必须不断从食物中摄入它,人体缺乏维生素 C 时会出现坏血病。维生素 C 具有抗氧化作用,存在于许多水果、蔬菜中。维生素 C 属水溶性维生素,分子式为 $C_6H_8O_6$,分子结构中具有二烯醇结构,其结构如图 2.5所示。维生素 C 易溶于水,微溶于乙醇,不溶于氯仿或乙醚。维生素 C 片剂中的抗坏血酸可用水提取,由于它的还原性很强,在空气中容易被氧化,在碱性介质中更容易被氧化,因此提取时应加入少量的酸使溶液呈弱酸性,以降低其氧化速率,减少其损失。维生素 C 分子中存在共轭双键,故在紫外光区有较强的吸收,其吸光度与溶液中的浓度成正比。据此,可利用标准曲线法定量测定。

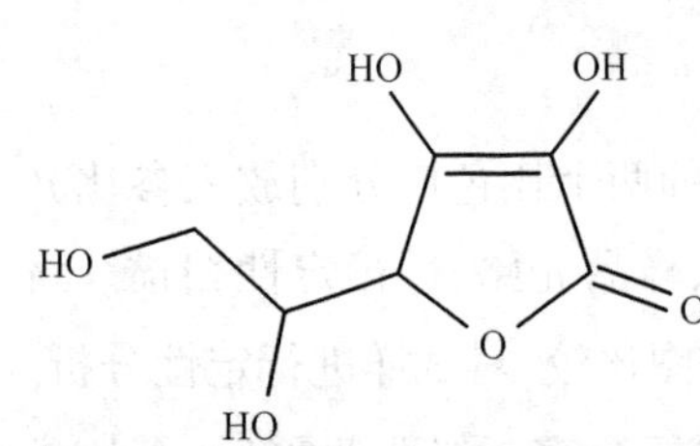

图 2.5　维生素 C 的结构

三、仪器与试剂

1. 仪器

T6 紫外—可见分光光度计;容量瓶;吸量管;烧杯;研钵;过滤装置。

2. 试剂

抗坏血酸标准储备液($10\mu g \cdot mL^{-1}$);10% HCl 溶液;维生素 C 片剂(市售)。

四、实验步骤

1. 标准溶液的配制

分别移取抗血酸标准储备液1.00mL、2.00mL、4.00mL、6.00mL、8.00mL、10.00mL于6只100mL容量瓶中，用水稀释至刻度，摇匀。

2. 吸收曲线的绘制

用石英比色皿，用上述标准系列溶液浓度居中的溶液，以水为参比，在200～400nm范围测绘出抗坏血酸的吸收曲线，并通过此项测试确定λ_{max}。

3. 标准曲线的绘制

用石英比色皿，以水为参比，在波长λ_{max}分别测定上述5个标准溶液的吸光度。以吸光度为纵坐标，浓度为横坐标绘出标准曲线，计算回归方程。

4. 样品的测定

(1)取5片维生素C药片称重，小心研磨成粉，计算平均片重($g \cdot 片^{-1}$)。准确称取相当于0.2片质量的药粉，置于50mL烧杯中，加2mL 10%盐酸及少量水溶解。定量转移至100mL容量瓶中，用水稀释至刻度，摇匀。过滤，弃出10mL左右的初滤液，收集续滤液备用。

(2)准确移取5.00mL滤液于100mL容量瓶中，加水稀释至刻度，摇匀。用石英比色皿，以水为参比，在波长λ_{max}处测定其吸光度，平行测定3次。

(3)将测定的吸光度代入标准曲线回归方程，计算供试溶液的浓度($\mu g \cdot mL^{-1}$)，并计算出每片维生素C中维生素C的含量($mg \cdot 片^{-1}$)。

五、注意事项

抗坏血酸会缓慢地氧化成脱氢抗坏血酸，每次实验必须配制新鲜溶液。

实验四　分光光度法测定磺基水杨酸合铁的组成和稳定常数

一、实验目的

掌握连续变化法(又称等摩尔系列法)测定配合物的组成和稳定常数的原理和方法。

二、实验原理

连续变化法是测定配合物的组成及其稳定常数最常用的方法之一。它将相同物质的量浓度的金属离子和配体以不同的体积比混合至一定的总体积，在配合物最大吸收波长处测量其吸光度。当溶液中配合物的浓度最大时，配位数n为

$$n=\frac{c_L}{c_M}=\frac{1-f}{f} \tag{2.12}$$

式中,c_M 和 c_L 分别为金属离子和配体的浓度;f 为金属离子在总浓度中所占分数。

$$c_M+c_L=c=\text{常数} \tag{2.13}$$

$$f=\frac{c_M}{C} \tag{2.14}$$

以吸光度对 f 作图。当 $f=0$ 或 1 时,配合物的浓度为零。图中吸光度值最大处的 f 值即为配合物浓度达到最大时的 f 值。1∶1 型配合物,吸光度值最大处的 f 值为 0.5;1∶2 型的 f 值为 0.34等。若配合物为 ML,测得的最大吸光度为 A,它略低于延长线交点的吸光度 A',这是因为配合物有一定的离解。A'为配合物完全不离解时的吸光度值,A'与 A 之间差别越小,说明配合物越稳定。由此可计算出配合物的稳定常数:

$$K=\frac{[ML]}{[M][L]} \tag{2.15}$$

配合物溶液的吸光度与配合物的浓度成正比,故

$$\frac{A}{A'}=\frac{[ML]}{c'} \tag{2.16}$$

式中,c'为配合物完全不离解时的浓度,其值为

$$c'=c_M=c_L$$

而

$$[M]=[L]=c'-[ML]=c'-c'\frac{A}{A'}=c'(1-\frac{A}{A'}) \tag{2.17}$$

将式(2.16)和式(2.17)代入式(2.15),整理后得

$$K=\frac{A/A'}{(1-A/A')^2c'} \tag{2.18}$$

三、仪器与试剂

1. 仪器

分光光度计;50mL 容量瓶 5 个;10mL 吸量管 2 支。

2. 试剂

0.0100mol · L^{-1}磺基水杨酸溶解在 0.1mol · L^{-1} $HClO_4$ 中;0.0100mol · L^{-1} 硝酸铁溶解在 0.1mol · L^{-1} $hClO_4$中;0.1mol · L^{-1} $HClO_4$。

四、实验步骤

1. 系列溶液的配制

取5个50mL容量瓶，按表2.4加入0.0100mol·L^{-1}磺基水杨酸和铁溶液；用0.1mol·L^{-1} $HClO_4$稀释至刻度，摇匀。

表2.4　系列溶液配制

瓶　　号	0.0100mol·L^{-1}磺基水杨酸，mL	0.0100mol·L^{-1}铁溶液，mL
1	1.00	9.00
2	3.00	7.00
3	5.00	5.00
4	7.00	3.00
5	9.00	1.00

2. 配合物吸收曲线的测绘

以蒸馏水为参比，用步骤1中3号溶液在波长400～700nm测量吸收光谱。

3. 系列溶液的测量

以蒸馏水为参比，将步骤1配制的溶液在配合物最大吸收波长处测其吸光度。

五、结果处理

(1)绘制配合物的吸收光谱，并确定其λ_{max}。

(2)以金属离子物质的量浓度与总物质的量浓度之比为横坐标，吸光度为纵坐标作图，求配合物组成。

(3)求磺基水杨酸合铁的稳定常数。

六、注意事项

(1)溶液配好之后，必须静置30min才能进行测定。

(2)当溶液的pH不同时，磺基水杨酸与Fe^{3+}形成三种不同配合物：pH < 4时，形成紫色配合物[FeR]；pH为4～10时，形成红色配离子$[FeR_2]^{3-}$；在pH = 10附近，形成黄色配离子$[FeR_3]^{6-}$。

第3章 分子荧光光谱法

3.1 基础知识

物质的基态分子吸收能量(电能、热能、化学能和光能等)被激发到较高电子能态,从不稳定的激发态跃迁回基态并发射出光子,此种现象称为发光。基于分子发光建立起来的方法称为分子发光光谱法。分子发光光谱法包括分子荧光光谱法、分子磷光光谱法、化学发光分析法和生物发光法。

荧光和磷光同属光致发光,发射荧光时电子能量转移不涉及电子自旋改变,荧光寿命较短(10^{-11} ~ 10^{-7}s)。荧光是由单重态—基态跃迁产生的,受激发的自旋状态不发生变化。磷光是由三重态—基态跃迁产生的,发射磷光时伴随电子自旋的改变,在辐射停止几秒或更长一段时间后,仍能检测到磷光,磷光寿命略长(10^{-4} ~ 10s)。

化学发光是指某些物质在进行化学反应时,由于吸收了反应时产生的化学能,反应产物分子由基态激发至激发态,受激分子由激发态再回到基态时,发出一定波长光的过程。生物发光是指生物体发光或生物体提取物在实验室中发光的现象,是由细胞合成的化学物质,在一种特殊酶的作用下,将化学能转化为光能。本书介绍分子荧光光谱法。

3.1.1 分子荧光光谱法的基本原理

分子受光能激发后,由第一电子激发单重态(S_1)跃迁回到基态的任一振动能级时所发出的光辐射称为分子荧光。由于分子对光的吸收具有选择性,因此荧光的激发和发射光谱是荧光物质的基本特征。测定激发光谱时,通常是在一定的狭缝宽度下,固定待测物质的发射波长,然后改变激发光的波长,测量不同激发光波长下所产生的荧光强度的变化。荧光强度最大处所对应的激发波长就是最适宜的激发波长,称为最大激发波长。此时分子吸收的能量最大,能产生最强的荧光。测定发射光谱时,是将激发光波长固定在最大激发波长处,然后不断改变荧光的发射波长,测定不同的发射波长处的荧光强度的变化。通常用 λ_{ex} 和 λ_{em} 分别表示最大激发波长和最大发射波长。激发光谱和发射光谱可用于鉴别荧光物质,并可作为荧光测定时选择激发波长和测定波长的依据。图3.1为1-萘酚的荧光激发光谱和发射光谱。

在一定条件下仪器所测得荧光物质发射荧光的大小用荧光强度来衡量。荧光是向四周发射的,没有固定方向,是各向同性的,因此实际上测量的是某一方向的荧光强度。荧光是光致

发光,指物质吸收光以后再发射光,所以荧光强度(I_f)应与入射的光强度(I_0)以及荧光量子产率成正比,即

$$I_f = 2.303 \Phi I_0 \varepsilon bc \quad (3.1)$$

式中,Φ 为荧光量子产率;ε 为摩尔吸收系数;b 为吸收池厚度;c 为待测物质的物质的量浓度。

当 I_0 和 b 不变时,上式可表示为

$$I_f = aI_0c \quad (3.2)$$

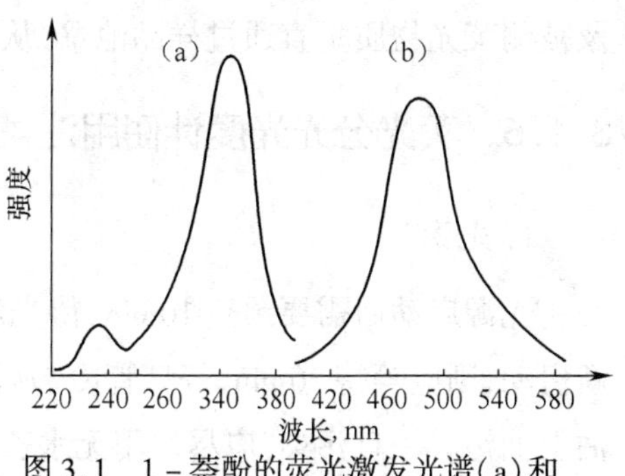

图3.1　1-萘酚的荧光激发光谱(a)和发射光谱(b)

式中,a 为常数,可以看出,荧光强度与浓度成正比。需要指出的是,这样的正比关系只有在被测物的浓度很低时才成立。

3.1.2　荧光与分子结构的关系

物质分子必须具有电子吸收光谱的特征结构,这是产生荧光的前提。另外,物质分子吸收光之后,还必须具有高的荧光量子产率。荧光物质分子的激发、发射性质均与分子结构密切相关。许多吸光物质由于其结构特征,分子的荧光量子产率不高,不一定发荧光。在有机分子中,最有效的荧光通常涉及 $\pi \rightarrow \pi^*$ 跃迁。

因此,荧光物质往往具有如下特征:(1)具有大的共轭双键结构;(2)具有刚性的平面结构;(3)取代基团为给电子取代基。

3.1.3　影响荧光强度的环境因素

影响荧光强度的环境因素如下:(1)溶剂的影响;(2)温度的影响;(3)溶液 pH 的影响;(4)荧光猝灭作用,又可分为动态猝灭、静态猝灭、动态和静态的同时猝灭、荧光物质的自猝灭。

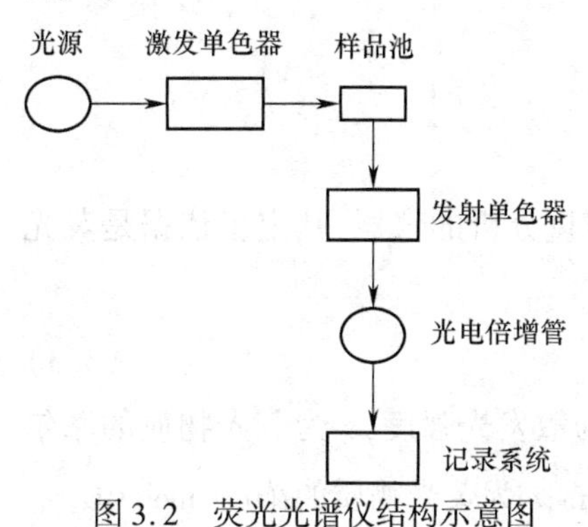

图3.2　荧光光谱仪结构示意图

3.1.4　荧光光谱仪

如图3.2所示,荧光光谱仪一般由光源、单色器、样品池、检测系统、读数装置等部件组成。

光源激发被测物,单色器分离出所需要的单色光,检测系统把荧光信号转换为电信号。从光源发出的光照射到盛有荧光物质的样品池上,产生荧光。荧光向四面八方发射,为了消除透射光的干扰,通常在与激发光传播方向成90°的方向上测量荧光。样品池通常为矩形,在矩形池中以90°的位置进行测量可使入射光

及被测荧光物质垂直通过样品池壁，从而减少池壁对入射光及荧光的反射。

3.1.5 荧光分光光度计使用注意事项

1. 光源

光源启动后需要预热 10min，待光源稳定发光后方可开始测试工作。若光源熄灭后需重新启动，则应等待 30min，等灯管冷却后方可，以延长灯的寿命。灯及窗口必须保持清洁，不能沾上油污。一旦污染，应尽快用无水乙醇擦洗干净。

为了保证光源的稳定性，仪器需要配备有稳压器。氙灯点亮瞬间需要上千伏的高压，所以开机时应远离氙灯电源。氙灯点亮瞬间的高压会产生臭氧，注意通风。

2. 比色皿

比色皿的清洁、透光面等对荧光的测量很重要，因此要注意使用后的清理。样品溶液不应长时间存放在比色皿中，使用后应立即清理，以免样品附着于池壁而难以洗净，如果比色皿外壁黏附了溶液，应立即使用专用擦镜纸擦净，再安装于池座。使用时比色皿应规定一个插放的方向，不能经常摩擦。

3.2 实　　验

实验一　分子荧光光度计主要性能检定

一、实验目的

(1)掌握分子荧光光度计的测定原理。

(2)熟悉分子荧光光度计主要性能的检定方法。

(3)了解分子荧光光度计的基本结构。

二、实验原理

分子荧光光度计是对可发射荧光的物质进行定性和定量分析的仪器，其定量依据是荧光强度与物质浓度的关系：

$$F = k\Phi I_0(1 - e^{-\varepsilon Lc}) \tag{3.3}$$

式中，F 为荧光强度；k 为仪器常数；Φ 为荧光量子效率；I_0为散发光强度；ε 为荧光物质的摩尔吸收系数，$L\cdot(cm^{-1}\cdot mol^{-1})$；$L$ 为荧光物质液层的厚度，cm；c 为荧光物质的浓度，$mol\cdot L^{-1}$。

对于给定的物质来说，当激发光的波长和强度固定、液层的厚度固定、溶液的浓度较低时，荧光强度与荧光物质的浓度有如下简单的关系：

$$F = kc \tag{3.4}$$

根据分子荧光光度计检定规程的规定,为了确保分析的灵敏度和准确度,仪器要进行定期检定,检定周期一般为一年。在此期间,当条件改变(例如更换光源灯、光电管等重要维修项目)或对测量结果有怀疑时,都应进行检定。仪器的单色器可分为两类:A 类是色散型单色器;B 类是滤光片单色器。检定的项目及性能指标要求见表 3.1。

表 3.1　分子荧光光度计检定项目及性能指标要求

检定项目	性能指标要求	
	A 类单色器	B 类单色器
波长示值误差	优于 ±2.0nm	—
波长重复性	≤1.0nm	—
滤光片透光特性	—	玻璃滤光片:标称值 ±10nm
		干涉滤光片:标称值 ±5nm
检出极限	$5 \times 10^{-10}g \cdot mL^{-1}$ 硫酸奎宁	$1 \times 10^{-8}g \cdot mL^{-1}$ 硫酸奎宁
测量线性	$r \geqslant 0.995$	
荧光光谱峰值强度重复性	≤1.5%	
稳定度	在 10min 内零线漂移≤0.5%	
	荧光强度示值上限在 10min 内的漂移不超过 ±1.5%	

三、仪器与试剂

1. 仪器

分子荧光光度计;紫外—可见分光光度计;分析天平;量筒;容量瓶;移液管。

2. 试剂

(1)硫酸溶液($0.05mol \cdot L^{-1}$):往 1000mL 容量瓶中加入适量的二次蒸馏水,再加入浓硫酸(分析纯)2.7mL,用二次蒸馏水稀释至刻度,混合均匀。

(2)硫酸奎宁标准溶液($1 \times 10^{5}g \cdot mL^{-1}$):将硫酸奎宁固体(国家二级标准物质)试剂放在干燥管中放置 24h 以上。在分析天平上准确称取 5.00mg 硫酸奎宁置于 500mL 容量瓶中,用适量 $0.05mol \cdot L^{-1}$ 硫酸溶液溶解,然后用 $0.05mol \cdot L^{-1}$ 硫酸溶液稀释至刻度,混合均匀。

(3)萘—甲醇溶液($1 \times 10^{-4}g \cdot mL^{-1}$),国家二级标准物质。

四、实验步骤

仪器应平稳地放在工作台上,无强光直射在仪器上;仪器周围无强磁场、电场干扰;无振动;无强气流影响。检定前仪器应预热 20min。配置滤光片的仪器,必须安装好滤光片,更换滤光片应先切断电源。

1. 色散型单色器仪器波长示值误差与波长重复性

1) 氙灯亮线方法

(1) 激发单色器波长示值误差与波长重复性：将激发单色器置零级位置，将漫反射板（或无荧光的白色滤纸条）放入样品室，仪器的响应时间设置为“快”，扫描速度设置为“中”，或采用手动方式，使用实际可行的最窄狭缝宽度，对激发单色器在350~550nm的波长范围进行扫描，在所得到的谱图上寻找450.1nm附近的光谱峰，并确定其峰值位置。连续测量三次，按式（3.5）和式（3.6）分别计算波长示值误差 $\Delta\lambda$ 和重复性 δ_{λ}：

$$\Delta\lambda = \frac{1}{3}\sum_{i=1}^{3}(\lambda_i - \lambda_r) \tag{3.5}$$

$$\delta_{\lambda} = \max\left|\lambda_i - \frac{1}{3}\sum_{i=1}^{3}\lambda_i\right| \tag{3.6}$$

式中，λ_i 为波长测量值；λ_r 为参考波长值（氙灯亮线参考波长峰值：450.1nm）。

(2) 发射单色器波长示值误差与波长重复性：将激发单色器置零级位置，将漫反射板（或无荧光的白色滤纸条）放入样品室，仪器的响应时间设置为“快”，扫描速度设置为“中”，或采用手动方式，使用实际可行的最窄狭缝宽度，对发射单色器在350~550nm的波长范围进行扫描，在所得到的谱图上寻找450.1nm附近的光谱峰，并确定其峰值位置。连续测量三次，按式（3.5）和式（3.6）分别计算波长示值误差和波长重复性。

2) 萘峰位置方法

(1) 激发单色器波长示值误差与波长重复性：将发射单色器波长设定在331nm处，将盛有萘—甲醇溶液（1×10^{-4}g·mL^{-1}）的荧光池放入样品室，仪器的响应时间设置为“快”，扫描速度设置为“中”，或采用手动方式，使用实际可行的狭缝宽度1~3nm，对激发单色器在240~350nm的波长范围进行扫描，在所得到的谱图上寻找290nm光谱峰，并确定其峰值位置。连续测量三次，按式（3.5）和式（3.6）分别计算波长示值误差和波长重复性。

(2) 发射单色器波长示值误差与波长重复性：将激发单色器波长设定在290nm处，将盛有萘—甲醇溶液（1×10^{-4}g·mL^{-1}）的荧光池放入样品室，仪器的响应时间设置为“快”，扫描速度设置为“中”，或采用手动方式，使用实际可行的狭缝宽度1~3nm，对发射单色器在240~400nm的波长范围进行扫描，在所得到的谱图上寻找331nm光谱峰，并确定其峰值位置。连续测量三次，按式（3.5）和式（3.6）分别计算波长示值误差和波长重复性。

2. 滤光片单色器透光特性检定

(1) 带通型滤光片透光特性检定。用紫外—可见分光光度计测量被检仪器的滤光片在各波长处的透射比，绘制透射比—波长特性曲线。由曲线求出最大透射比 T_{max} 对应的波长 λ_{max}，

以及透射比为 $T_{max}/2$ 时对应的波长。滤光片峰值波长误差按式(3.7)计算：

$$\Delta\lambda = \lambda - \lambda_{max} \tag{3.7}$$

式中，λ 为滤光片峰值波长标称值。

(2)截止型滤光片透光特性检定。截止型滤光片的透光特性用半高波长表示。用紫外—可见分光光度计测量被检仪器的滤光片在各波长处的透射比，绘制透射比—波长特性曲线。由曲线求出最大透射比 T_{max} 对应的波长 λ_{max}，以及透射比为 $T_{max}/2$ 时对应的波长，此波长称为半高波长。

3. 检出极限

用 $0.05mol \cdot L^{-1}$ 硫酸溶液作空白溶液，色散型单色器选取质量浓度为 $1 \times 10^{-9}g \cdot mL^{-1}$ 硫酸奎宁作标准溶液，滤光片单色器选取质量浓度为 $1 \times 10^{-7}g \cdot mL^{-1}$ 硫酸奎宁作标准溶液。灵敏度置最高挡，选择适当的狭缝宽度，根据激发波长 350nm、发射波长 450nm 设定两侧的波长或选择滤光片。对空白溶液与标准溶液进行连续交替 11 次测量。如果在测量中，有 1 次数据确认是由外界干扰或操作引起的较大误差，应将该次数据剔除。

由式(3.8)计算每次测量的荧光强度：

$$F_i = F_{i1} - F_{i0} \tag{3.8}$$

式中，F_{i1} 为标准溶液的荧光强度；F_{i0} 为空白溶液的荧光强度。

检出极限为二倍标准偏差读数的物质浓度，用符号 DL 表示，单位 $g \cdot mL^{-1}$：

$$DL = \frac{c}{\bar{F}} \times 2s \tag{3.9}$$

式中，$\bar{F}$ 为多次测量的平均荧光强度；c 为标准溶液的质量浓度；s 为单次测量的标准偏差。

4. 测量线性

用 $0.05mol \cdot L^{-1}$ 硫酸溶液作空白溶液，激发光波长 350nm、发射光波长 450nm，适当选择灵敏度挡位和狭缝，依次测量表 3.2 中的各质量浓度硫酸奎宁标准溶液。分别对表 3.2 中 4 种质量浓度工作标准溶液与空白溶液进行连续交替三次测量，计算每次测量的荧光强度平均值。用最小二乘法对 4 种标准溶液的质量浓度和荧光强度测量平均值进行处理，得到线性相关系数 r，即为测量线性的检定结果。

表 3.2 硫酸奎宁标准浓度

标准溶液编号	1	2	3	4
标准溶液质量浓度，$g \cdot mL^{-1}$	1×10^{-7}	4×10^{-7}	8×10^{-7}	1×10^{-6}

5. 光谱峰值强度重复性

设定激发光波长 350nm、发射光波长 450nm，用 $1 \times 10^{-7}g \cdot mL^{-1}$ 的硫酸奎宁溶液，见光

3min 后，对发射波长从 365 ~ 500nm 重复扫描三次或记录仪器示值。

光谱峰强度的重复性由式(3.10)计算：

$$\delta_F = \frac{\max\left|F_i - \frac{1}{3}\sum_{i=1}^{3} F_i\right|}{\frac{1}{3}\sum_{i=1}^{3} F_i} \times 100\% \tag{3.10}$$

式中，F_i为光谱峰强度读数。

6. 稳定度

调节灵敏度为中，关闭光阀门，记录 10min 内的漂移。置激发波长和发射波长均为 450nm，激发和发射狭缝宽度均为 10nm，漫反射板放入样品室，调节灵敏度，使示值为 90%，见光 3min 后，观察 10min 内示值的变化。

五、注意事项

(1) 仪器工作环境的温度为 10 ~ 30℃，相对湿度不大于 85%。

(2) 本实验所用玻璃仪器必须认真清洗，以确保实验准确度。

(3) 硫酸奎宁标准溶液应避光、低温、密封保存。稀标准溶液应现用现配，浓溶液有效时间是半年。

(4) 温度、溶剂、酸度对荧光强度影响较大，实验中这些条件应保持一致。

六、思考题

(1) 检查分子荧光光度计的检出极限有何实际意义？

(2) 影响测量线性的因素有哪些？

(3) 用荧光分析法测定时，为什么要求溶液的浓度很稀？

实验二　分子荧光光谱法测定维生素 B_2 片中核黄素的含量

一、实验目的

(1) 熟悉分子荧光光度法测定核黄素的原理和方法。

(2) 熟悉分子荧光光度计使用滤光片的选择方法。

(3) 掌握分子荧光光度计的使用方法。

二、实验原理

维生素 B_2 又称核黄素，为橙色结晶性粉末，其结构式如下：

由于其母核上 N_1和 N_5间具有共轭双键,增加了整个分子的共轭程度,因此,维生素 B_2水溶液在紫外或可见光照射下能产生荧光,在醋酸溶液中,其荧光将增强。在 pH =6 ~7 的稀溶液(0.1 ~2.0μg · mL^{-1})中,荧光强度与维生素 B_2的浓度成正比,即

$$F = 2.3\varphi I_o abc \tag{3.11}$$

当实验条件一定时,则有

$$F = Kc \tag{3.12}$$

水溶液中维生素 B_2 的激发光波长 λ_{ex} 为 370nm 和 465nm,发射光(荧光)波长 λ_{em} 为 525nm。利用分子荧光光度计测量荧光强度,首要的问题是选好滤光片。最好是事先用分子荧光光度计对荧光物质的溶液进行扫描,根据记录的激发光谱和荧光光谱来选择适当波长的第一和第二滤光片(如图 3.3 所示,在 400 ~500nm 区间范围内扫描荧光激发光谱,从获得的荧光激发光谱,确定最大激发波长 λ_{ex} =465nm)。在没有分子荧光光度计的情况下,选择原则是通过第一滤光片的激发光应是滤掉了不需要的光线后的单色光,通过第二滤光片的荧光应是除去了由溶剂、容器和杂质等引起的杂散光后的单色光。总之,以获得最强的荧光和最低的空白值为佳。

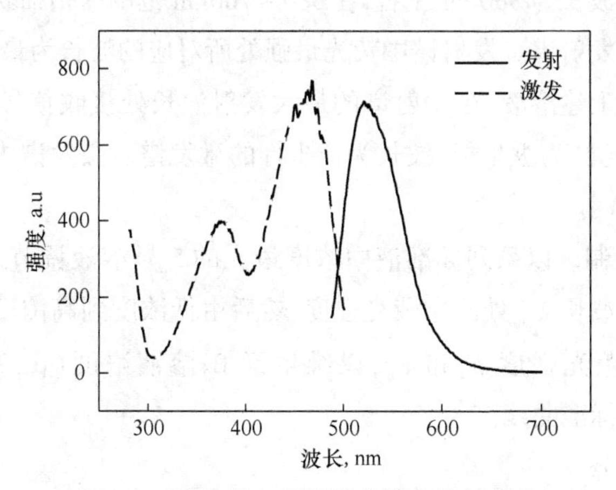

图 3.3　维生素 B_2的激发光谱和发射光谱

三、仪器与试剂

1. 仪器

分子荧光光度计;容量瓶 25mL、250mL 各 1 个;吸量管 1mL、5mL 各 1 个;量筒 100mL;玻璃漏斗。

2. 试剂

维生素 B_2标准品;HAc;维生素 B_2片剂;4% 高锰酸钾;3% H_2O_2溶液;1% HAc 溶液:量取 10mL 冰醋酸(A. R.)置于 1L 容量瓶中,用蒸馏水稀释至标线,摇匀。

四、实验步骤

1. 标准曲线的制作

(1)维生素 B_2系列标准液的配制。准确称取 0.0500g 核黄素(生化试剂),溶于 200mL 0.2mol · L^{-1}HAc 溶液中,在水浴上加热并不时振摇,直至获得清液。冷却后移入 500mL 容量瓶中,用 0.2mol · L^{-1}HAc 溶液定容并摇匀。转入棕色试剂瓶,置冰箱中保存。此储备液核黄素浓度为 100μg · mL^{-1}。吸取 5.0mL 核黄素(维生素 B_2)储备液于 50mL 容量瓶中,用 0.2mol · L^{-1} HAc 溶液定容并摇匀。此应用液浓度为 10μg · mL^{-1}(应在当天使用)。

分别吸取维生素 B_2标准应用液(10μg · mL^{-1})0.00、1.00mL、2.00mL、3.00mL、4.00mL、5.00mL 于 6 个 50mL 容量瓶中,用 0.2mol · L^{-1}HAc 溶液定容,摇匀以 0 ~ 5 依次编号。此系列标准液中维生素 B_2浓度依次为 0.00、0.20μg · mL^{-1}、0.40μg · mL^{-1}、0.60μg · mL^{-1}、0.80μg · mL^{-1}和 1.00μg · mL^{-1}。

(2)发射谱和激发谱的绘制。发射谱的绘制:以系列标准液中浓度最大的 5 号溶液调节适当灵敏度,固定激发波长为 360nm 左右,在 380 ~ 700nm 范围内扫描获得以荧光强度 F_s为纵坐标、波长为横坐标的发射谱。发射谱中荧光最强处所对应的波长为最佳发射波长 λ_{em}。

激发谱的绘制:用上述溶液,在发射谱的最大发射波长处接收信号,在 280 ~ 500nm 范围内扫描获得以荧光强度 F_s为纵坐标、波长为横坐标的激发谱。激发谱中荧光最强处所对应的波长为最佳激发波长 λ_{ex}。

(3)标准曲线的绘制。以系列标准液中浓度最大的 5 号溶液调节适当灵敏度,在最佳激发波长 λ_{ex}和最佳发射波长 λ_{em}处测定荧光强度,然后由低浓度到高浓度顺序依次读出系列标准溶液中各号溶液的荧光强度 F_s和 F_0,以维生素 B_2溶液浓度(μg · mL^{-1})为横坐标,以 F_s—F_0为纵坐标,绘制标准曲线。

2. 样品含量的测定

(1)样品溶液的制备。①在分析天平上称取约 35mg 维生素 B_2片剂(已研成粉末)于

150mL 烧杯中，加入 50mL 0.2mol · L^{-1} HAc 溶液并加热溶解（切勿沸腾），冷却后过滤入 250mL 容量瓶中，用少量 0.2mol · L^{-1}HAc 溶液洗涤 2～3 次，然后用 0.2mol · L^{-1}HAc 溶液定容。②准确吸取 3.00mL 上述样品液于 50.00mL 容量瓶中，加入 5mL 0.2mol · L^{-1} HAc 和 2 滴 4% $KMnO_4$溶液，放置 2min，仔细滴加 3% H_2O_2至红色恰好褪去。用力振摇，以除去溶液中的 O_2，用 0.2mol · L^{-1}HAc 溶液定容至标线。

（2）在与标准曲线相同的条件下，测定样品溶液的荧光强度 F_x，以 F_x—F_0值从标准曲线上找出其相应的维生素 B_2浓度，进一步求算出样品中维生素 B_2的含量。

五、数据处理

编号	0	1	2	3	4	5	样品
C_{B_2}，μg · mL^{-1}							
F							
$F-F_0$							

从标准曲线上查出相应的维生素 B_2浓度 = ____________ μg · mL^{-1}。

$$维生素 B_2片剂中维生素 B_2 含量 = \frac{C_{B_2} \times 50.0 \times \frac{250.0}{3.0}}{m_{样} \times 1000} \times 100\% = \_\_\_\_\_\_\%。$$

六、注意事项

（1）核黄素不稳定，储备液应置冰箱中避光冷藏。

（2）滴加 3% H_2O_2去除过量的 $KMnO_4$，应逐滴滴加至红色恰好褪去。

七、思考题

（1）分子荧光光度计和紫外—可见分光光度计在仪器结构上有哪些不同之处？

（2）分子荧光光度计的第一和第二滤光片的作用各是什么？选择滤光片的原则是什么？

第 4 章　红外光谱法

4.1　基 础 知 识

4.1.1　红外光谱的基本原理

红外光谱反映分子的振动转动情况。当用一定频率的红外光照射某物质分子时,若该物质的分子中某基团的振动频率与其相同,则此物质就能吸收这种红外光,分子由振动基态跃迁到激发态。因此,若用不同频率的红外光依次通过测定分子,就会出现不同强弱的吸收现象。作 $T\%$ 或 A 图就得到其红外吸收光谱图。红外光谱具有很高的特征性,每种化合物都具有特征的红外光谱,可进行物质的结构分析和定量测定。

1. 分子振动的类型

在分子中,原子的运动方式有三种:(1)按线性平动方式的运动;(2)原子绕质量中心的周期性转动;(3)振动。可以用三个坐标 x、y、z 来描述这种运动。若分子中有 n 个原子,则其运动方式总共有 $3n$ 个坐标。其中,3 个描述分子的平动,另有 3 个描述非线性分子的转动(线性分子转动只需 2 个坐标)。因此,非线性分子的振动有 $3n-6$ 个,而线性分了的振动有 $3n-5$ 个。

实验证明,只有当分子间的振动能产生偶极矩周期性变化的才有红外吸收光谱。并且,若振动方式不同而频率相同,会产生简并作用。分子的振动类型有如下两种。

1)伸缩振动

两原子间的距离随时间而改变的伸缩振动又可分为对称和不对称两种。例如,亚甲基的振动如图 4.1 所示。

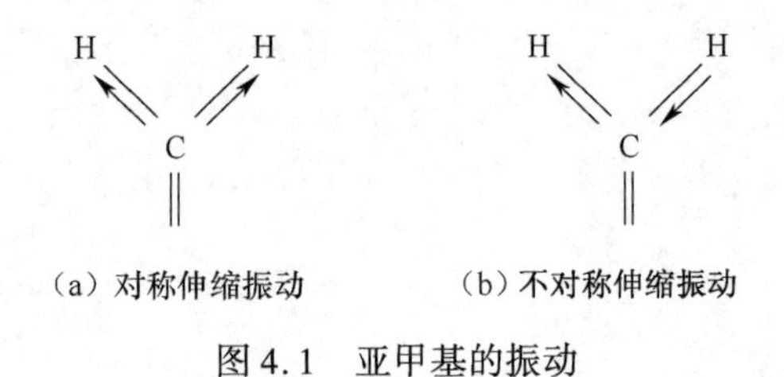

图 4.1　亚甲基的振动

2)弯曲振动

弯曲振动(又称变形振动)中,两原子间的键角随时间而变动。

(1)面内摆动:结构单元在分子平面内摇摆[图4.2(a)]。

(2)面外摆动:结构单元在分子平面外摇摆。

(3)扭动:结构单元绕分子其余部分相连的键转动。

(4)剪式或弯曲:如亚甲基的氢原子间的相对运动[图4.2(b)]。

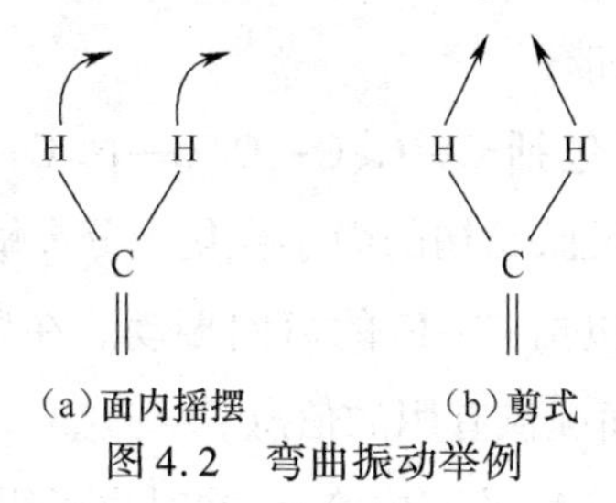

(a)面内摇摆　　(b)剪式

图4.2　弯曲振动举例

2.基团频率

振动的主要参与者是由化学键连接在一起的两个原子,这样的振动可看作是简振振动。它具有的振动频率主要取决于两振动原子的质量及键的力常数,而与此两个原子相连的其他原子对频率的影响很小。所以,这些振动是分子中基团特有的,对化合物的鉴定非常有用。通常用下式估算这些频率:

$$\sigma = 1307\sqrt{\frac{k}{\mu}}$$

式中,k 为力常数,与键的类型有关;μ 为折合质量($1/\mu = 1/m_1 + 1/m_2$,m_1、m_2为两振动原子的质量)。例如,甲烷的C—H键,其 k 和 μ 值分别为5N·cm^{-1}和1,则振动频率$\sigma = 1307 \times \sqrt{\frac{5}{1}} =$ 2900(cm^{-1}),甲醇中的C—O键力常数 k 为5N·cm^{-1},μ 为6.85,其振动频率为

$$\sigma_{C-O} = 1307 \times \sqrt{\frac{5}{6.85}} = 1110(\text{cm}^{-1})$$

在红外光谱中,甲烷吸收峰在2915cm^{-1}处,甲醇在1034cm^{-1}处有强收,与推测值基本一致。由此可见,这些估算很有用处。

诱导效应、共振效应、氢键及环的张力效应等因素对基团频率的影响会导致频率的红移和蓝移。

官能团的特征吸收频率可以作为有机化合物的结构测定,是目前应用最成功和最广泛的方法之一。

红外光谱吸收区域表可简单分为如下几个部分:

(1)3750~2500cm^{-1}区:此区为各类X—H单键的伸缩振动区(包括C—H、O—H、N—H的吸收带)。3000cm^{-1}以上为不饱和C—H键的伸缩振动,3000cm^{-1}以下为饱和C—H键的伸缩振动。

(2)2500～2000cm^{-1}区:此区是三键和累积双键的伸缩振动区,包括 C≡C、C≡N、C≡O、C═C═O 等基团以及 X—H 基团化合物的伸缩振动。

(3)2000～1300cm^{-1}区:此区是双键伸缩振动区,包括 C═O、C═C、C═N、N═O 等键的伸缩振动。C═O 在此区内有一强吸收峰,其位置按酸酐、酯、醛酮、酰胺等不同而异。在 1650～150cm^{-1}处还有 N—H 的弯曲振动带。

(4)1300～1000cm^{-1}区:此区包括 C—C、C—O、C—N、C—F 等单键的伸缩振动和 C═S、S═O、P═O 等双键的伸缩振动,反映结构的微小变化十分灵敏。

(5)1000～667cm^{-1}区:此区包括 C—H 的弯曲振动。在鉴别链的长短、烯烃双键取代程度、构型及苯环取代基位置等方面提供有用的信息。

红外光谱不仅可用于官能团定性及结构鉴定,同时也可用于定量测定,其定量依据仍然是朗伯比尔定律。

4.1.2 红外光谱仪

红外光谱仪(红外分光光度计)的发展大体可分为三代,第一代是以棱镜作为分光元件,分辨率较低,操作环境要求恒温恒湿。第二代以衍射光栅作为分光元件,分辨率提高,能量较高。第三代是移动平面镜傅里叶变换红外光谱仪(FT－IR),具有高光通量、低噪声、测量速度快、分辨率高、波数准确、光谱范围宽等特点。傅里叶变换红外光谱仪不需要分光元件进行分光,而是采用迈克尔逊干涉仪(图 4.3)样品固定平面镜形成干涉信号,并通过傅里叶变换获取红外吸收光谱。由光源发出的红外光经过迈克尔逊干涉仪到达样品,再到检测器,信号经滤波器滤除高频并放大后通过模/数转换成数字信号输入计算机进行傅里叶变换。

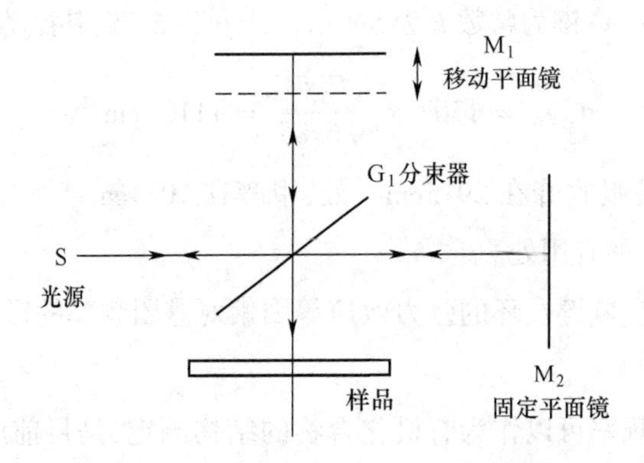

图 4.3　迈克尔逊干涉仪工作原理图

迈克尔逊干涉仪由两个相互垂直的平面镜组成,其中一个平面镜固定,另一平面镜作往复移动。一个半反射膜(分束器)将光源平分成垂直的两束。分束器材料根据测定的波长区域选择,中红外或近红外区可用锗或氧化铁涂上一层无红外吸收的溴化钾或碘化铯,远红外区则用有机薄膜(聚对苯二甲酸亚乙酯)。波长为 λ 的准直单色光被分成两束,以互相垂直方向到达两个平面镜后反射回分束器处汇集，由于其中一个平面镜位置发生移动导致光程差而发生干涉，以此干涉光作用于样品，通过试样后得到带有样品信息的干涉图，通过检测器获得光电信号后进行傅里叶变换可解析出所需的光谱信息。

傅里叶变换红外光谱仪用硅碳棒或能斯特灯作为中红外区的光源，远红外区则用高压汞灯作光源，近红外区用卤钨灯作光源。中红外区有两种检测器，常用的是封装于耐温的碱金属卤化物窗内的氘代硫酸三甘肽（DTGS）热电检测器。要提高检测的灵敏度，可以使用碲镉汞（MCT），但这要求液氮冷却。在远红外区用锗或铟—锑检测器在液氦温度下工作。近红外区常用硫化铅光电导体作检测器。红外光谱仪器使用操作简单，主机开机预热 10～30min 后即可启动计算机软件开展测试工作，大多数型号的仪器遵循以下操作原则：

（1）启动软件后，选参数设置，设定测试条件，包括分辨率、扫描次数或扫描时间、光谱测试范围等，没有特殊要求时，可采用默认值。其他的常规设置选项一般也不必修改。

（2）以空气为背景，点击测试背景吸收。

（3）在样品室置入样品，点击测试样品。

（4）显示谱图和谱图处理。在谱图显示窗口中，可进行放大或缩小谱图、改变谱图的显示范围、添加标注、改变谱线颜色等操作。

谱图处理功能包括基线校正、标峰位、谱图差减、透射谱和吸收谱之间互相转换、平滑、求导、积分、归一化、气氛补偿等，可根据实验需要在软件界面上点选相应功能键完成。

（5）谱图存储、打印。

（6）退出软件，关机。

4.1.3　红外分光光度计使用注意事项

（1）KBr 应保持干燥无水，KBr 和固体试样研磨和放置均应在红外烘烤灯下进行，防止吸水变潮。

（2）固体样品要保证研磨至细小颗粒，颗粒度小于 10μm。

4.2　实　　验

实验一　红外光谱的校正——薄膜法测定聚苯乙烯的红外光谱

一、实验目的

（1）掌握薄膜的制备方法，并用于聚苯乙烯的红外光谱测定。

（2）利用绘制的谱图进行红外光谱的校正。

二、实验原理

每作一张谱图,在红外分光光度计上谱图的位置是有变化的。为了完全正确地鉴别峰的位置,校正所要分析的谱图是需要的。根据记录在谱图上的已知吸收峰位置的一、二或三个峰校正是容易进行的。聚苯乙烯薄膜就是通常用的校正样品。通常采用的三个峰分别在 $2850cm^{-1}$、$1601.8cm^{-1}$ 及 $906cm^{-1}$ 处。

此外,薄膜法在高分子化合物的红外光谱分析中被广泛应用。

三、仪器与试剂

1. 仪器

红外分光光度计;红外灯;薄膜夹;玻璃板;玻璃棒;铅丝等。

2. 试剂

CCl_4(A. R.);聚苯乙烯;氯仿(A. R.)。

四、实验步骤

配制浓度约12%的聚苯乙烯四氯化碳溶液,用滴管吸取此溶液于干净的玻璃板上,立即用两端绕有细铅丝的玻璃棒将溶液推平,使其自然干燥(1~2h),然后将玻璃板浸于水中,用镊子小心地揭下薄膜,再用滤纸吸去薄膜上的水,将薄膜置于红外灯下烘干。最后,将薄膜放在薄膜夹上,于红外分光光度计上测量谱图。

用氯仿为溶剂,同上操作,再扫谱图。

五、结果处理

将两次扫描的谱图与已知标准谱图对照比较,找出主要吸收峰的归属,同时检查 $2850cm^{-1}$、$1601.8cm^{-1}$ 及 $906cm^{-1}$ 的吸收峰位置是否正确。

六、注意事项

平板玻璃一定要光滑、干净。

七、思考题

(1)聚苯乙烯的红外光谱图与苯乙烯的谱图有什么区别?

(2)为什么在红外光谱制备薄膜样品时必须将溶剂和水分除去?

实验二　溴化钾压片法测绘乙酰水杨酸的红外吸收光谱

一、实验目的

(1)掌握红外光谱仪的使用方法。

(2)掌握使用压片机对固体样品进行压片的方法。

(3)学习解析红外光谱谱图,指出乙酰水杨酸的特征吸收峰。

(4)初步了解中红外光区几类有机化合物的特征吸收峰。

二、实验原理

红外光谱又称红外吸收光谱,属于分子振动—转动光谱。利用物质分子对红外辐射的吸收,由其振动或转动引起偶极矩的变化,产生振动—转动能级,从基态跃迁到激发态,获得分子振动和转动能级变化的振动—转动光谱。

红外光谱产生必须满足下列条件:(1)红外辐射的能量必须与分子的振动能级差相等;(2)分子振动过程中其偶极矩必须发生变化,即 $\Delta\mu \neq 0$,只有红外活性振动才能产生吸收峰。一个分子的振动是否有红外活性与分子的对称性有关,对称分子没有偶极矩的变化(同核双原子分子),非对称分子有偶极矩的变化。

红外光区分为三个区:近红外光区、中红外光区、远红外光区。中红外光区是绝大多数有机化合物和无机离子的基频吸收带出现的区,由于基频振动是红外光谱区中吸收最强的振动,所以该区最适合进行定性分析。通常,红外吸收的位置反映了分子结构上的特点,可以用来鉴定未知物的结构组成或确定其化学基团;而吸收谱带的吸收强度与分子组成或其化学基团的含量有关,可以进行定量分析和纯度鉴定。随着傅里叶变换技术的出现,该光谱区也开始用于表面的显微分析,通过衰减全反射、漫反射以及光声测定法等对固体试样进行分析。由于中红外吸收光谱,特别是在 $4000\sim400cm^{-1}$($2.5\sim25\mu m$)最为成熟、简单,而且目前积累了大量的数据资料,因此它是红外光谱法鉴定有机化合物和测定分子结构的最常用方法之一。

固体样品红外光谱测试常用的制样方法有压片法、糊状法和薄膜法等。压片法是把固体样品的细粉均匀分散在碱金属卤化物中,并压制成透明薄片的方法。用于压片法的碱金属卤化物中,KCl 适用于 $4000\sim400cm^{-1}$,KBr 适用于 $4000\sim300cm^{-1}$,CsI 适用于 $4000\sim200cm^{-1}$。由于 NaCl 晶格能高,不易压制成透明薄片,而 CsI 不易精制,故它们都不能用作压片法的分散剂。KBr 的价格比 CsI 便宜得多,波长适用范围也较宽,因此最为常用。测绘 $200cm^{-1}$ 以下远红外光谱时,常选用聚四氟乙烯、聚乙烯蜡作为压片法的分散剂。

本实验以乙酰水杨酸为例,练习使用压片法制样进行红外光谱测定的一般流程。

三、仪器与试剂

1. 仪器

红外光谱仪及配套工作软件；红外烘烤灯；模具；红外烘箱；玛瑙研钵；压片机。

2. 试剂

溴化钾(分析纯)；乙酰水杨酸(分析纯)；样品和 KBr 的质量比为 1∶200～1∶100。

四、实验步骤

1. 压片

背景扫描：取适量的 KBr 固体于研钵中，在红外烘烤灯下将其研细至粒度在 2μm 左右。取适量粉末装入压片机模具，在压片机中进行压片。压片机压力为 20MPa 左右，时间为 2min。

样品扫描：按一定比例取少量干燥的溴化钾与乙酰水杨酸在玛瑙研钵中混合，研成粉末，按上述相同的方法进行压片。

2. 红外光谱仪操作步骤

(1)开启傅里叶红外光谱仪的电源。

(2)打开计算机，进入操作系统。

五、注意事项

(1)样品的研磨要在红外烘烤灯下进行，防止样品吸水受潮。

(2)压片用的模具使用之前要擦干净，用完后也需要立即擦干净，并干燥，防止锈蚀。

(3)压片过程中，所加压力要控制得当，压力过大，会使模具受损缩短使用寿命；压力太小，造成压片的透光性不好。

六、结果处理

结合谱图指出红外光谱图中乙酰水杨酸的特征吸收峰。

七、思考题

(1)测试红外吸收光谱时，固体样品有哪几种制样方法？

(2)红外光谱实验室为什么要求温度和湿度维持一定的指标？

(3)用压片法制样时，为什么要求研磨颗粒粒度在 2μm 左右？研磨时不在红外烘烤灯下操作，谱图上会出现什么情况？

实验三　液膜法测定丙酮的红外光谱

一、实验目的

(1)学习使用红外光谱进行化合物的定性分析。

(2)掌握液膜法测试物质红外光谱的方法。

(3)学习解析红外光谱图,指出丙酮的特征吸收峰。

(4)熟悉红外光谱仪的工作原理及其使用方法。

二、实验原理

酮在 1870 ~ 1540cm $^{-1}$ 出现强吸收峰,这是 C═O,即碳氧双键的伸缩振动吸收带,其位置相对较固定且强度大,很容易识别。而 C═O 的伸缩振动受样品的状态、相邻取代基团、共轭效应、氢键、环张力等因素的影响,其吸收带实际位置有所差别。饱和脂肪酮在 1715cm $^{-1}$ 左右有吸收,双键的共轭会造成吸收向低频移动。酮与溶剂之间的氢键也将降低羰基的吸收频率。

液体样品和溶液试样红外光谱测试常用的制样方法有两种,分别是液体池法和液膜法。液体池法适用于沸点较低(<100℃)、挥发性较大的试样,可注入封闭液体池中,液层厚度一般为 0.01 ~1mm。液膜法通常用于沸点较高(≥100℃)的试样或黏稠的样品,将样品直接滴在两个 KBr(或 NaCl)片之间,以形成薄的液膜。对于流动性较大的样品,可选择不同厚度的垫片来调节液膜厚度。

本实验以丙酮为例,练习使用液膜法制样进行红外光谱测定的一般流程。

三、仪器与试剂

1. 仪器

红外光谱仪及配套工作软件;红外烘烤灯;红外烘箱。

2. 试剂

无水丙酮(分析纯)。

四、实验步骤

用滴管取少量液体样品丙酮,滴到液体池的一块盐片上,然后盖上另一块盐片,轻微转动以便驱走气泡,使样品在两盐片间形成一层透明薄液膜。固定液体池后将其置于红外光谱仪的样品室中,测定样品的红外光谱。

五、注意事项

(1)可拆式液体池的盐片应保持透明干燥,不可以用手触摸盐片表面。每次测定前后均应在红外烘烤灯下用无水乙醇及滑石粉进行抛光,使用擦镜纸擦拭干净,并在红外烘烤灯下烘干后,置于干燥器中备用。

(2)可拆式液体池的盐片不能使用水冲洗。

六、结果处理

在丙酮试样的红外吸收谱图上,标出各特征吸收峰的波数,并确定其归属。

七、思考题

(1)在进行红外吸收光谱测试时,液体或溶液试样的制备方法有哪几种?

(2)液膜法适用于具有哪种物理性质特点的液体物质?

第5章　原子发射光谱法

5.1　基础知识

5.1.1　原子发射光谱法的原理

原子发射光谱法是根据受激发的物质所发射的光谱对金属元素进行定性和定量分析的技术。

在室温下，物质中的原子处于基态(E_0)，当受外能（热能、电能等）作用时，核外电子跃迁至较高的能级(E_n)，即处于激发态。激发态原子十分不稳定，其寿命大约为10^{-8}s。当原子从高能级跃迁至低能级或基态时，多余的能量以辐射的形式释放出来。其辐射能量与辐射波长之间的关系用爱因斯坦普朗克公式表示：

$$\Delta E = E_n - E_i = \frac{hc}{\lambda} \tag{5.1}$$

式中，E_n和E_i分别为高能级和低能级的能量；h为普朗克常量(6.626×10^{-34}J·s)；c为光速；λ为波长。

当外加的能量足够大时，可以将原子中的外层电子从基态激发至无限远，使原子成为离子，这种过程称为电离。当外加能量更大时，原子可以失去两个或三个外层电子成为二级离子或三级离子。离子的外层电子受激发后产生的跃迁辐射出离子光谱。原子光谱和离子光谱都是线状光谱。由于各种元素的原子结构不同，受激后只能辐射出特定波长的谱线，这就是发射光谱定性分析的依据。

谱线的强度(I)与被测元素浓度(c)有如下关系：

$$I = ac^b \tag{5.2}$$

式中，a与b为常数，a为与试样的蒸发、激发过程及试样组成等有关的参数，b为自吸系数。这就是发射光谱定量分析的依据。

原子发射光谱法可以分析的元素近80种。用电弧或火花作光源，大多数元素相对检出限为10^{-5}～10^{-7}g；用电感耦合等离子体作光源，对溶液相对检出限为10^{-3}～10^{-5}g·mL^{-1}；激光显微光谱，绝对检出限为10^{-6}～10^{-12}g。原子发射光谱法分析速度快，可以多元素同时分析，带有计算机的多道（或单道）扫描光电直读光谱仪可以在1～2min给出试样中几十个元素的含量结果。

5.1.2 原子发射分光光度计使用注意事项

(1)氩气 ICP－AES 要使用高纯氩气，纯度≥99.99%，氩气不纯会造成不能正常点火或 ICP 熄火。

(2)气流 ICP 的气体控制系统是否稳定正常地运行，直接影响到仪器测定数据的准确性，如果气路中有水珠、机械杂物杂屑等都会造成气流不稳定，因此，对气体控制系统要经常进行检查和维护。首先要做气密性实验，打开气体控制系统的电源开关，使电磁阀处于工作状态，然后开启气瓶及减压阀，使气体压力指示在额定值上，最后关闭气瓶，观察减压阀上的压力表指针，压力表指针应在几个小时内没有下降或下降很少，否则表明气路中有漏气现象，需要检查和排除。第二，由于氩气中常夹杂有水分和其他杂质，管道和接头中也会有一些机械碎屑脱落，造成气路不畅通。因此，需要定期进行清理，拔下某些区段管道，然后打开气瓶，短促地放一段时间的气体，将管道中的水珠、尘粒等吹出。在安装气体管道，特别是将载气管路接在雾化器上时，要注意不要让管子弯曲太厉害，否则载气流量不稳而造成脉动，影响测定。

(3)雾化器。雾化器是进样系统中最精密、最关键的部分，需要很好的维护和使用。雾化器要定期清理，特别是测定高盐溶液之后，如不及时清洗，会造成堵塞，每次测定以后、关机之前要把吸管放进稀酸溶液清洗一会。雾化器堵塞以后，要用手堵住喷嘴反吹，千万不要用铁丝等硬物去捅。

(4)炬管。每次安装炬管，位置一定要装好，防止炬管烧掉。做样时尤其是高盐分样品，炬管喷嘴会积有盐分，造成气溶胶通道不畅，常常反映出来的是测定强度下降，仪器反射功率升高等。炬管上积尘或积炭都会导致不能正常点火和影响等离子体焰炬的稳定性，也影响反射功率，甚至会造成熄火。因此，要定期用酸洗、水洗，最后用无水乙醇洗并吹干，经常保持进样系统及炬管的清洁。长时间不清洗炬管，会造成很难清洗干净的现象。

(5)氢氟酸介质。由于雾化器、炬管和雾室都是玻璃或石英的，所以在进氢氟酸介质的样品时一定要赶氢氟酸，或者更换耐氢氟酸系统，否则进样系统的寿命会大大缩短，尤其是雾化器和雾室。

5.2 实　验

实验一　电感耦合等离子体原子发射光谱仪主要性能检定

一、实验目的

(1)掌握电感耦合等离子体原子发射光谱仪主要性能的检定方法。

(2)熟悉电感耦合等离子体原子发射光谱仪的技术指标。

(3)了解电感耦合等离子体原子发射光谱仪的基本结构。

二、实验原理

电感耦合等离子体原子发射光谱仪(ICP－AES)主要有多道同时型、顺序扫描型和全谱直读型三种类型。多道同时型和顺序扫描型采用的是光电倍增管作为光电检测器;全谱直读型则采用了先进的新型光学多道检测器,比如电荷耦合器件(CCD)等,能够同时检测从紫外到可见区域的全部波长范围的谱线。

为了保证分析结果的可靠性,ICP－AES 的检定周期一般不超过两年。当仪器搬动或维修后,应按首次检定要求重新检定。根据中华人民共和国国家计量检定规程《发射光谱仪检定规程》(JJG 768—2005),对 ICP－AES 检定的主要检定项目和计量性能要求见表5.1。对仪器的控制分为首次检定、后续检定和使用中检验。进行 ICP－AES 使用中检验时,需检定的项目包括检出限和重复性。

表5.1　ICP－AES 的主要检定项目和计量性能要求

检定项目		计量性能
波长	示值误差	±0.05nm
	重复性	≤0.01nm
最小光谱带宽		Mn257.610nm 半高宽≤0.030nm
检出限,$mg \cdot L^{-1}$		Zn213.856nm≤0.01 Ni231.604nm≤0.03 Mn257.610nm≤0.005 Cr267.716nm≤0.02 Cu324.754nm≤0.02 Ba455.403nm≤0.005
重复性,%		Zn,Ni,Mn,Cr,Cu,Ba(浓度为0.50～2.00$mg \cdot L^{-1}$)≤3.0
稳定性,%		Zn,Ni,Mn,Cr,Cu,Ba(浓度为0.50～2.00$mg \cdot L^{-1}$)≤4.0

三、仪器与试剂

1.仪器

电感耦合等离子体原子发射光谱仪(ICP－AES);容量瓶;移液管。

2.试剂

去离子水;浓硝酸(优级纯,G.R.);稀硝酸溶液(摩尔浓度为0.5$mol \cdot L^{-1}$:取浓硝酸3mL加水稀释至100mL);氩气(≥99.99%);锌标准储备液(1.00$mg \cdot mL^{-1}$);镍标准储备液(1.00$mg \cdot mL^{-1}$);锰标准储备液(1.00$mg \cdot mL^{-1}$);铬标准储备液(1.00$mg \cdot mL^{-1}$);铜标准

储备液($1.00mg \cdot mL^{-1}$);钡标准储备液($1.00mg \cdot mL^{-1}$)。

四、实验步骤

1.标准系列的配制

按照表5.2中所列出的各元素的浓度配制混合标准系列溶液,基体为$0.5moL \cdot L^{-1}$稀硝酸溶液。用$0.5mol \cdot L^{-1}$稀硝酸溶液作为空白溶液。

表5.2 混合标准系列溶液 单位:$mg \cdot L^{-1}$

编　号	Zn	Ni	Mn	Cr	Cu	Ba
1	0	0	0	0	0	0
2	1.00	1.00	0.50	1.00	0.50	0.50
3	2.00	2.00	1.00	2.00	1.00	1.00
4	5.00	5.00	2.50	5.00	2.50	2.50

2.仪器参考条件

工作气体:氩气;冷却气流量:$14L \cdot min^{-1}$;载气流量:$1.0L \cdot min^{-1}$;辅助气流量:$0.5 L \cdot min^{-1}$;雾化器压力:200kPa。

3.ICP-AES开机程序

检查外电源及氩气供应;检查排废、排气是否畅通,室温控制在15~30℃之间;装好进样管、废液管;打开供气开关;开启空压机、冷却器和主机电源;打开计算机,点燃等离子体;进入到方法编辑页面;在方法编辑页面里,分别输入被测元素的各种参数。

4.检出限的检定

在仪器处于正常工作状态下,用空白溶液校正并将其设为零点。吸取系列混合标准溶液进样,重复测定三次,取其平均值,并制作工作曲线,求出工作曲线的斜率b。连续10次测量空白溶液,以10次空白值标准偏差s的3倍对应浓度为检出限DL,即

$$DL = 3s/b \tag{5.3}$$

5.重复性的检定

在仪器处于正常工作状态下,连续10次测量标准溶液(表5.2中2或3溶液),计算10次测量值的相对标准偏差(RSD),即为仪器的重复性。

6.关机程序

吸入蒸馏水清洗雾化器10min;关闭等离子体;退出方法编辑页面;关主机电源、冷却器、空压机,排除空压机中的凝结水;按要求关闭计算机;松开进样管、废液管。

五、数据处理

1. 检出限

表 5.3　检出限检定数据处理表

元　　素	波长,nm	标准偏差,mg · L^{-1}	检出限,mg · L^{-1}
Zn			
Ni			
Mn			
Cr			
Cu			
Ba			

2. 重复性

表 5.4　重复性检定数据记录表

元　　素	标准值,mg · L^{-1}	测量均值,mg · L^{-1}	重复性,%
Zn			
Ni			
Mn			
Cr			
Cu			
Ba			

六、注意事项

(1)为了减小高频电磁场对人体的伤害,等离子体炬管均置于金属制的火炬室中,加以高频屏蔽。

(2)高频发生器必须有良好接地,接地电阻小于4Ω时,必须使用单独地线,不能和其他电器设备共用地线,否则高频负载感应线圈可能影响其他电器设备的正常工作,甚至毁坏其他仪器设备。

(3)由于高频发生器工作时,将一部分功率消耗于振荡管阳极及负载感应线圈上,产生热量,因而必须采用冷却装置。高频负载感应线圈常采用循环水冷却,振荡管阳极多采用空气强制通风冷却。

(4)高频设备具有功率大、高频高压的特点,设备易出现打火、爬电、击穿、烧毁和熔断等事故。其中振荡管是高频设备的核心元件之一。为延长其寿命需注意:使用功率与额定电压应尽可能降低;严格遵守预热灯丝的操作规程;经常检查通冷风、冷却水的设备的运行情况。

(5)如果标准溶液和样品溶液分析间隔较长时间,应测定一个与待测样品溶液浓度相近的标准溶液,以检查仪器信号漂移。

(6)等离子体光源上方应有排气装置,足以将废气排出室外,但不能影响炬焰的稳定性;应保证射频发生器的功率管有良好的散热排风。

七、思考题

(1)描述 ICP 中等离子体是怎样产生和维持的(适当绘图)。

(2)在仪器测定条件中,载气的流量对元素的分析有何影响?

实验二　电感耦合等离子体发射光谱法测定水样中的微量元素铜、铁和锌

一、实验目的

(1)了解 ICP－AES 的测定原理方法以及操作技术。

(2)掌握 ICP－AES 测定一般水样中微量元素的方法。

二、实验原理

电感耦合等离子体光源利用高频感应加热原理,使流经石英管的工作气体氩气电离,在高频电磁场作用下由于高频电流的趋肤效应,一定频率下而形成环状结构的高温等离子体焰炬,称为高频耦合等离子体。试液经过蠕动泵的作用进入雾化器,被雾化的样品溶液以气溶胶的形式进入等离子体焰炬的通道中,经熔融、蒸发、解离等过程,实现原子化。组成原子均能被激发发射出其特征谱线。在一定的工作条件下,当入射功率、观测高度、载气流量等因素一定时,各元素的谱线强度与光源中气态原子的浓度成正比,即与试液中元素的浓度成正比。

光电直读光谱法,元素谱线强度 I 由光电倍增管转换为阳极电流,向积分电容器充电,经一定时间,产生与谱线强度成正比的端电压 V,该端电压与元素的浓度 c 成正比,即

$$V = AI \tag{5.4}$$

$$V = Kc \tag{5.5}$$

式中,A、K 为常数。据此式可进行元素的定量测定。

多通道光电直读光谱仪,一次进样可同时检测多种元素(可达 60 余种)而且具有检出限低、精确度高、基体效应小、线性范围宽等优点,已成为实验室用于多种类型样品分析的重要手段。

三、仪器与试剂

1. 仪器

高频电感耦合等离子体多通道光电直读光谱仪;容量瓶(100mL);吸量管(1mL、2mL、

10mL);量筒(10mL)。

2. 试剂

$CuSO_4$(分析纯);$Zn(NO_3)_2$(分析纯);$Fe(NH_4)_2\cdot(SO_4)_2\cdot 6H_2O$(分析纯);硝酸(分析纯)。$Cu^{2+}$标准储备液(1mg · mL^{-1}):准确称取0.2520g $CuSO_4$,加入2mL硝酸,用去离子水定容至100mL,摇匀。Zn^{2+}标准储备液(1mg · mL^{-1}):准确称取0.1840g $Zn(NO_3)_2$,加入2mL硝酸,用去离子水定容至100mL,摇匀。Fe^{2+}标准储备液(1mg · mL^{-1}):准确称取0.7020g $Fe(NH_4)_2\cdot(SO_4)_2\cdot 6H_2O$,加入2mL硝酸,用去离子水定容至100mL,摇匀。

四、实验步骤

(1)配制10μg · mL^{-1} Cu^{2+}、Zn^{2+}、Fe^{2+}标准溶液。分别吸取上述Cu^{2+}、Zn^{2+}、Fe^{2+}储备液1.00mL于100mL容量瓶中,各加入2mL硝酸,定容至100mL,摇匀。

(2)配制Cu^{2+}、Zn^{2+}、Fe^{2+}混合标准溶液。用10μg · mL^{-1} Cu^{2+}、Zn^{2+}、Fe^{2+}的标准溶液配制成浓度为0.00、0.01μg · mL^{-1}、0.03μg · mL^{-1}、0.10μg · mL^{-1}、0.30μg · mL^{-1}、1.00μg · mL^{-1}、3.00μg · mL^{-1}的混合系列浓度标准溶液100mL;用1mg · mL^{-1} Cu^{2+}、Zn^{2+}、Fe^{2+}的标准溶液配制成浓度为10.00μg · mL^{-1}、30.00μg · mL^{-1}、100.00μg · mL^{-1}的混合系列浓度标准溶液100mL。各加入2mL硝酸,定容,摇匀。

(3)配制水试样溶液。准确移取80mL水样于100mL容量瓶中,加入2mL硝酸,定容,摇匀。

(4)测定。将配制的Cu^{2+}、Zn^{2+}、Fe^{2+}混合系列浓度标准溶液和试样溶液上机测试。测试条件:工作气体为氩气;冷却气流量为14L · min^{-1},载气流量为1.0L · min^{-1};辅助气流量为0.514L · min^{-1};雾化器压力为30.06psi。分析波长:Cu为324.754nm;Fe为259.940nm;Zn为334.502nm。

五、注意事项

配制标准溶液时,注意移液管、吸量管、量筒及容量瓶的正确使用。强调移液、定容的规范操作。分取不同体积的同种溶液应尽量用同一移液管或吸量管,若换其他移液管或吸量管时一定使用待移溶液润洗2~3次。

六、数据记录与结果处理

水样中各元素浓度按公式$C_{水样}=C\times 1.25$计算,式中,C为计算机输出的稀释后试样中待测元素的浓度(μg · mL^{-1});1.25为稀释倍数。

七、思考题

(1)说明将水样处理成待测溶液的方法。

(2)为什么以 ICP 为激发光源的发射光谱法比火焰原子化吸收法更适合同时测定多种元素?

实验三　微波消解 ICP - AES 法测定婴幼儿配方奶粉中 9 种微量元素

一、实验目的

(1)了解 ICP - AES 光谱仪的基本原理和基本结构。

(2)掌握 ICP - AES 法定量分析样品中金属元素的方法。

(3)学会奶粉样品的预处理方法。

二、实验原理

婴幼儿配方奶粉是为了满足婴幼儿的营养需要,在普通奶粉的基础上加以调配而成的奶制品。它除去了牛奶中不符合婴幼儿吸收利用的成分,而且改进了母乳中铁含量过低等一些不足之处,是婴幼儿健康成长所必需的,因此给婴幼儿添加配方奶粉成为世界各地普遍采用的做法。奶粉中的微量元素具有实际意义。

目前,食品中的微量元素测定多采用分光光度法、原子吸收法和示波极谱法,这些方法具有操作步骤烦琐、耗时费力、测定速度慢且无法实现多元素同时测定等缺点。采用 ICP - AES 法测定婴幼儿配方奶粉中微量元素,与其他测定方法相比具有准确、快速、检出限低、灵敏度高、线性范围宽和多元素同时测定等优点。

三、仪器与试剂

1. 仪器

ICP - AES 光谱仪;微波消解仪;Milli - Q 超纯水系统(美国 Millipore 公司)。

2. 试剂

1000mg · L^{-1} Fe、Zn、Ca、Mg、Na、K、P、Mn、Cu 标准储备溶液;国家级标准参考物质:奶粉(GBW10017);HNO_3(G. R.);H_2O_2(G. R.);超纯水(电阻率为 18.2MΩ · cm),由 Milli - Q 超纯水系统制得,用于配制所有标准溶液与样品溶液。

四、实验内容

1.标准溶液的配制

1000mg · L^{-1}Ca、Na、K、P 标准储备溶液分别用1% HNO_3逐级稀释为0、50mg · L^{-1}、100mg · L^{-1}、200mg · L^{-1}和500mg · L^{-1}。

1000mg · L^{-1}Mg 标准储备溶液分别用1% HNO_3逐级稀释到0、5mg · L^{-1}、10mg · L^{-1}、20mg · L^{-1}和50mg · L^{-1}。

1000mg · L^{-1}Fe、Zn 标准储备溶液分别用1% HNO_3逐级稀释到0、1mg · L^{-1}、2mg · L^{-1}、5mg · L^{-1}和10mg · L^{-1}。

1000mg · L^{-1}Mn、Cu 标准储备溶液分别用1% HNO_3逐级稀释到0、0.1mg · L^{-1}、0.2mg · L^{-1}、0.5mg · L^{-1}和1mg · L^{-1}。

2.样品的处理

准确称取均匀的固体样品0.25g,精确至0.0001g,置于酸煮洗净的聚四氟乙烯消解罐中,加入4mL HNO_3和2mL H_2O_2。按照表5.5中消解程序加热消解。消解完毕后,冷却至室温,打开密闭消解罐,样品消解液转移至干净的50mL塑料瓶,以少量超纯水洗涤消解罐与盖子3~4次,洗液合并至塑料瓶中称量至25g,精确至0.01g,溶液待测。

表5.5　微波消解程序

步　　骤	最大功率,W	升温时间,min	升至温度,℃	保持时间,min
1	1600	5	120	5
2	1600	5	150	10
3	1600	5	180	10

3.测量方法设置

测量波长:K766.490nm、Na589.592nm、Ca317.933nm、Mg285.213nm、Fe233.204nm、Zn206.200nm、Mn257.610nm、Cu327.393nm、P213.617nm,功率300W,进样速率15mL · min^{-1},载气流量0.8L · min^{-1},辅助气流量0.2L · min^{-1},冷却气流量15L · min^{-1}。

4.分析测试

(1)分析测试条件的优化:对射频功率、冷却气流量、辅助气流量、载气流量、观测高度、溶液提升量等参数进行优化。观察元素干扰及酸度的影响。

(2)测试标准溶液:将配制好的系列标准溶液导入ICP,测定其光强,以浓度为横坐标,光强为纵坐标,仪器自动同时绘制工作曲线(浓度单位为mg · L^{-1})。

(3)实际样品的测定:分别测定上述制备样品和空白溶液的信号强度,同一溶液应重复测定2~3次,取平均值。从标准曲线上查出和计算样品溶液中各元素的含量(单位为mg),从而计算样品中各元素的含量(单位为 $mg \cdot kg^{-1}$)。

(4)精密度考察:取浓度为20mg 的镁标准溶液,连续测定11次吸收值($n=1$),计算 RSD。

(5)检出限的计算:连续测定样品空白(稀释液)11次,以测定结果的3倍标准偏差计算得到方法的检出限。

五、数据处理

(1)绘制标准曲线,拟合线性方程,计算线性相关系数。

(2)计算样品中各元素的浓度,以 $mg \cdot kg^{-1}$表示计算结果。

(3)计算本方法的检出限和精密度,与标准物质的标示量比较,计算测量误差和相对误差。

六、思考和讨论

(1)本实验中奶粉标准物质的作用是什么?

(2)测定样品中金属元素时,样品的前处理方法有哪些?

第6章　原子吸收分光光度法

6.1　基础知识

6.1.1　原子吸收分光光度法的原理

原子吸收分光光度法(原子吸收光谱法)基于从光源发出的被测元素的特征辐射通过样品蒸气时,被待测元素基态原子吸收,由辐射的减弱程度求得样品中被测元素含量。图6.1是原子吸收分光光度法分析示意图。

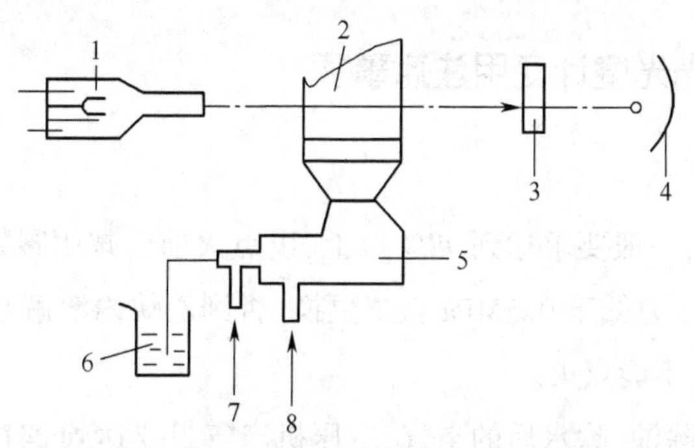

图6.1　原子吸收分光光度法分析示意图

1—空心阴极灯;2—火焰;3—单色器;4—光电检测器;5—雾化室;6—试液;
7—助燃气;8—燃气

在光源发射线的半宽度小于吸收线的半宽度(锐线光源)的条件下,光源的发射线通过一定厚度的原子蒸气,并被基态原子所吸收,吸光度与原子蒸气中待测元素的基态原子数的关系遵循朗伯—比尔定律:

$$A = \lg \frac{I_0}{I} = K'N_0L \tag{6.1}$$

式中,I_0和I分别为入射光和透射光的强度;N_0为单位体积基态原子数;L为光程长度;K'为与实验条件有关的常数。

式(6.1)表示吸光度与蒸气中基态原子数呈线性关系。常用的火焰温度低于3000K,火焰中基态原子占绝大多数,因此可以用基态原子数N_0代表吸收辐射的原子总数。

实际工作中,要求测定的是试样中待测元素的浓度c_0,在确定的实验条件下,试样中待测元素浓度与蒸气中原子总数有确定的关系:

$$N = \alpha c_0 \tag{6.2}$$

式中,α 为比例常数。将式(6.2)代入式(6.1)得

$$A = KcL \tag{6.3}$$

这就是原子吸收光谱法的基本公式。它表示在确定实验条件下,吸光度与试样中待测元素浓度呈线性关系。

原子吸收和原子发射是相互联系的两种相反的过程。由于原子的吸收线比发射线的数目少得多,因此吸收光谱干扰少,选择性高。又由于原子蒸气中基态原子比激发态原子多得多(例如,在2000K的火焰中,基态与激发态Ca原子数之比为1.2×10^7),因此原子吸收光谱法灵敏度高。火焰原子吸收法的灵敏度可达$ng\cdot mL^{-1}$。石墨炉原子吸收法绝对灵敏度可达$10^{-14}\sim10^{-12}g$。又由于激发态原子数的温度系数明显大于基态原子,因此原子吸收法比发射光谱法具有更佳的信噪比。原子吸收光谱法是特效性、准确度和灵敏度都好的一种定量分析方法。

6.1.2 原子吸收分光光度计使用注意事项

1. 气体使用注意事项

(1)乙炔:要尽量纯,一般要求达到98%以上,以点火前后减压阀数据无变化为好,说明管路密封性好。乙炔瓶内压力低于0.5MPa就要更换,否则乙炔内溶解物会流出并进入管道,造成仪器内乙炔气路堵塞,不能点火。

(2)空气:要用经过除油、除水后的空气,空压机产气量要达到$24L\cdot min^{-1}$以上,要注意空压机排水及油水分离器的排油、排水,空压机的减压阀出口压力为0.35MPa。注意观察空压机润滑油的液面高度在两红线之间,太低要更换空压机油。

(3)氩气:纯度要求99%以上,流量$1.2\sim1.5L\cdot min^{-1}$,主要是为了保护石墨管和元素不被氧化。

(4)点火前要先开空气后开乙炔气,熄火时要先关乙炔气后关空气,防止回火事故的发生。

2. 火焰原子化器使用注意事项

(1)燃烧头:保持燃烧头清洁,燃烧头狭缝上不应有任何沉积物,因这些沉积物可能引起燃烧头堵塞,使雾化室内压力增大,使液封盒中的液体被压出,或残渣从燃烧狭缝中落入雾化室将燃气引燃。可用水或中性溶剂进行清洗,不可用硬物将结碳从燃烧的火焰中刮去。

(2)雾化室:确保雾化室及液封盒干净,如溶液较脏(如有机溶液)一定要经常清洗雾化室及液封盒。拆下雾化器和雾化室,检查雾化器状态,可用清洗剂和去离子水清洗,保证无沉积颗粒物,不堵塞。每次用完后,保持火焰点燃,用去离子水清洗10min;如果是高盐样品或高浓

度样品，建议分别用0.5%的清洗剂和去离子水喷洗。

(3)废液管：如要做有机溶剂溶解的样品，且雾化室下的废液管是透明的，应更换有机溶剂专用废液管，否则原废液管会破裂，导致有机溶剂漏到仪器内部，发生危险；如废液管是较硬的白色塑料管，就不需要更换了。

(4)样品处理：处理样品后需利用0.45μm滤膜过滤使溶液中无颗粒物质，否则很容易把雾化器进样毛细管堵塞。如有颗粒，要过滤样品。毛细管堵塞后，样品灵敏度会下降很大，一般此时要取下雾化器并用专用的钢丝(仪器自带)疏通，疏通时注意不要把撞击球捅掉，尽量不要拔出雾化器的毛细管部分。

3. 石墨炉原子化器使用注意事项

(1)电源：使用石墨炉时，石墨炉电源要与主机电源不同相，要求220V、30A以上的供电，最好不要用插座，要使用30A以上的开关，并把接线头压紧，防止接触不良。如果石墨炉与主机同相，石墨炉加高温时，瞬间电流很大，如果供电容量不足，会造成电压下降，主机供电不足，数据不稳，甚至损坏主机。

(2)冷却水：冷却水的压力为0.1MPa，流量大于$1L \cdot min^{-1}$。

(3)样品浓度：石墨炉用于分析$ng \cdot mL^{-1}$级浓度的样品，因此，不能盲目进样，浓度太高会造成石墨管被污染，可能多次高温清烧也烧不干净，造成石墨管报废。

6.2 实　验

实验一　原子吸收分光光度计主要性能检定

一、实验目的

(1)掌握原子吸收分光光度计主要性能的检定方法。

(2)熟悉原子吸收分光光度计的基本结构。

二、实验原理

原子吸收分光光度计是根据被测元素的基态原子对特征辐射的吸收程度进行定量分析的仪器。其测量原理基于朗伯—比尔光吸收定律。仪器的主要结构为空心阴极灯、原子化器、单色器、检测系统。按光束形式可将仪器分为单光束型及双光束型；按原子化器类型可分为火焰原子化器及石墨炉原子化器等。

为了确保分析的灵敏度和准确度，要对仪器进行定期检定，检定周期一般为两年。原子吸收分光光度计检定的计量性能要求见表6.1。

表 6.1　仪器计量性能要求

项　目	计量性能	
	火焰原子化器	石墨炉原子化器
波长示值误差和重复性	波长示值误差不超过 ±0.5nm	同左
	波长重复性不大于 0.3nm	
光谱带宽偏差	不超过 ±0.02nm	同左
基线稳定性	亮点漂移吸光度不超过 ±0.008/15min，瞬时噪声吸光度≤0.006	—
边缘能量	谱线背景值/谱线峰值应不大于 2%，瞬时噪声吸光度应不大于 0.03	同左
检出限	≤0.02μg · mL^{-1}	≤4pg
测量重复性	≤1.5%	≤5%
线性误差	≤10%	≤15%
表观雾化率	≤8%	—
背景校正能力	≥30 倍	同左

仪器的控制包括首次检定、后续检定和使用中检定。各控制阶段检定项目不同，如使用中检定，需检定的项目有基线稳定性、检出限、测量重复性和线性误差。

三、仪器与试剂

1. 仪器

原子吸收分光光度计、Cu 和 Cd 空心阴极灯。

2. 试剂

2% HNO_3溶液；Cu 标准溶液：0.50μg · mL^{-1}、1.00μg · mL^{-1}、3.00μg · mL^{-1}、5.00μg · mL^{-1}；Cd 标准溶液：0.50ng · mL^{-1}、1.00ng · mL^{-1}、3.00ng · mL^{-1}、5.00ng · mL^{-1}。

四、实验步骤

1. 基线稳定性

在 0.2nm 光谱带宽条件下，按测 Cu 的最佳火焰条件，点燃乙炔—空气火焰，吸喷去离子水或超纯水，10min 后，用“瞬时”测量方式，或时间常数不大于 0.5s，波长 324.7nm，记录 15min 内零点漂移（以起始点为基准计算）和瞬时噪声（峰—峰值）。

2. 火焰原子化法检定项目

（1）检出限：将仪器各参数调至正常工作状态，用空白溶液调零，根据仪器灵敏度条件，选择系列 1：0、0.50μg · mL^{-1}、1.00μg · mL^{-1}、3.00μg · mL^{-1}或系列 2：0、1.00μg · mL^{-1}、3.00μg · mL^{-1}、

5.00μg·mL^{-1}Cu标准溶液,对每浓度点分别进行吸光度重复测定,取3次测定的平均值后,按线性回归法求出工作曲线的斜率b,即为仪器测定Cu的灵敏度。对空白溶液进行11次吸光度测量,求出标准偏差S_A,按下式计算检出限C_L:

$$C_L = 3S_A/b \tag{6.4}$$

(2)重复性:正常火焰原子化法测Cu时,选择标准溶液中的某一浓度溶液,使吸光度在0.1~0.3范围内,进行7次测定,求出其相对标准偏差(RSD),即为仪器测Cu的重复性。

(3)线性误差:根据线性回归曲线,计算标准测量中同点(系列1计算100μg·mL^{-1},系列2计算3.00μg·mL^{-1})的线性误差Δx。

$$\Delta x = \frac{C_i - C_{si}}{C_{si}} \times 100\% \tag{6.5}$$

式中,C_i为第i点按照线性方程计算出的测得浓度值,μg·mL^{-1};C_{si}为第i点标准溶液的标准浓度,μg·mL^{-1}。

3.石墨炉原子化法检定项目

(1)检出限:将仪器各参数调至正常工作状态,根据仪器灵敏度条件,选择系列1:(0、0.50ng·mL^{-1}、1.00ng·mL^{-1}、3.00ng·mL^{-1})或系列2:(0、1.00ng·mL^{-1}、3.00ng·mL^{-1}、5.00ng·mL^{-1})Cd标准溶液,对每一浓度点分别进行3次吸光度重复测定,取3次测定的平均值后,按线性回归法求出工作曲线的斜率b,按下式计算仪器的灵敏度S。

$$S = b/V \tag{6.6}$$

式中,V为进样体积。

对空白溶液进行11次吸光度测量,求出标准偏差S_A,计算检出限C_L。

$$C_L = 3S_A/S \tag{6.7}$$

(2)重复性:正常石墨炉原子化法测Cd时,选择标准溶液中的某一浓度溶液,使吸光度在0.1~0.3范围内,进行7次测定,求出其相对标准偏差(RSD),即为仪器测Cd的重复性。

(3)线性误差:根据线性回归曲线,计算标准测量中间点(系列1计算1.00μg·mL^{-1},系列2计算3.00μg·mL^{-1})的线性误差Δx。

五、数据处理

(1)火焰原子吸收法测Cu的检出限、重复性和线性误差。

仪器条件:光谱带宽________nm;灯电流________mA;燃烧器高度________mm;燃助比________。

C_{si} μg·mL^{-1}	吸光度 A	平均吸光度 $\overline{A}$	S_A	回归出的浓度值 C_i	线性误差,%
空白溶液(11次)					
0.50					
1.00					
3.00(7次)					
5.00					
回归方程					
检出限 $C_L(k=3)$,μg·mL^{-1}			重复性 RSD,%		

(2)石墨炉原子化法测 Cd 的检出限、重复性和线性误差。

仪器条件:光谱带宽________nm;灯电流________mA;测量方式进样体积________μL;干燥温度________℃;干燥时间________s;灰化温度________℃;灰化时间________s;原子化温度________℃;原子化时间________s。

C_{si} μg·mL^{-1}	吸光度 A	平均吸光度 $\overline{A}$	S_A	回归出的浓度值 C_i	线性误差,%
空白溶液(11次)					
0.50					
1.00					
3.00(7次)					
5.00					
截距 a			灵敏度 S,pg		
检出限 $C_L(k=3)$,pg			重复性 RSD,%		

六、注意事项

仪器操作中如遇以下情况,需紧急处理:

(1)停电。须迅速关闭燃气,然后再将各部分控制机构恢复至操作前的状态。

(2)漏气。操作时如有乙炔或石油的气味时,可能管道或接头漏气,应立即关闭燃气。然后将室内通风,避免明火,待检查密封后,才可继续工作。

七、思考题

(1)检查原子吸收分光光度计的上述性能有何实际意义?

(2)测定检出限、重复性和线性误差时,为什么要强调"将仪器各参数调至正常工作状态"?

实验二　火焰原子吸收光谱法基本操作及实验条件的选择

一、实验目的

(1)了解原子吸收光谱仪的基本构造。

(2)学习原子吸收光谱仪的操作规程和使用方法。

(3)掌握火焰原子吸收光谱仪分析条件的选择。

二、基本原理

原子吸收光谱法(AAS)是基于气态的原子对于同种原子发射出来的特征光谱辐射具有吸收能力,通过测量试样的吸光度进行检测的方法。

在火焰原子吸收光谱分析中,分析方法的准确度和灵敏度很大程度上取决于实验条件,因此最佳实验条件的选择非常重要。

在原子吸收光谱分析中,通常选择共振线作为分析线测定具有较高的灵敏度。使用空心阴极灯时,工作电流不能超过最大工作电流,灯的工作电流过大会影响灯的寿命;灯电流太小,发光强度减弱,发光不稳定,信噪比下降。在保证稳定和适当光强输出的前提下,应尽可能选择较低的灯电流。燃气和助燃气的流量比(燃助比)直接影响测定的灵敏度,燃助比为1∶4 的化学计量火焰,温度较高,背景,噪声小,大多数元素都用这种火焰。

本实验以镁元素为例对分析线、灯电流、狭缝宽度、燃助比和燃烧器的高度等实验条件进行选择。

三、仪器与试剂

1. 仪器

原子吸收光谱仪;空心阴极灯;空气压缩机;乙炔钢瓶;25mL 容量瓶。

2. 试剂

1.0g · L^{-1}镁离子标准储备液;1.0mg · L^{-1}镁离子标准使用溶液。

四、实验步骤

1. 仪器操作流程

(1)简单流程:打开原子吸收主机→运行软件→选择元素灯、寻峰→开空气压缩机→检查气密性和液封后开乙炔→【点火】→高纯水调【能量】→高纯水【校零】→【参数】设置、【样品】设置→测量样品与标样→高纯水烧、空烧→关燃气→灭火后关空气压缩机并放水完全排空→

退软件→关主机。

(2)具体流程:①开通风橱,装灯。②打开原子吸收主机,再打开软件工作界面。③选【联机】,点【确定】→仪器进入【初始化】。④双击对应灯号,选择元素(内含各元素的测量参数),再选择工作灯与预热灯,点【下一步】。⑤设置【带宽】(入射狭缝)、【燃气流量】【燃烧器高度】(调大↓、调小↑)、【燃烧器位置】(↑往外、↓往里);调至光路中心在燃烧器正上方(0.5~0.6mm处),若与光路不平行则手动旋转燃烧器至平行。⑥选择特征谱线,点【寻峰】(寻峰后更改特征谱线,必须再【寻峰】),寻峰扫描出来的特征波长与特征谱线正负差不得超过0.25mm,否则要用Hg灯校正(【应用】→【波长校正】)。⑦【关闭】→【下一步】→【完成】→进入检测界面。⑧【参数】→设置标样、未知样重复数(一般3次)、吸光度显示范围、时间标尺(一般1000左右)、计算方式(连续)、积分时间(1~3s)、滤波系数(0.3~0.6)。⑨【确定】→【样品】→选择校正方法、浓度单位,改样品名(元素),设置系列浓度,修改样品名称。⑩开空气压缩机(0.20~0.25MPa)。⑪检查气密性和液封后开乙炔(0.05~0.07MPa)。⑫【点火】→【扣背景】(可以不设置步骤)→高纯水【调能量】→选择需要的灯电流,再点“自动能量平衡”至99%~100%(“高级调试”适用于背景扣除时使用)。⑬高纯水【校零】。⑭测量标样与样品(在测量过程中,可用高纯水多次校零,如果是初次测量,应先空烧2~3min预热燃烧器)。⑮测量完毕后,先关燃气→灭火后关空气压缩机,并将空气压力排至零。⑯关软件→关主机。

2. 实验条件的选择

(1)分析线的选择:调整波长到285.2nm。

(2)灯电流的选择:灯电流3mA。

(3)燃助比的选择:调整空气压力为0.2MPa,使雾化器处于最佳雾化状态。选择稳定性好且吸光度值又较大时的乙炔—空气的压力和流量。

(4)燃烧器高度的选择:改变燃烧器高度,测定上述标准镁溶液的吸光度值,选择稳定性好且吸光度值又较大的燃烧器高度。

(5)狭缝宽度的选择。

五、数据记录

数据记录见表6.2。

表6.2 数据记录

元素	分析线,nm	灯电流,mA	燃助比	燃烧器高度,mm	狭缝宽度,nm

六、注意事项

(1)气密性检查:打开乙炔主阀0.5min后关上,在1~2min内两个表压均无明显下降则证明气密性良好(每次做测试均要检查气密性)。

(2)仪器没有液封则点不着火,燃烧器位置不当时也会点不着火。

(3)改变燃气流量时,一定要先灭火再修改燃气流量(仪器→燃烧器参数→改燃气流量)。

(4)测量时要注意不能有太大风,以免火焰摆动(风太大了要盖上罩子)。

(5)更换元素灯后要重新调整燃烧器位置,调节能量、校零。

(6)调整燃烧器位置时,必须先将挡板取出。

(7)若仪器出现不受软件控制的情况(重启软件后又能正常联机),此为软件与计算机不兼容造成的,可在“设备管理器”中点击“端口”前面的“ + ”号,在弹出的所有端口中选择“COM1”并双击,翻到“端口设置”的页面,点击“高级”选项,将两个缓冲区拉至最底部。

七、思考题

(1)使用空心阴极灯时应注意什么事项?

(2)在原子吸收光谱分析法中应如何正确选择狭缝宽度?

实验三　原子吸收光谱法测定人发中的铜、锌和钙含量

一、实验目的

(1)熟悉和掌握人体发样的采集及样品消化方法。

(2)掌握原子吸收光谱法测定发样中铜、锌和钙含量的方法。

(3)学会标准工作曲线定量分析方法。

二、实验原理

人体是由60多种元素组成的。根据元素在人体内的含量不同,可分为宏量元素和微量元素两大类。凡是占人体总体重的0.01%以上的元素,如碳、氢、氧、氨、钙、磷、镁、钠等,称为宏量元素;凡是占人体总体重的0.01%以下的元素,如铁、锌、铜、锰、铬、硒、钼、钴、氟等,称为微量元素。

微量元素与人的生存和健康息息相关。根据科学研究,到目前为止,已被确认与人体健康和生命有关的必需微量元素有18种,即铁、铜、锌、钴、锰、铬、硒、碘、镍、氟、钼、钒、锡、硅、锶、硼、铷、砷。每种微量元素都有其特殊的生理功能。尽管它们在人体内含量极少,但它们对维持人体中的一些决定性的新陈代谢却是十分必要的。一旦缺少了这些必需的微量元素,人体就会出现疾病,甚至危及生命。例如,缺锌可引起口、眼、肛门或外阴部发红、丘疹、湿疹。又如,铁是构成血红蛋白的主要成分之一,缺铁可引起缺铁性贫血。国外曾有报道,机体内含铁、铜、锌总量减少,均可减弱免疫机制(抵抗疾病力量),降低抗病能力,助长细菌感染,而

且感染后的死亡率也较高。微量元素在抗病、防癌、延年益寿等方面都还起着不可忽视的作用。

生化样品中微量元素的处理可以采用干灰化法，灰化温度一般控制在500~550℃。温度过高，容易造成部分金属元素的灰化损失，从而导致结果偏低。也可以采用酸溶法（硝酸—高氯酸消化法、硝酸—过氧化氢消化法）和王水消化法（处理测砷试样）。消化处理后的样品试液可以使用仪器分析测试。

三、仪器与试剂

1. 仪器及操作条件

原子吸收分光光度计：铜、锌、钙空心阴极灯；乙炔气体钢瓶；空压缩机；高温电热板。烧杯（50mL、250mL）；容量瓶（50mL、100mL、1000mL）；吸量管（1mL、2mL、5mL、10mL）；比色管（10mL、25mL）；锥形瓶（50mL）；瓷坩埚。

原子吸收分光光度计测定铜、锌、钙的仪器操作条件见表6.3。

表6.3　AA-6300C型原子吸收分光光度计测定铜、锌、钙的仪器操作条件

元素	波长 nm	灯电流值 mA	光谱带宽 nm	气体类型	燃气流量 $L \cdot min^{-1}$	助燃气流量 $L \cdot min^{-1}$	燃烧器高度 nm
Cu	324.8	7	0.7	乙炔—空气	1.8	15	7
Zn	213.9	8	0.7	乙炔—空气	2.0	15	7
Ca	422.7	10	0.7	乙炔—空气	2.0	15	7

2. 试剂

（1）基本试剂：铜粉（光谱纯）；盐酸（优级纯）；H_2O_2（优级纯）；锌粉（光谱纯）；碳酸钙（优级纯）；头发样品；中性洗发剂；高氯酸（优级纯）；硝酸（优级纯）。

（2）标准溶液的配制。

①Cu标准储备液（$1000\mu g \cdot mL^{-1}$）：准确称取1.0000g铜粉于250mL烧杯中，加3~5mL浓盐酸，缓慢滴加H_2O_2溶液，使其全部溶解。于小火上加热除去多余的H_2O_2。冷却后转移到1000mL容量瓶中，用去离子水稀释至刻度，摇匀。

②Cu标准溶液（$100\mu g \cdot mL^{-1}$）：准确吸取10.00mL上述Cu标准储备液于100mL容量瓶中，用去离子水稀释至刻度，摇匀备用。

③Zn标准储备液（$1000\mu g \cdot mL^{-1}$）：准确称取1.0000g锌粉于250mL烧杯中，加入30~40mL 1+1盐酸，使其溶解完全后，加热煮沸几分钟，冷却后移入1000mL容量瓶中。用去离子水稀释至刻度，摇匀。

④Zn 标准溶液（100μg·mL^{-1}）准确吸取 10.00mL 上述 Zn 标准储备液于 100mL 容量瓶中，用去离子水稀释至刻度，摇匀备用。

⑤Ca 标准储备液（1000μg·mL^{-1}）；准确称取 2.4971g 预先在 110～120℃干燥至恒重的碳酸钙于 250mL 烧杯中，加入 20mL 水，然后滴加 1+1 盐酸至完全溶解，再加入 10mL 盐酸。煮沸除去二氧化碳，取下冷却，移入 1000mL 容量瓶中，用去离子水稀释至刻度，摇匀。

⑥Ca 标准溶液（100μg·mL^{-1}）：准确吸取 10.00mL 上述 Ca 标准储备液于 100mL 容量瓶中，用去离子水稀释至刻度，摇匀备用。

四、实验步骤

1. 系列浓度标准溶液的配制

分别用 Cu、Zn、Ca 的标准溶液配制系列浓度标准溶液，见表 6.4。

表 6.4　Cu、Zn、Ca 系列浓度标准溶液

元素	浓度，μg·mL^{-1}					
Cu	0.00	0.40	0.80	1.20	1.60	2.00
Zn	0.00	0.40	0.80	1.20	1.60	2.00
Ca	0.00	2.00	4.00	8.00	16.00	24.00

将上述标准溶液分别置于 50mL 容量瓶（或比色管）中。Cu、Zn、Ca 标准溶液中分别加入 1mL 盐酸，用去离子水稀释至刻度；Ca 标准溶液中加入 2mL 5% 氯化镧溶液。

2. 头发样品处理

采集枕部、根部 2cm 处的新鲜发样若干，发样直接用 0.1% 中性洗发剂洗涤，用去离子水清洗多次后，将样品放入干燥箱于 80℃左右烘干。

方法一：称取 0.4000g 干燥的样品于 50mL 锥形瓶中，加入高氯酸和硝酸（体积比 1∶5）混合液 10mL，盖上小盖，置于电热板上逐渐升温消化，待样品溶液变澄清无色后，将剩余的混酸蒸干，取下，冷却，用针式过滤器（0.45μm）过滤溶液。将溶液转移至 25mL 比色管中，用去离子水定容，摇匀待测。同时制备空白溶液一份。

方法二：取头发样品（0.2000～0.4000g 干净发样）放在瓷坩埚中，置于高温炉内，由低温升至 550℃灰化，恒温 20min，待样品呈灰白色时，取出冷却，加入 0.5mL 盐酸，将溶液转移至 25mL 比色管中，用去离子水定容，摇匀待测。

五、注意事项

（1）乙炔钢瓶阀门旋开不要超过 1.5 圈，否则乙炔易逸出。

（2）实验时，一定要打开通风设备，将原子化后产生的金属蒸气排出室外。

(3)排废液管检查水封,防止回火。

(4)点火前,先打开空气压缩机,压力输出稳定至需要值,再打开乙炔钢瓶,并调节减压阀使乙炔输出压力符合规定压力值;实验结束后,先关闭乙炔钢瓶总阀门,使气路里面的乙炔燃烧尽。

(5)实验结束后,用去离子水喷几分钟,清洗原子化系统。

(6)发样最好在新鲜的枕部、根部区域采集。

六、数据记录与结果处理

1. 火焰原子吸收光谱法测定 Cu、Zn、Ca

按照各元素的测量条件设置仪器参数,依次测定各元素的系列浓度标准溶液,计算机自动绘出各元素的标准曲线,再测定样品溶液,由计算机自动给出测定结果。也可使用坐标纸或 Excel、Origin 软件绘出各元素的标准曲线,求出元素的浓度,根据称样量和稀释倍数计算出各元素的结果含量。由下式计算试样中待测元素的含量,写出实验报告。

$$w = cV/W \tag{6.8}$$

式中,c 为测定的浓度;V 为试样体积;W 为所称取的试样质量。

2. 人体头发中元素含量的标准值(参考结果)

Cu:10.1 ~ 11.85μg · mL^{-1};Zn:110.0 ~ 131.2μg · mL^{-1};Ca:600 ~ 1500μg · mL^{-1}。

七、思考题

(1)酸溶法和干灰化法处理样品时,应注意哪些事项?

(2)Cu、Zn、Ca 元素含量的高低对人体健康的医学意义是什么?

实验四　石墨炉原子吸收法测定水样中铅含量

一、实验目的

(1)了解石墨炉原子吸收光谱分析过程及特点。

(2)熟悉石墨炉设备及构造。

(3)掌握石墨炉原子吸收法分析程序和实验技术。

二、实验原理

铅是一种对人体有害的物质,饮用水的铅含量是环保部门监测控制的重要指标,其测试手段有分光光度法、富集火焰原子吸收法、石墨炉原子吸收法及 ICP - MS 法等。

石墨炉原子吸收法也叫电热原子吸收法，是通过大功率电源供电加热石墨管（俗称石墨炉）而使其产生高温（最高3000℃），通过高温和碳（石墨）裂解及还原，使其金属盐变成金属原子，从而吸收其特征谱线的分析方法。

该法的优点是灵敏度高，比火焰法的灵敏度高出3～5个数量级；缺点是原子化过程产生烟雾，背景吸收严重，测定精度差。

石墨炉升温一般有4个步骤：干燥、灰化、原子化、除残，其加热方式有斜坡式和阶梯式，见图6.2。

（1）干燥。温度在100℃左右，作用是将溶液溶剂蒸发，把液体转化为固体。

（2）灰化。温度在300℃以上，其作用是把复杂的物质转变为简单的物质，消除有机物，把易挥发的物质赶走，减少分子吸收和低沸点无机基体的干扰，把复杂的盐转化为氧化物。

（3）原子化。先裂解氧化物或盐化，再利用高温碳（石墨）将金属离子还原成原子。

（4）除残。利用高温灼烧和氩气流将石墨管中原样品去掉，以便下次进样测定。

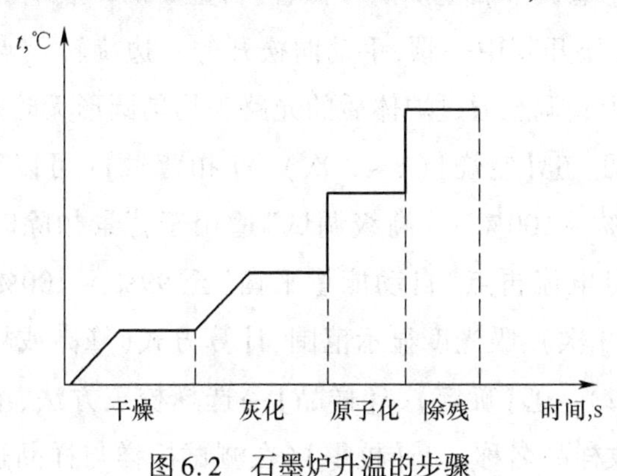

图6.2　石墨炉升温的步骤

三、仪器与试剂

1. 仪器

石墨炉原子吸收光谱仪；微量进液管；工作软件；移液管；容量瓶。

2. 试剂

铅标准溶液；基体改进剂；硝酸（优级纯）；二次去离子水。

四、实验步骤

1. 石墨炉原子吸收法操作流程

（1）简易流程。开原子吸收主机→运行软件→选灯、寻峰→选择“石墨炉”测试方法→依次开电、冷却水和氩气→检查石墨管→调整石墨炉位置→设置加热程序→空烧→调"能量"、设置标样与样品参数→校零→测量→依次关石墨炉电源、氩气，将炉体退回→关软件→关主机。

(2)具体流程。

①开通风橱，装灯。②开原子吸收主机，再打开软件工作界面。③选"联机"，点【确定】，仪器进入"初始化"。④双击对应灯号，选择元素(内含各元素的测量参数)，再选择工作灯与预热灯，点"下一步"。⑤设置"带宽"(入射狭缝)。⑥选择特征谱线，点"寻峰"(寻峰后更改特征谱线，必须再"寻峰")，寻峰扫描出来的特征波长与特征谱线正负差不得超过0.25mm，否则要用Hg灯校正。⑦【关闭】→【下一步】→【完成】→进入检测界面。⑧取出挡板，点【仪器】→"测量方法"→"石墨炉"。⑨炉体稳定后，依次开启石墨炉电源、冷却水、氩气(0.35~0.40MPa)。⑩点【石墨管】(勿点"确定")，打开石墨炉，用小铁夹夹住石墨管末端取出，检查石墨管是否完好(若管表皮爆开则必须更换)；然后装回原位并放平，管孔向上并处于中心，最后点"确定"固定石墨管。⑪调节石墨炉炉体位置，石墨炉炉体底下的大圆盘调高低，炉后底下两小螺丝调旋转(只能松开其中一颗，手动向松开的一边旋转)，点【仪器】→"原子化器"(调小往里走，调大往外走)，调至通过炉体后的光路为均匀圆形无暗角为止。⑫点【加热】→设置加热程序与冷却时间。⑬【空烧】(1~2次)→【扣背景】(可以不设置步骤)→【能量】(点"自动能量平衡"99%~100%。"高级调试"适用于背景扣除时使用)，负高压应小于600V，否则应适当调高灯电流再点"自动能量平衡"至99%~100%。⑭【参数】→设置标样、未知样重复数(一般3次)、吸光度显示范围、计算方式(峰高或峰面积)、积分时间(6~7s)、滤波系数(0.1~0.2)。⑮【确定】→【样品】→选择校正方法、浓度单位，改样品名(元素)，设置系列浓度，修改样品名称。⑯【校零】(在测试标样与样品过程中可以多次校零)。⑰【测量】测试标样与样品(最大进样量为30μL)，取样时先压枪，再使枪嘴稍微进入液面取液，取液后枪嘴外不得有液珠或枪嘴内液体不得有气泡；进样时枪嘴恰好垂直碰到石墨管平台底部，进液时压到底同时取出，数秒后点"开始"。⑱测量完毕后，依次关石墨炉电源、冷却水、氩气→将炉体退回(【仪器】→【测量方法】→【火焰】)。⑲炉体稳定后，关软件→关主机。

2. 设定石墨炉加热程序(表6.5)

表6.5　石墨炉加热程序

步骤	温度,℃	升温时间,s	保持时间,s	内气量
干燥	140	10	20	中
灰化	700	10	25	中

续表

步骤	温度,℃	升温时间,s	保持时间,s	内气量
原子化	1800	0	5	关
热除残	2400	0	5	大

3. 标准系列溶液配制

工作液(500μg · mL^{-1}):取6个25mL容量瓶分别加入工作液0、0.2mL、0.50mL、1.0mL、1.5mL、2.0mL,每支滴5滴1∶1HNO_3,用二次蒸馏水定容至刻度。

4. 水样

取20mL自来水于25mL容量瓶中,滴5滴1∶1HNO_3及基体改进剂,用二次蒸馏水定容至刻度。

5. 测定

用微量进液管吸10μL溶液(先标样后试样)加至石墨炉中,启动加热程序,每点重复2次。

五、注意事项

(1)选择“石墨炉测量方法”时,必须先将挡板取出,否则会造成主机损坏。

(2)石墨管一般使用寿命为200~400次,管皮爆开就不能再用。

(3)进样时要等完全冷却后才能进行。

(4)测量时的相对标准偏差*RSD*应控制在15%以内。

(5)若使用氘灯扣背景,测量完毕后应尽快关掉氘灯(【仪器】→【扣背景】→【无】)。

(6)关氩气时,主阀要关紧。

(7)更换元素灯后要重新调节炉体位置,调节能量和校零。

(8)本实验用水均为高纯水。

六、思考题

(1)石墨炉原子吸收法与火焰原子吸收法相比有哪些优点?

(2)为什么在加热时要使用干燥和灰化升温程序?

(3)高温除残的目的是什么?如何设置高温除残的温度?

实验五　原子吸收光谱法测定食品中的铜

一、实验目的

(1)掌握常用原子吸收光谱仪的操作方法。

(2)掌握原子吸收光谱分析中标准加入法进行定量分析的方法。

(3)学会食品样品溶液的制备技术。

二、实验原理

铜是原子吸收光谱分析中经常和最容易测定的元素,在贫燃的空气—乙炔火焰中测定时干扰很少。样品溶液中的铜离子在火焰温度下变成基态铜原子,由光源(铜空心阴极灯)辐射出的铜原子特征谱线(共振波长324.8nm)在通过原子化系统铜原子蒸气时被强烈吸收,其吸收的程度与火焰中铜原子蒸气浓度的关系符合朗伯—比尔定律,铜原子蒸气浓度与溶液中离子的浓度成正比。在一定条件下,测定一系列不同浓度铜离子标准溶液的吸光度值,再根据铜未知液的吸光度值即可求出未知液中铜离子浓度。

为减少实际样品中基体效应影响,可以采用标准加入法测定样品中待测离子含量。标准加入法是将已知的不同浓度的标准溶液加到几个相同量的待测试样溶液中,然后一起测定,并绘制分析曲线(图6.3),将直线外推延长至与横轴相交,其交点与原点的距离所对应的浓度,即为待测试样溶液的浓度。这种方法可以消除一些基体的干扰,但不能补偿由背景吸收产生的影响,因此,采用标准加入法时最好对背景进行校正。

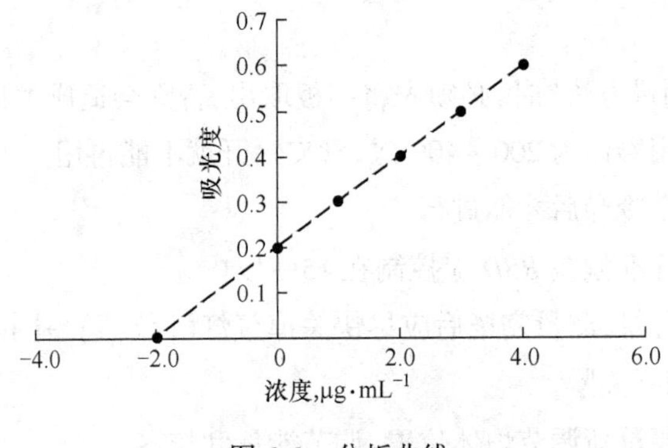

图6.3 分析曲线

三、仪器与试剂

1.仪器

原子吸收分光光度计;铜空心阴极灯。

2.试剂

浓硝酸、浓硫酸、过氧化氢、待测食品样品;铜标准溶液:取1.0000g纯铜,加入50mL HNO_3,加热溶解,煮沸除去氮氧化物,冷至室温,移入1000mL容量瓶中,用水稀释至刻度,摇匀,此溶液浓度为1mg·mL^{-1}。吸取上述溶液,稀释成10μg·mL^{-1}的铜工作溶液。

四、实验步骤

1. 试样消解(以饮料、黄酒、料酒等为例)

移取100mL试样溶液于250mL烧杯中，置于封闭式电炉上加热煮沸，将大量水分、酒精等蒸发至溶液呈现浆液状，取下冷却，慢慢加入20mL浓硫酸于上述烧杯中消解有机物至澄清透明状溶液，若消解不完全可以加5～10mL浓硝酸继续加热消解(若有炭化的黑色物质出现可以加入5～10mL过氧化氢溶液)，待试样消解完全后，取下冷却，用针式过滤器(0.45μm)过滤溶液，用去离子水洗涤烧杯2～3次并过滤至100mL容量瓶中，定容摇匀备用。

2. 工作曲线的绘制(标准加入法)

分取试样溶液10.0mL 5份于5个25mL比色管(或容量瓶)中，分别加入10μg·mL^{-1}铜标准溶液0.0、1.0mL、2.0mL、3.0mL、4.0mL，用水稀释至刻度，摇匀。按仪器条件测量吸光度，以比色管中铜离子标准溶液浓度为横坐标，溶液吸光度值为纵坐标绘制工作曲线。

五、数据处理

1. 记录原始数据

浓度，μg·mL^{-1}	0.0	1.0	2.0	3.0	4.0
吸光度					

2. 绘制分析曲线

将直线外推与横轴相交，其交点与原点的距离所对应的浓度，即为试液的浓度，从而计算出试样中铜的百分含量。

六、注意事项

(1)样品消解时温度不能太高，避免炭化。

(2)实验过程中样品溶液必须通过滤膜过滤后，再上仪器进行吸光度测定。

七、思考题

(1)工作曲线法与标准加入法定量分析各有什么优点？在什么情况下采用这些方法？

(2)同一样品采样工作曲线法和标准加入法测量结果有无偏差？产生偏差的原因是什么？

第7章　原子荧光光谱法

7.1 基础知识

7.1.1　原子荧光光谱法的原理

原子荧光光谱法是通过测量元素的原子蒸气在辐射能激发下产生的荧光发射强度来确定待测元素含量的方法。

气态自由原子吸收特征波长辐射后，原子的外层电子从基态或低能级跃迁到高能级，经过约 10^{-8}s，又跃迁回基态或低能级，同时发射出与原激发波长相同或不同的辐射，称为原子荧光。原子荧光分为共振荧光、阶跃荧光、直跃荧光等，如图7.1所示。

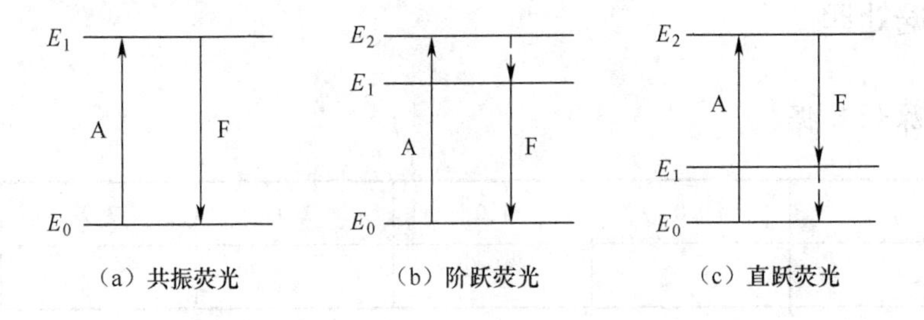

图7.1　原子荧光的主要类型

A—吸收；F—荧光；- - -表示非辐射跃迁

发射的荧光强度与原子化器中单位体积该元素基态原子数成正比，即

$$I_f = \Phi I_0 A \varepsilon L N \tag{7.1}$$

式中，I_f为荧光强度；Φ 为荧光量子效率，表示单位时间内发射荧光光子数与吸收激发光光子数的比值，一般小于1；I_0为激发光强度；A 为荧光照射在检测器上的有效面积；L 为吸收光程长度；ε 为峰值摩尔吸光系数；N 为单位体积内的基态原子数。

原子荧光发射中，由于部分能量转变成热能或其他形式能量，荧光强度减小甚至消失，该现象称为荧光猝灭。

7.1.2　原子荧光光度计使用注意事项

(1)元素灯。使用时切勿超过最大灯的电流；预热必须是在测量状态下；更换元素灯，一定要在主机电源关闭的情况下，不能带电插拔；灯若长期搁置不使用，每隔3～4个月点燃2～3h，以保障灯的性能，延长寿命；取放时应该拿灯座，避免污染；一旦污染，用无水乙醇和乙醚(1∶3)的混合液轻轻擦拭。

(2)泵管。在使用泵管的时候，要注意管压头松紧程度合适，调节螺丝可以调节压力大小，不要让泵管空载运行；每次实验完毕将泵卡松开；使用一段时间后，应向泵管与泵头间的空隙滴加硅油，以保护泵管；泵管使用一段时间后，应更换新的泵管；应及时清洗管路，避免沉积和污染。

(3)气路。在实验过程中，一定要保证气体入口管道的清洁，以防止灰尘堵塞气路；在仪器测量前，一定要先开启载气，以防止液体倒灌腐蚀气路系统。

7.2 实　　验

实验一　原子荧光分光光度计主要性能检定

一、实验目的

(1)了解原子荧光分光光度计的基本结构。

(2)熟悉原子荧光分光光度计的主要性能和技术指标的检定方法。

(3)掌握原子荧光分光光度计的检定原理。

二、实验原理

原子荧光分光光度计可用于测量易形成氢化物的元素以及易形成气态组分或易还原成原子蒸气的元素。该仪器是根据待测元素的原子蒸气在一定波长的辐射能激发下发射的荧光强度进行定量分析的。根据朗伯—比尔定律，当待测元素的浓度 N 很低时，其荧光强度与元素的浓度存在以下关系：

$$I_f = \Phi I_0 (1 - e^{-K_\lambda LN}) \tag{7.2}$$

式中，I_f 为原子荧光强度；I_0 为光源辐射强度；Φ 为原子荧光量子效率；L 为吸收光程；K_λ 为在波长 λ 时的峰值吸收系数；N 为单位长度内基态原子数。

对于同一元素来说，当光源的波长和强度固定，吸收光程固定，原子化条件一定，在元素浓度较低时，荧光强度与试样中被测元素的质量浓度 ρ 成正比：

$$I_f = \alpha \rho \tag{7.3}$$

原子荧光分光光度计可分为单道、双道和多道等类型。根据原子荧光分光光度计检测规程(JJG 939—2009)的规定，对用空心阴极灯做光源的非色散型原子荧光分光光度计，检定的主要项目和技术指标见表7.1。

表7.1 原子荧光分光光度计的计量性能要求

检定项目		计量性能
稳定度	漂移	≤5%·30min^{-1}
	噪声	≤3%
检出限,ng		≤0.4
测量重复性		≤3%
测量线性		r≥0.997
通道间干扰		±5%

注:单道只做砷元素;双道和多道做砷、锑两种元素。

三、仪器与试剂

1.仪器

原子荧光分光光度计;双阴极空心阴极灯(As、Sb);电子秒表,分度值不大于0.1s;玻璃量器:A级;天平:最大称量200g或500g,分度值≤0.1g。

2.试剂

(1)硼氢化钠(硼氢化钾)(4.0~20.0)g·L^{-1}溶液:按检定时的环境温度,仪器的进样方式配制所需硼氢化钠(硼氢化钾)的质量浓度在4.0~20.0g·L^{-1}之间。例如配制7.0g·L^{-1}质量浓度的溶液:称取7.0g硼氢化钠(硼氢化钾),溶于预先加入2.0g氢氧化钠(氢氧化钾)的200mL二次去离子水中,搅拌至全溶,再用二次去离子水稀释至1000mL。

(2)硫脲溶液(100g·L^{-1}):称取20.0g硫脲,溶于200mL的容量瓶中,用二次去离子水稀释至刻度。

(3)砷、锑混合标准储备液(As 100ng·mL^{-1}、Sb 100ng·mL^{-1})。

(4)砷、锑混合标准溶液:分别取砷、锑混合标准储备液0、1.0mL、5.0mL、10.0mL、20.0mL,再取100g·L^{-1}硫脲20mL、浓盐酸10mL,用二次去离子水定容至100mL,配制成浓度为0、1.0ng·mL^{-1}、5.0ng·mL^{-1}、10.0ng·mL^{-1}、20.0ng·mL^{-1}砷、锑混合标准系列溶液。

盐酸为优级纯(G.R.),硼氢化钠(硼氢化钾)、氢氧化钠(氢氧化钾)、硫脲为分析纯(A.R.),实验用水为二次蒸馏水或去离子水。

四、实验步骤

1.稳定性

开机,不点火,点亮砷、锑灯,灯电流调至30~90mA,负高压置于300V左右。预热30min后,进行模拟记录。调整静态模拟信号的荧光强度初始值为500左右(如有需要可在原子化器上部放置一个荧光强度调节器)，连续测量30min，计算仪器的漂移(最大漂移量除以初始值)和噪声(最大的峰，峰值除以初始值)。

2. 通道间干扰

仪器在不点火、静态的测量条件下，将荧光强度调节器放置在双道或多道的原子化器上部，调整空心阴极灯A道或B道的灯电流，使两道间模拟信号荧光强度的比大于100。测定A道对B道的干扰，则B道的荧光强度应调到50左右为基数，先同时测量A、B两道，记录B道荧光强度值，测量三次取算术平均值为$\overline{I_{f_2}}$；然后挡住A道出光口，测量B道的单道荧光强度值，测量三次取算术平均值为$\overline{I_{f_1}}$，按式(7.4)计算A、B之间的通道间干扰RE。测量三道或三道以上仪器的通道间干扰时，应测量A与B、B与C和C与A之间的三种通道间干扰，以此类推。

$$RE = \frac{\overline{I_{f_1}} - \overline{I_{f_2}}}{\overline{I_{f_1}}} \tag{7.4}$$

3. 检出限

(1)在仪器最佳工作状态下，用硼氢化钠(或硼氢化钾)作还原剂分别对0、1.0ng·mL^{-1}、5.0ng·mL^{-1}、10.0ng·mL^{-1}砷、锑混合标准溶液进行3次重复测量，记录荧光强度测量值，计算算术平均值后，按线性回归法求出斜率b：

$$b = \mathrm{d}I_f/\mathrm{d}(\rho V) \tag{7.5}$$

式中，I_f为荧光强度测量值；ρ为溶液质量浓度，ng·mL^{-1}；V为进样体积，mL。

式(7.4)在与式(7.5)相同的测定条件下，对空白溶液连续进行11次荧光强度测量，并求其标准偏差s_0：

$$s_0 = \sqrt{\frac{\sum_{i=1}^{11}(I_{f_{oi}} - I_{f_o})2}{11 - 1}} \tag{7.6}$$

(2)按下列公式分别计算仪器测定砷、锑的检出限：

$$Q_L = 3s_0/b \tag{7.7}$$

4. 测量重复性

在进行检测限测量时，对质量浓度为As 10.0ng·mL^{-1}和Sb 10.0ng·mL^{-1}混合标准溶液连续进行7次重复测量，求出其相对标准偏差(RSD)：

$$RSD = \frac{1}{\overline{I_f}} \times \sqrt{\frac{\sum_{i=1}^{7}(I_f - \overline{I_f})2}{7 - 1}} \tag{7.8}$$

式中，I_f为荧光强度测量值；$\overline{I_f}$为7次荧光强度测量值的算术平均值。

5. 线性相关系数

在仪器最佳工作状态下，分别对0、1.0ng·mL^{-1}、5.0ng·mL^{-1}、10.0ng·mL^{-1}、20.0ng·mL^{-1}砷、锑混合标准溶液进行3次重复测量，计算其荧光强度测量值的算术平均值后，按线性回归法求出工作曲线的线性相关系数R^2。

五、注意事项

(1)放置仪器的工作台应平稳无振动，仪器上方应有排风系统，周围无强电磁场干扰，无尘、无腐蚀性气体且通风良好。

(2)仪器工作环境的温度为15～30℃，相对湿度<80%。

(3)电源电压为(220±22)V，频率为(50±0.5)Hz，并具有良好的接地。

六、思考题

(1)检查原子荧光分光光度计的主要性能有什么实际意义?

(2)检出限指标对分析有什么指导意义?

实验二　原子荧光光谱法测定水果中的砷

一、实验目的

(1)了解原子荧光光谱法测定过程中干扰的产生及消除方法。

(2)熟悉和掌握使用原子荧光光谱法定量分析元素的方法。

二、实验原理

原子荧光光谱法仪器简单，操作方便，在测定As、Se、Sb、Cd等元素时有很好的灵敏度，检出限可以在0.02ng·mL^{-1}以下。在酸性介质中，As与硼氢化钠($NaBH_4$)或硼氢化钾(KBH_4)的碱性溶液反应生成As的挥发性氢化物，由载气(氩气)带入石英原子化器中原子化，在特制砷空心阴极灯照射下，基态As原子被激发至高能态，在去活化回到基态时，发射出特征波长的荧光，在一定浓度范围内其荧光强度与As的含量成正比，与标准系列比较定量。

样品中的As以有机砷和无机砷的形态存在，无机砷化合物中砷有三价和五价两种价态。与有机砷相比，无机砷的毒性较大，而不同价态的砷的毒性不同，三价砷的毒性最大。测定砷的不同形态有重要的实际意义。本实验检测的是样品中总砷含量。

三、仪器及试剂

1. 仪器

原子荧光光谱仪;砷空心阴极灯。

仪器测定条件为光电倍增管电压 325V;砷空心阴极灯电流 35mA;原子化温度 200℃;原子化器高度 7mm;氩气流速载气 600mL · min^{-1};屏蔽气流速 800mL · min^{-1};测量方式为荧光强度;读数方式为峰面积;读数延迟时间 1s;读数时间 15s;加还原剂时间 7s;进样体积 2mL。

2. 试剂

(1)实验用水均为去离子水。

(2)(1+1)硫酸(G. R.):量取 50mL 硫酸,小心缓慢加入到 50mL 水中,并不断搅拌。(1+1)盐酸(G. R.):量取 100mL 盐酸,用水稀释至 200mL。

(3)硝酸—高氯酸混合液:硝酸(G. R.):高氯酸(G. R.)=4:1,即量取 80mL 硝酸,加 20mL 高氯酸,混匀。

(4)5% 硫脲—5% 抗坏血酸混合液:称取 5.0g 硫脲、5.0g 抗坏血酸于 100mL 烧杯中,再加入 100mL 去离子水溶解,临用前现配。

(5)1.0% 硼氢化钠溶液:称取 1g 硼氢化钠(G. R.),溶于 100mL 氢氧化钠(2g · L^{-1})溶液中,临用前现配。

(6)砷(Ⅲ)标准储备液:含砷 0.1mg · mL^{-1}。准确称取于 100℃ 干燥 2h 以上的三氧化二砷 0.1320g,加 10mL 100g · L^{-1} 的氢氧化钠溶液,用水定量转入 1000mL 容量瓶中,加(1+9)硫酸 25mL,再用去离子水定容至刻度线。

(7)砷(Ⅲ)标准使用液:含砷 1μg · mL^{-1}。吸取 1.00mL 砷标准储备液于 100mL 容量瓶中,用水稀释至刻度。

四、实验步骤

1. 标准曲线测定

在砷标准浓度为 0.005~0.25μg · mL^{-1} 范围配制 7 个系列浓度,量取一定体积的 1μg · mL^{-1} 砷标准溶液于 50mL 容量瓶内,加入 5mL 5% 硫脲—5% 抗坏血酸混合液,加入 20mL(1+1)盐酸,用水稀释至刻度,摇匀,同时配制空白溶液,放置 20min 后进行测定,记录荧光强度。

2. 样品预处理和测定

称取 5~10g(或 mL)洗净打成匀浆的样品于 100mL 锥形瓶中,同时做两份试剂空白。加入混合酸液 10mL,加入 2mL(1+1)硫酸,同时加入数粒玻璃珠,盖上表面皿,放置过夜。电热板上消化,如酸量不够,可补加适当的混合酸液,持续蒸发至高氯酸的白烟散尽、硫酸的白烟开始冒出，冷却，加水25mL，再蒸发至冒硫酸白烟。取下冷却，用少量水将消化液转入50mL容量瓶中，加入5mL 5.0%硫脲—5.0%抗坏血酸混合液，加入20mL(1+1)盐酸，用水稀释至刻度。摇匀，放置20min后测定荧光强度，平行测定三份。

载流的酸度和硫脲—抗坏血酸浓度与标准系列相同，并于室温放置15~30min。

五、数据处理

(1)绘制标准曲线图，并拟合线性方程和线性相关系数，线性相关系数应>0.99。

(2)计算样品中As的含量，以$mg \cdot kg^{-1}$或$mg \cdot L^{-1}$表示。计算样品含量时必须测空白值，计算样品测定的标准偏差。

六、思考题

(1)样品预处理方法的准则有哪些？

(2)砷、汞样品分解时应注意的事项有哪些？

实验三　水中痕量镉、汞的原子荧光光谱分析

一、实验目的

(1)掌握用原子荧光光谱测定痕量镉、汞的基本原理和方法。

(2)掌握原子荧光分光光度计的构造和操作。

二、实验原理

镉和汞均是具有蓄积作用的有害元素，因此监测各类环境样品中的镉和汞的含量、控制人体内镉和汞的摄入量是控制其危害的重要预防措施。将待测元素转化为气态，从而与基体分离的蒸气发生技术和原子荧光光谱法联用能提高测定的灵敏度，因为待测元素与共存基体分离，所以又可在一定程度上消除分子吸收或光散射引起的非特征光的损失和其他共存元素的干扰。但其目前仅局限于少量元素。因此，对蒸气发生技术进一步研究，以扩大其测定元素范围，成为原子光谱中的一个重要研究领域。

三、仪器与试剂

1.仪器

双道原子荧光分光光度计，附带断续流动全自动进样器；AS-2镉高性能空心阴极灯(北京有色金属研究总院)；AS-2汞高性能空心阴极灯(北京有色金属研究总院)；高纯氩气钢瓶(作为屏蔽气及载气)。

2. 试剂

盐酸(优级纯);氢氧化钠溶液($5g \cdot L^{-1}$);硼氢化钠溶液($15g \cdot L^{-1}$,称取1.5g硼氢化钠溶解于$5g \cdot L^{-1}$氢氧化钠溶液中,并稀释至100mL);铁氰化钾溶液:$50g \cdot L^{-1}$;硫脲溶液:$50g \cdot L^{-1}$;镉标准溶液:$1000mg \cdot L^{-1}$[GBW(E)080531],由全国化工标准物质委员会标准物质研究开发中心研制;镉标准使用液:$1000mg \cdot L^{-1}$;汞标准溶液:$1000\mu g \cdot L^{-1}$(GBW08617),由国家标准物质研究中心研制;汞标准使用液:$20\mu g \cdot L^{-1}$;盐酸:$0.30mol \cdot L^{-1}$;硼氢化钠:$15g \cdot L^{-1}$;本法所用试剂皆用超纯水配制,实验所用玻璃器皿均用硝酸(20%)浸泡过夜处理。

四、实验步骤

1. 实验方法

(1)仪器条件。光电倍增管负高压:280V;灯电流:镉灯60mA、汞灯20mA;原子化器高度:9mm;载气流速:$50mL \cdot min^{-1}$;屏蔽气流速:$800mL \cdot min^{-1}$;积分方式:峰面积;延迟时间:2s;读数时间:15s。

(2)标准溶液配制。分别吸取$100\mu g \cdot L^{-1}$镉标准溶液和$208\mu g \cdot L^{-1}$标准溶液0.0、1.0mL、2.0mL、3.0mL、4.0mL、5.0mL于50mL容量瓶,加入1.25mL盐酸,加入$50g \cdot L^{-1}$铁氰化钾溶液2mL、$50g \cdot L^{-1}$硫脲溶液5mL,用超纯水定容至刻度,摇匀。配制成含镉浓度为0、$2\mu g \cdot L^{-1}$、$4\mu g \cdot L^{-1}$、$6\mu g \cdot L^{-1}$、$8\mu g \cdot L^{-1}$、$10\mu g \cdot L^{-1}$,含汞浓度为0、$0.4\mu g \cdot L^{-1}$、$0.8\mu g \cdot L^{-1}$、$1.2\mu g \cdot L^{-1}$、$1.6\mu g \cdot L^{-1}$、$2.0\mu g \cdot L^{-1}$的混合标准系列。

2. 仪器参数的选择

(1)光电倍增管负高压的选择。随着负高压的增加,相对荧光强度也增加,但信号和噪声水平也同时增加,因此在满足检测灵敏度要求的情况下,应尽可能选择较低的负高压。本方法选择负高压为280V。

(2)灯电流的选择。随着灯电流的增加,荧光强度也相应增强,但过大的灯电流会缩短灯的寿命,还可能产生自吸收。本方法选择镉灯电流为60mA,汞灯电流为20mA。

(3)镉和汞荧光强度积分方式和时间的选择。镉荧光强度的测量方式可以根据情况选择峰高或峰面积积分。本方法选择峰面积积分方式,这有利于将氢化物发生、传输过程中的不稳定因素带来的测定波动降至最低,提高镉的测定精度。通过实验发现,镉的峰值在2s时开始升至最高,汞的峰值在1s时已达最高,综合两元素同时测定条件考虑,本法选择延迟读数时间为2s,积分时间为15s。

(4)电炉丝是否点火加热的确定。一般情况下,通过加热方式来进行原子化,研究表明镉的蒸气产生后,在不加热的情况下就已经开始原子化,电炉丝未点火加热也能测定,这点和汞的测定相同,但在点火加热原子化时,记忆效应明显减少,最终本方法选择点火加热进行原子化。

(5)原子化器高度的选择。分别将原子化器高度调至7～12mm后测定镉和汞标准溶液的荧光强度。实验结果表明,镉元素在原子化器高度为8～9mm时荧光强度最大,汞元素在原子化器高度为10～12mm时荧光强度最大。综合镉和汞同时测定因素考虑,本方法选择原子化器高度为9mm。

(6)屏蔽气及载气流速对荧光强度的影响。分别将载气流速调至300～700mL·min^{-1},将屏蔽气流速调至500～1100mL·min^{-1},测定镉和汞标准溶液的荧光强度。实验结果表明:载气流量过大会稀释原子化器内待测元素的浓度,导致荧光强度减小;而载气流量过小,火焰则不稳定。综合考虑后,最后确定采用载气、屏蔽气流量分别为500mL·min^{-1}和900mL·min^{-1}。

五、思考题

(1)原子荧光法测定镉时,镉蒸气产生后,在不加热的情况下就已经开始原子化,为何本法仍然选择点火加热进行原子化?

(2)利用原子荧光测定镉和汞时,为什么选择镉灯电流为60mA而汞灯电流为20mA,而不是采用相同的灯电流?

第8章　电位分析法

8.1　基础知识

8.1.1　电位分析原理

电化学分析是利用被分析物质在电化学电池中的电化学特性而建立起来的分析方法,通常是选用两个适当的电极插入试液构成一个化学电池,根据化学电池的某些物理量与被测组分间的计量关系进行分析测试。电化学分析法根据所测电池的物理性质不同分为电位分析法、电导分析法、库仑分析法、伏安分析法等。电化学分析法的灵敏度、选择性和准确度都较高,且适用范围较广,测定范围也较广(例如电位分析法及伏安分析法可用于微量至痕量组分的测定,电位滴定法可用于常量组分的分析)。常用的仪器有电位分析仪、库仑分析仪、电导仪、酸度计等。

电位分析法是通过测量原电池的电动势来测定有关离子浓度的方法,包括直接电位法和电位滴定法。电位分析的基本原理是将两支电极插入待测溶液中组成原电池,其中一支为指示电极,其电极电位与待测离子的活度之间服从 Nernst 方程(称为 Nernst 响应);另一支是电极电位已知且恒定的参比电极。将指示电极和参比电极所构成的原电池连接于测量电池电动势的高阻抗毫伏计上,在流过电流接近于零的条件下测量电池电动势,可求出指示电极的电位,并可按 Nernst 方程确定待测离子的活度。

电位分析仪主要由电极和毫伏计构成。电极是电位分析仪中最主要的部件,离子选择性电极是最常用的指示电极,饱和甘汞电极、银—氯化银电极则是最常用的参比电极,电池电动势的测定采用高阻抗毫伏计。电位分析定量方法主要有标准曲线法、标准比较法和标准加入法。

8.1.2　酸度计使用注意事项

酸度计是进行电化学分析的常用仪器,使用时应注意以下问题:

(1)玻璃电极的敏感膜非常薄,容易破碎损坏,因此,使用时应该注意勿与硬物碰撞,电极上所沾附的水分,只能用滤纸轻轻吸干,不得擦拭。

(2)不能用于含有氟离子的溶液,也不能用浓硫酸洗液、浓酒精来洗涤电极,否则会使电极表面脱水而失去功能。

(3)测量极稀的酸或碱溶液(小于 0.01mol · L^{-1})的 pH 值时,为了保证电位分析仪稳定工作,需要加入惰性电解质(如 KCl),以提供足够的导电能力。

(4)如果需要测量精确度高的 pH 值,尤其在测量碱性溶液的 pH 值时,为避免空气中 CO_2 的影响,要使待测溶液暴露于空气中的时间尽量短,读数要尽可能快。

(5)玻璃电极经长期使用后,氢电极的功能会逐渐减弱乃至失去,这称为“老化”。当电极响应斜率低于 52mV · pH^{-1}时,就不宜再使用。

8.2 实 验

实验一 酸度计的性能检验和水溶液酸度的测定

一、实验目的

(1)掌握酸度计测定溶液 pH 值的原理和方法。

(2)熟悉酸度计的实验操作过程及性能检验方法。

(3)了解标准缓冲溶液的作用和配制方法。

(4)了解玻璃电极的构造。

二、实验原理

pH 值是表示溶液酸碱度的一种标度,定义为

$$pH = -\lg a_{H^+} \tag{8.1}$$

式中,a_{H^+}为溶液中氢离子的活度。

测定溶液 pH 值常用方法有 pH 试纸法、酸碱滴定法和酸度计法,前两种方法准确度较差,仅能准确到 0.1 ~ 0.3pH 单位。酸度计法是测定水溶液中氢离子浓度的一种重要方法。采用酸度计测定 pH 值准确度较高,可测定至 pH 值小数点后第二位。酸度计测定 pH 值采用的是直接电位法,一般是将玻璃电极(图 8.1)作为指示电极,饱和甘汞电极作为参比电极,浸入被测溶液中组成原电池,该电池可用下式表示(图 8.2):

$$Ag|AgCl, Cl^-(1mol/L), H^+(a_2)|\text{玻璃膜}||H^+(a_1)||KCl(\text{饱和}), Hg_2Cl_2|Hg \tag{8.2}$$

上述电池电动势与氢离子活度a_1、a_2有关,即

$$E_{\text{电池}} = E_{SCE} - E_{Ag/AgCl} - \frac{RT}{F}\ln\frac{a_1}{a_2} + E_a + E_j \tag{8.3}$$

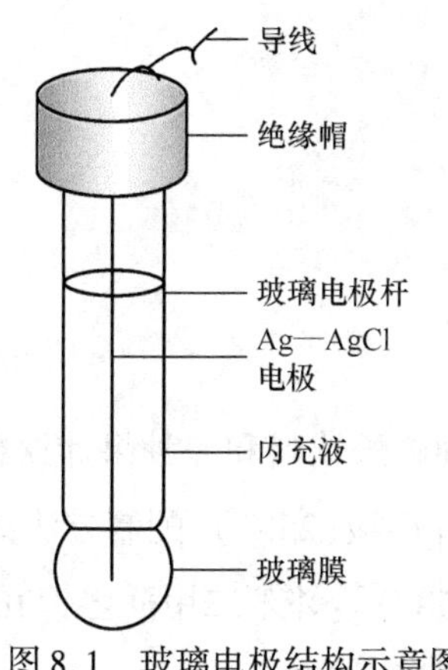

图8.1　玻璃电极结构示意图

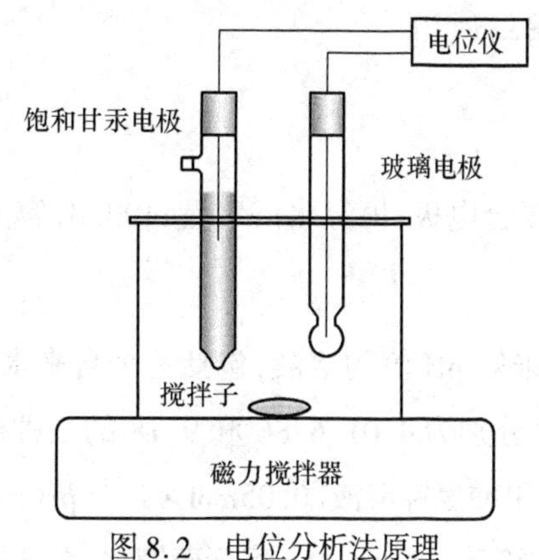

图8.2　电位分析法原理

式中，E_{SCE}、$E_{Ag/AgCl}$分别是外参比电极和内参比电极的电极电势；R 是阿伏加德罗常数；T 是温度；F 是法拉第常数；E_a是不对称电势；E_j是液接电势。假设在测定过程中E_a和E_j不变，而E_{SCE}、$E_{Ag/AgCl}$和玻璃电极内充液的氢离子活度s_2的值一定，都可以合并为常数项，则电池电动势可以表示为

$$E_{电池} = K + \frac{2.303RT}{F}pH_{试液} \tag{8.4}$$

式中，K 是常数项，在一定条件下 K 虽然是个定值，但却难以准确测定或计算得到，所以在实际测定 pH 值时，要先用已知 pH 值的标准缓冲溶液校正酸度计，称为“定位”，使E 电池和溶液 pH 值的关系能满足式(8.4)，然后在相同条件下测定溶液的 pH 值。这两个电池的电动势分别为

$$E_{标准} = K + \frac{2.303RT}{F}pH_{试液} \tag{8.5}$$

$$E_{待测液} = K + \frac{2.303RT}{F}pH_{待测液} \tag{8.6}$$

因为温度、电极等测量条件相同，上述两式相减消去常数项，因此待测水溶液 pH 值的测定公式可表示为

$$E_{待测液} = pH_{标准} + \frac{E_{待测液} - E_{标准}}{2.303RT/F} \tag{8.7}$$

由式(8.7)可见，pH 值的测量是相对的，每次测量的 $pH_{待测液}$的值都是与和它 pH 值最接近的标准缓冲溶液进行比对后的结果，测量结果的准确度取决于标准缓冲溶液 pH 值的准确度，因此要求所使用的标准缓冲溶液具有较强的缓冲能力，容易制备、易于储存且稳定性好。

随着测试仪器的不断发展，现在所用的测定 pH 值的电极已普遍制成复合电极，但测定原理是相同的。

三、仪器与试剂

1. 仪器

酸度计;复合电极;恒温水浴装置;100mL 容量瓶。

2. 试剂

(1)三种未知 pH 值的溶液,包括一个自来水样、一种碳酸饮料和一种果汁饮料。

(2)pH 值分别为 4.01、6.86 和 9.18 的三种标准缓冲溶液(25℃),配制方法如下:

①邻苯二甲酸氢钾溶液[$0.05mol \cdot L^{-1}$,pH = 4.01(25℃)]:邻苯二甲酸氢钾在(115 ± 5)℃下烘干 2 ~ 3h,然后称取 10.21g 溶于蒸馏水,在容量瓶中稀释至 1000mL。

②磷酸二氢钾和磷酸氢二钠混合溶液[$0.025mol \cdot L^{-1}$,pH = 6.86(25℃)]:磷酸二氢钾和磷酸氢二钠在(115 ± 5)℃下烘干 2 ~ 3h,然后分别称取 Na_2HPO_4 3.55g 和 KH_2PO_4 3.40g 溶于蒸馏水,在容量瓶中定容至 1000mL。

③硼砂溶液[$0.01mol \cdot L^{-1}$,pH = 9.18(25℃)]:称取 $Na_2B_4O_7 \cdot 10H_2O$ 3.81g(注意,不能烘)溶于蒸馏水,在容量瓶中稀释至 1000mL。

④也可以购买标准缓冲溶液,按照说明书配制。

四、实验步骤

1. 开机前准备

新 pH 玻璃电极或长期干储存的电极,应在 pH 浸泡液中浸泡 24h 后才能使用。使用前再次用去离子水洗净电极上的浸泡液。

按照酸度计的说明书连接线路,准备电极,接通电源,预热 30min,然后进行标定。

2. 酸度计的标定

接通仪器电源开关,仪器工作状态选择"pH"挡,仪器预热 10min。将复合电极正确连接于仪器上。目前通常采用两点标定法进行标定。选择两种标准缓冲液:一种是 pH 值接近中性的标准缓冲溶液;另一种是与待测试液 pH 值相近的标准缓冲溶液,具体方法如下:

(1)将试液杯放入恒温水浴,恒温水浴保持在 25℃。摇动试液杯使溶液均匀受热。

(2)把复合电极插入 pH 值接近中性的标准缓冲溶液(如混合磷酸盐标准缓冲溶液)中,按下"标定"按钮,使仪器的指示值为该缓冲溶液相应温度下的 pH 值。

(3)根据待测溶液的酸碱性选择另一种标准缓冲溶液(可先用 pH 试纸测量待测溶液的近似 pH 值。如待测溶液呈酸性,选用邻苯二甲酸氢钾标准缓冲溶液;如待测溶液呈碱性,则选用硼砂标准缓冲溶液)。用蒸馏水清洗电极,并用滤纸吸干,把电极插入另一种缓冲溶液中,按下“标定”按钮,使仪器的指示值为该缓冲溶液相应温度下对应的 pH 值。完成标定。

3. 电极系数的测定

(1)仪器工作状态选择“mV”挡。

(2)用蒸馏水清洗电极球泡,并用滤纸吸干。

(3)按照以上 3 种标准缓冲溶液 pH 值由低至高的顺序,把复合电极依次插入被测溶液内,摇动试液杯使溶液均匀后即可读出相应的电极电位,并自动显示正负极性。

绘制 E—pH 曲线,计算曲线的斜率,即为该复合电极的电极系数,以此判断该电极的性能。

4. 玻璃电极响应斜率和溶液 pH 值的测定

(1)玻璃电极响应斜率的测定:作 E—pH 图,求出直线斜率即为该玻璃电极的响应斜率。若偏离 $59mV \cdot pH^{-1}$(25℃)太多,则该电极不能使用。

(2)溶液 pH 值的测定:如电极经过性能测试证明稳定可靠,则可用于 pH 值的测定。测定时将装有被测溶液的玻璃杯放入恒温水浴,待温度稳定后,清洗电极球泡,用滤纸吸干;把电极插入被测溶液内,摇动试液杯使溶液均匀,仪器的稳定显示数值即为待测试液的 pH 值。每次测量后,需用蒸馏水清洗电极,再进行下一个溶液的测量。测定完毕将玻璃电极浸泡于饱和 KCl 溶液中保存。数据记录与处理见表 8.1。

表 8.1　溶液 pH 值的测定

待测液	pH 值
自来水样	
碳酸饮料	
果汁饮料	

五、注意事项

(1)新玻璃电极或长期干储存的电极在使用前应在 pH 浸泡液中浸泡 24h;玻璃电极在长期不用时,需将电极浸泡于饱和 KCl 溶液中,这对改善电极响应时间和延长电极寿命是非常有利的。

(2)对使用频繁的酸度计一般在 48h 内不需再次校准。如遇到下列情况之,仪器需要重新校准:

①待测溶液温度与标定温度有较大的差异。

②电极在空气中暴露过久,如半小时以上。

③定位或斜率调节器被误动。

④测量强酸(pH <2)或强碱(pH >12)的溶液后。

⑤更换电极。

⑥当所测溶液的 pH 值不在两点定标时所选溶液之间,且距 pH =7 又较远时。

(3)玻璃电极的球泡的玻璃很薄,因此勿与硬物相碰,否则容易破损。

(4)使用复合电极时,必须注意内参比电极与球泡之间及内参比电极与陶瓷芯之间有无气泡。如果有气泡,则必须除掉气泡,以使溶液连通并保持一定的液压差。

六、思考题

(1)在测量未知溶液的 pH 值时,为什么应尽量选 pH 值与它相近的标准缓冲溶液来校正酸度计?

(2)如果计算出的琉璃电极的实际响应斜率大于或小于理论值,对测量结果将有怎样的影响?

(3)测量 pH 值时,标定的作用是什么?

实验二　标准加入法测定牙膏中氟离子含量

一、实验目的

(1)理解直接电位法的测定原理及实验方法。

(2)学会正确使用氟离子选择性电极和酸度计。

(3)了解氟离子选择性电极的基本性能及测定方法。

二、实验原理

氟离子选择性电极是以氟化镧单晶片为敏感膜的电极,该电极对溶液中的氟离子具有良好的选择性。氟电极与饱和甘汞电极组成的电池可表示为

$$Hg | Hg_2Cl_2, KCl(饱和) || 试液 | LaF_3 膜 | NaF, NaCl, AgCl | Ag$$

电池电动势为

$$E_{电池} = E_F - E_{SCE} = k - \frac{RT}{F}\ln a(F,外) - E_{SCE}$$

$$= K - \frac{RT}{F}\ln a(F,外) = K - 0.059\lg a(F,外) \tag{8.8}$$

式中,0.059 为 25℃时电极的理论响应斜率。

氟离子选择性电极测量的是溶液中离子活度,而通常定量分析需要测量的是离子浓度,所

以必须控制试液的离子强度。如果测量试液的离子强度维持一定，则上述方程可表示为

$$E_{电池}=K-0.059\lg c_{F^-} \tag{8.9}$$

式中，c_{F^-}为氟离子浓度。用氟离子选择性电极测量F^-浓度最适宜 pH 范围为5.5~6.5。pH 值过低，易形成 HF 或HF_{2^-}影响F^-的活度；pH 值过高，易引起单晶膜中La^{3+}水解，形成$La(OH)_3$，影响电极的响应。故通常用 pH=6 的柠檬酸盐缓冲溶液来控制溶液的 pH 值。柠檬酸盐还可消除Al^{3+}、Fe^{3+}(生成稳定的络合物)的干扰。

使用总离子强度调节缓冲剂(TISAB)，既能控制溶液的离子强度，又能控制溶液的 pH 值，还可消除Al^{3+}、Fe^{3+}对测定的干扰。TISAB 的组成要视被测溶液的成分及被测离子的浓度而定。

三、仪器与试剂

1. 仪器

pHS-3E 型酸度计；氟离子选择性电极；饱和甘汞电极；电磁搅拌器。

2. 试剂

(1)1.0g·L^{-1}氟离子的标准溶液液：称取一定量的 NaF(分析纯试剂，烘干1~2h，温度110℃左右)于烧杯中，用去离子水溶解，定量转入250mL 塑料容量瓶中，用水稀释至刻度，备用。

(2)总离子强度缓冲溶液：称取58gNaCl、12g 柠檬酸钠($Na_3C_6H_5O_7·2H_2O$)溶于800mL 去离子水中，加57mL 冰醋酸，用500g·L^{-1}NaOH 调节 pH=5.0~5.5，冷至室温，用去离子水稀释至1000mL。

(3)牙膏样品(含游离氟离子)。

四、实验步骤

1. 酸度计预热及氟离子选择性电极的活化准备

接通仪器电源，预热30min，氟电极接仪器螺旋接口，饱和甘汞电极接仪器负极接线柱。将两电极插入蒸馏水中，开动搅拌器，使电位小于电极的本底值，若读数大于电极的本底值，则更换蒸馏水，如此反复几次即可达到电极的空白值。若仍不能使电位小于电极的本底值，可用金相砂纸轻轻擦拭氟电极，继续清洗至低于电极的本底值。

2. 牙膏溶液的配制

准确称取2g 牙膏于小烧杯中，用少量去离子水溶解(若有碳酸钙类摩擦剂等不溶物，可滴加少量盐酸溶解沉淀物)，然后定量转入100mL 容量瓶中，用水稀释至刻度，备用。

3. 样品溶液的测定(标准加入法)

吸取配制好的牙膏溶液10.00mL 于25mL 容量瓶中，加5mL TISAB 溶液，用水稀释至刻

度，把溶液全部转入塑料杯中，测定电位值，记录水样电位值(E_1)。然后加入0.20mL 1.0g·L^{-1}氟离子标准溶液，同样条件下测出加入标准溶液混匀后溶液的电位值为E_2，计算出其差值$\Delta E = |E_1 - E_2|$。

4.电极斜率的测定

从上述测定E_2的溶液中移取2.50mL于25mL容量瓶中，加5mL TISAB溶液，用水稀释至刻度，把溶液全部转入塑料杯中，测定稀释后溶液的电位值为E_3。根据下式计算电极实际斜率S：

$$S = (E_3 - E_2)/\lg 10 = E_3 - E_2 \tag{8.10}$$

五、结果处理

将标准加入法所得ΔE和实际测定的电极响应斜率S代入下述方程即可求得氟离子浓度：

$$c_{F^-} = \frac{c_s V_s}{V_x + V_s}(10^{\Delta E/S} - 1)^{-1} \tag{8.11}$$

式中，c_s、V_s分别为标准溶液的浓度和体积，c_{F^-}、V_x分别为试液的氟离子浓度和体积。计算牙膏溶液中氟离子浓度，换算牙膏中氟离子百分含量，与标示量相比较。

六、注意事项

(1)本实验用水均为超纯水。

(2)测量空白溶液的电位时，将电极在溶液中放置5min左右，使其适应缓冲溶液体系。

(3)测量时浓度应由稀至浓，绘制标准曲线时测定一系列标准溶液后，应将电极清洗至原空白电位值，然后再测定未知试液的电位值。

(4)测定过程中搅拌溶液的速率应该恒定，电极不要碰到搅拌子，不要有气泡，避免放在漩涡中心。

七、思考题

(1)氟离子选择性电极在使用时应注意哪些问题？

(2)为什么要清洗氟电极并使其响应电位值负于电极的本底值？

(3)柠檬酸缓冲溶液在测定溶液中起到哪些作用？

实验三　电位滴定法测定自来水中氯离子含量

一、实验目的

(1)掌握电位滴定法的原理及方法。

(2)学会用自动电位滴定仪进行水中氯离子含量的测定。

二、实验原理

电位滴定法是在滴定过程中通过测量电位变化来确定滴定终点的方法,与电位测定法相比,电位滴定法不需要准确地测量电极电位值,因此,温度、液体接界电位的影响并不大,其准确度优于电位测定法。普通滴定法依靠指示剂的颜色变化来指示滴定终点,如果待测溶液有颜色或浑浊,终点的指示就比较困难,或者根本找不到合适的指示剂。电位滴定法靠电极电位的突跃来指示滴定终点。在滴定到达终点前后时,滴液中的待测离子浓度往往连续变化多个数量级,引起电位的突跃,被测成分的含量仍然通过消耗滴定剂的量来计算。

通过使用不同的指示电极,电位滴定法可以进行酸碱滴定、氧化还原滴定、络合滴定和沉淀滴定。酸碱滴定时使用玻璃电极为指示电极。在氧化还原滴定中,可以用铂电极作指示电极。在络合滴定中,若用 EDTA 作滴定剂,可以用汞电极作指示电极。在沉淀滴定中,若用硝酸银滴定卤素离子,可以用银电极作指示电极。在滴定过程中,随着滴定剂的不断加入,电极电位不断发生变化,电极电位发生突跃,说明滴定到达终点。用微分曲线比普通滴定曲线更容易确定滴定终点。

用硝酸银溶液滴定氯离子时,发生下列反应:

$$Ag^{+} + Cl^{-} = AgCl\downarrow$$

电位滴定时可选用对氯离子或银离子有响应的电极作指示电极。本实验以银电极作指示电极,用带硝酸钠盐桥的饱和甘汞电极作参比电极。由于银电极的电位与银离子浓度有关,在一定温度时为

$$\varphi = \varphi\theta + \frac{RT}{nF}\ln\alpha_{Ag^{+}} \tag{8.12}$$

随着滴定的进行,银离子浓度逐渐改变,原电池的电动势也随之变化。进行电位滴定时,在被测溶液中插入一个参比电极和一个指示电极组成一个工作电池。随着滴定剂的加入,由于发生化学反应,被测离子浓度不断变化,指示电极的电位也相应变化,在等当点附近发生电位的突跃。因此通过测量工作电池电动势的变化,可确定滴定终点。使用自动电位滴定仪,在滴定过程中可以自动绘出滴定曲线,自动找出滴定终点,自动给出体积,快捷方便。

本实验采用 ZDJ－4A 型自动电位滴定仪测定水中氯离子的含量。ZDJ－4A 型自动电位

滴定仪的基本结构如图 8.3 所示,它可以进行电压测量和 pH 值测量。

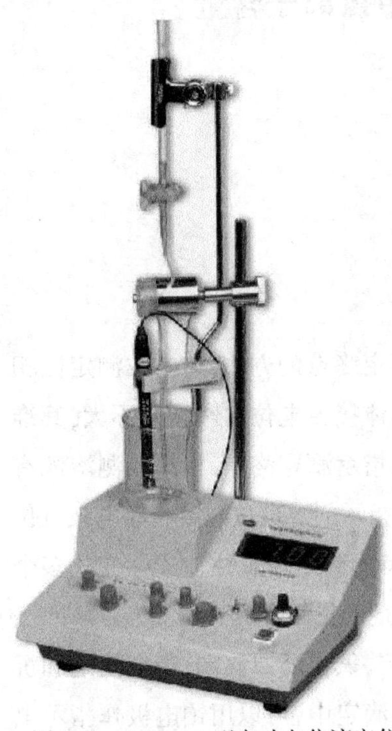

图 8.3 ZDJ - 4A 型自动电位滴定仪

1. 电压测量

仪器开机,即进入电压或 pH 值测量状态。按“mV/pH”键,仪器可切换到电压或 pH 值测量状态。在仪器不接电极(电极接口 1 和 2 全部用短路接头短路)时,仪器显示应在 0mV 左右。

2. pH 值测量

在 pH 值测量状态下,连接好 pH 电极,按“设置”键,设置好电极接口(注意:pH 电极在第一次使用时需进行电极标定,否则影响 pH 值测量和 pH 值滴定。按“标定”键即可进行 pH 值的一点或两点标定,建议用两点标定,标定后即可进行 pH 值测量。仪器有存储功能,标定数据关机后数据不会丢失)。

3. 反应电极和滴定剂的选择

由于化学反应种类繁多,对不同反应选择不同的离子选择性电极。表 8.2 列出了常见的化学反应应选择的电极和滴定剂。

表 8.2 常见的化学反应电极和滴定剂

选用滴定剂	选用电极	滴定类型
水溶液酸碱滴定	E - 201 - C9	强酸或强碱
高氯酸非水滴定	231 - 01 型玻璃电极和 212 - 01 型参比电极	高氯酸 冰醋酸
沉淀滴定(Cl^-)	216 - 01 型银电极和 217 型参比电极	硝酸银
氧化还原滴定(Fe^{2+})	213(01)型铂电极和 212(01)参比电极	重铬酸钾
络合滴定(Ca^{2+})	PCa - 1 型钙电极和 212(01)型参比电极	EDTA 二钠

4. 滴定过程

对任何一个滴定反应,其大致过程为:

(1)准备好电极,安装好仪器和样品;

(2)用滴定剂反复冲洗滴定管,使溶液充满整个滴定管道[“F1”(清洗)键];

(3)参数设定:电极接口、滴定管、滴定管参数、打印机[用“设置”(Setup)键设置];

(4)搅拌速度:按“搅拌”键设置;

(5)预滴定:找到终点,生成模式;

(6)模式滴定。

注意:也可用预滴定模式一直进行滴定分析。

三、仪器与试剂

1. 仪器

ZDJ-4A 型自动电位滴定仪;216-01 型银电极;217 型参比电极;10mL 移液管;100mL 量筒;100mL 烧杯。

2. 试剂

硝酸银(分析纯);氯化钾(分析纯);氯化钠(分析纯);水样。

四、实验步骤

1. 准备工作

开机,按“F1”(清洗)键,按“▲”或“▼”键选择清洗次数后,再按“F2”(确认)键,用 $0.1mol \cdot L^{-1}$ 硝酸银溶液反复冲洗滴定管,使溶液充满整个滴定管道。

2. 选用电极

选用 216-01 型银电极及 217 型参比电极。217 型参比电极外套装 $3mol \cdot L^{-1}$ 氯化钾溶液。

3. 溶液的配制

(1)$0.1mol \cdot L^{-1}$ 硝酸银溶液的配制:准确称取 16.987g 分析纯的硝酸银,溶于水中,移入 1000mL 容量瓶中,并用水稀释至刻度,摇匀,溶液保存在棕色瓶中。

(2)$0.1mol \cdot L^{-1}$ 氯化钠溶液的配制:准确称取 5.8440g 分析纯的氯化钠,溶于水中,移入 1000mL 容量瓶中,并用水稀释至刻度,摇匀。

(3)$3mol \cdot L^{-1}$ 氯化钾溶液的配制:准确称取 22.3650g 分析纯的氯化钾,溶于水中,移入 100mL 容量瓶中,并用水稀释至刻度,摇匀。

4. 滴定管的选择

选用 10mL 或 20mL 滴定管。

5. 分析步骤

(1)按“设置”(Setup)键设置好电极插口位置、滴定管及滴定管系数。

(2)准备样品。用移液管吸取 10mL 的 $0.1mol \cdot L^{-1}$ 氯化钠溶液于反应瓶中,加入 40mL 去离子水,加入搅拌子,放在搅拌器上,将电极及滴液管插入溶液。

(3)模式生成(预滴定)。在开机状态下,按“设置”(Setup)键设置好电极插口位置、滴定管及滴定管系数。按“搅拌”(Stirer)键,再按“▲”或“▼”键选择设置好合适的搅拌速度(或用“F2”键直接输入数字搅拌速度),按“FI”(确认)键退出搅拌速度设定。按“F3”(滴定)键,仪器显示“滴定模式”状态,按“▲”或“▼”键选择“预滴定”,按“F2”(确认)键。再按“▲”或“▼”键选择“mV”,按“F2”(确认)键,仪器自动进行预滴定,滴定终点时仪器自动长声提示,按“F1”(终止)键,再按“F2”(确认)键,终止滴定。仪器自动补充滴定液,结束后显示终点结果。按“退出”键结束本次分析。

(4)滴定分析。预滴定结束后,用去离子水反复清洗滴定管外壁。用移液管吸取 10mL 氯化钠溶液于反应瓶中,加入 40mL 去离子水,加入搅拌子,放在搅拌器上,将电极及滴液管插入溶液。在开机状态下,按“设置”(Setup)键设置好电极插口位置、滴定管及滴定管系数。按“搅拌”(Stirrer)键,再按“▲”或“▼”键选择设置好合适的搅拌速度(或用“F2”键直接输入数字搅拌速度),按“F1”(确认)键退出搅拌速度设定。按“F3”(滴定)键,仪器显示“滴定模式”状态,按“▲”或“▼”键选择“重复上次滴定”,按“F2”(确认)键。再按“▲”或“▼”键选择“mV”,按“F2”(确认)键,仪器自动进行滴定,滴定终点时仪器自动长声提示,按“F1”(终止)键,再按“F2”(确认)键,终止滴定。仪器自动补充滴定液,结束后显示终点结果。按“退出”键结束本次分析。重复三次,计算硝酸银溶液的浓度。

滴定结束后,用去离子水反复清洗滴定管外壁。用移液管吸取 10mL 水样于反应瓶中,加入 40mL 去离子水,加入搅拌子,放在搅拌器上,将电极及滴液管插入溶液。重复上述步骤三次。

根据滴定终点所消耗的硝酸银溶液的体积,计算水样中氯离子的浓度(以 $mol \cdot L^{-1}$ 表示)。

五、思考题

(1)用硝酸银滴定氯离子时,是否可以用碘化银电极作指示电极?

(2)与化学分析中的容量分析法相比,电位滴定法有何特点?

实验四　氯离子选择性电极性能的测试

一、实验目的

(1)了解离子选择性电极性能的主要评价指标。

(2)掌握选择性系数的测定方法。

二、实验原理

离子选择性电极是一种电化学传感器,它对特定的离子有电位响应。但任何一支离子选择性电极不可能只对某种特定离子有响应,对其他某些离子也会有响应,若把氯离子选择性电极浸入含有 Br^- 的溶液,也会产生膜电位。当 Cl^- 和 NO_3^- 共存于溶液中时,NO_3^- 存在必然会对 Cl^- 的测定产生干扰。为了表明共存离子对电位的“贡献”,可用一个扩展的能斯特公式描述:

$$E = K - \frac{2.303RT}{nF}\lg(\alpha_i + K_{ij}\alpha_j^{n/b}) \tag{8.13}$$

式中,i 为被测离子;j 为干扰离子;n、b 分别为被测离子和干扰离子的电荷数;K_{ij} 为电位选择系数。

从式(8.13)可以看出,电位选择系数越小,电极对被测离子的选择性越好。

K_{ij} 可以用分别溶液法或混合溶液法测定,本实验采用分别溶液法测定。

当被测离子和干扰离子的电荷数相等时,测定 K_{ij} 最简单的方法是分别溶液法。就是分别测定在具有相同活度的离子 i 和 j 这两个溶液中该离子选择性电极的电位 E_1 和 E_2,则:

$$E_1 = E_0 \pm \frac{RT}{nF}\ln(\alpha_i + 0) \tag{8.14}$$

$$E_2 = E_0 \pm \frac{RT}{nF}\ln(0 + K_{ij}\alpha_j) \tag{8.15}$$

$$\Delta E = E_1 - E_2 = \pm \frac{RT}{nF}\ln K_{ij} \tag{8.16}$$

对于阴离子选择性电极:

$$\ln K_{ij} = \frac{(E_1 - E_2)nF}{RT} \tag{8.17}$$

三、仪器与试剂

1. 仪器

pHS－3E 型酸度计;磁力搅拌器;氯离子选择性电极和217型双盐桥饱和甘汞电极。

氯离子选择性电极敏感膜由 Ag_2S—AgCl 粉末混合压片制成。它是无内参比溶液的全固态型电极,电荷由膜内电荷数最少、半径最小的 Ag^+ 传导。当把氯离子选择性电极浸入含有 Cl^- 溶液时,它可将溶液中 Cl^- 活度转变成电信号。由于饱和氯化钾甘汞电极中有 Cl^- 存在,电极内的 Cl^- 可通过陶瓷芯多孔物质向溶液中扩散,影响 Cl^- 的测定,所以应该使用双盐桥饱和甘汞电极。

2. 试剂

0.1000mol·L^{-1} NaCl 标准溶液;0.100mol·L^{-1} $NaNO_3$ 标准溶液。

四、实验步骤

(1)按 pHS－3C 型酸度计操作步骤调试仪器,选择“mV”键,检查217型甘汞电极是否充满 KCl 溶液，若未充满，应补充饱和 KCl 溶液，并排除其中的气泡。（若长时间测定，使用外接盐桥套管，在套管中放置 KNO_3溶液，并用皮筋将套管连接在甘汞电极上）。

（2）将氯离子选择性电极、甘汞电极与 pHS－3C 型酸度计连好（217 型饱和甘汞电极接“正”，氯离子选择性电极接“负”，即玻璃电极插孔），把电极浸入蒸馏水中，将电极洗至空白电位。

（3）准确吸取适量的氯离子标准溶液于 50mL 容量瓶中，以配制 $1.00\times10^{-4}mol\cdot L^{-1}$、$1.00\times10^{-3}mol\cdot L^{-1}$、$5.00\times10^{-3}mol\cdot L^{-1}$、$1.00\times10^{-2}mol\cdot L^{-1}$、$5.00\times10^{-2}mol\cdot L^{-1}$和 $1.00\times10^{-1}mol\cdot L^{-1}$ NaCl 的系列标准溶液，各加入 5.00mL $1.00\times10^{-2}mol\cdot L^{-1}$ NO_3^-标准溶液，15mL TISAB 溶液，用水稀释至刻度，摇匀。从低浓度至高浓度分别测量电位值

（4）分别溶液法：配制 $0.01mol\cdot L^{-1}$的 KCl 和 $0.01mol\cdot L^{-1}$的 KNO_3溶液各 100mL，分别测定其电位值。按照等活度法求选择性系数值大小。

五、结果处理

以电位 E 值为纵坐标、$\lg c_{Cl^-}$为横坐标作图，延长曲线中两段直线部分，得一交点，并从交点处求得 c_{Cl^-}的值，根据公式计算氯离子选择性电极对 NO_3^-的电位选择系数。

六、思考题

（1）评价离子选择性电极的性能有哪些特性参数？

（2）本实验中为什么要选用双盐桥饱和甘汞电极？

（3）简述分别溶液法求选择性系数的过程。

第9章 库仑分析法

9.1 基础知识

9.1.1 库仑分析的原理

从理论上讲,库仑分析法可以按以下两种方式进行:

(1)直接法。直接法以恒定电流进行电解,被测定物质直接在电极上起反应,测量电解完全时所消耗的时间,再由法拉第定律计算分析结果。

(2)间接法(库仑滴定法)。在试液中加入适当的辅助剂后,以一定强度的恒定电流进行电解,由电极反应产生一种“滴定剂”。该滴定剂与被测物质发生定量反应。当被测物质作用完后,用适当的方法指示终点并立即停止电解。可由电解进行的时间及电流强度按法拉第定律计算被测物的量。

一般都按第二种方式进行库仑分析,因为第一种方式很难保证电极反应专一和电流效率为100%。

9.1.2 库仑仪使用注意事项

(1)严格按照说明书开启与关闭仪器。

(2)应保持仪器清洁,防止灰尘进入仪器内部,导致短路。

(3)电解仪的两电极工作时,一定要处于同心圆位置,防止短路引起铂电极损坏。

(4)库仑仪的发生电极对应相对隔离。隔离辅助电极与电解液所用的半透膜在使用时应按规定装好,不用时应浸泡在电解液或蒸馏水中,防止失效。

(5)注意防潮。潮湿空气易使元件表面电阻下降,甚至使元件发霉。仪器应放置在通风、干燥的地方,定期更换防潮硅胶袋。

(6)在经常不使用的情况下,应每月开动仪器一次数小时,以驱潮,同时检查仪器性能。另外,仪器内的电解电容也需要经常施加工作电压。

(7)对于机械活动部分,要经常用无水乙醇或丙酮擦拭除垢。如出现故障,应按照仪器说明书逐步检查,不得乱拧乱蔽,防止损坏仪器。

(8)铂电极应保持清洁,不得用手触摸。有油渍时,可用软布或海绵轻轻擦除。有油污或有机物时,可放在沸腾的稀硝酸中浸泡或放入铬酸钾饱和的浓硫酸溶液中浸洗。然后顺次用自来水、蒸馏水、丙酮或乙醇清洗。铂电极不能在王水或高锰酸钾、铬酸钾、二氧化锰等氧化剂与盐酸的混合液中浸渍,否则会使电极受到化学腐蚀而损坏。不能在高浓度氯化物溶液中使用铂电极作阳极电解,否则阳极析出的氯气会氧化铂电极。但如果加入极化剂肼,则能有效防止氯的析出,而保持电极不受损坏。

9.2 实　验

实验一　库仑分析法测定微量砷

一、实验目的

(1)学习掌握库仑分析法的基本原理。

(2)学会库仑仪的使用。

(3)掌握用库仑分析法测定微量砷的实验方法。

二、实验原理

库仑分析法是以电解产生的物质作为“滴定剂”来滴定被测物质的一种分析方法。在分析时,以100%的电流效率产生一种物质(滴定剂),它能与被分析物质进行定量的化学反应,反应的终点可借助指示剂、电位法、电流法等进行确定。这种分析方法所需的滴定剂不是由滴定管加入的,而是借助电解方法产生出来的,滴定剂的量与电解所消耗的电量(库仑数)成正比,所以称为“库仑分析法”。

本实验利用恒电流电解 KI 溶液产生滴定剂 I_2 来测定微量砷。电解池工作电极的反应为

Pt 阳极:　$2I^- \longrightarrow I_2 + 2e$

Pt 阴极:　$2H_2O + 2e \longrightarrow H_2\uparrow + 2OH^-$

库仑分析法根据电解过程中所消耗的电量来求被测物的浓度或含量,它的理论依据是法拉第定律:

$$m_s = \frac{QM}{nF} = \frac{ItM}{nF} \tag{9.1}$$

式中,m_s为被测物的含量;Q 为所消耗的电量;M 为被测物的摩尔质量(本实验中的摩尔质量为 $74.92g \cdot mol^{-1}$);n 为发生氧化反应消耗的电子数;F 为法拉第常数,$F = 96487C \cdot mol^{-1}$;$I$ 为电解电流;t 为电解时间。

被测物的浓度为

$$c = \frac{m_s}{MV} = \frac{Q}{nFV} \tag{9.2}$$

式中 V 为被测物的体积。

本实验中的反应方程式如下：

$$H_2AsO_3^- + I_3^- + H_2O = HAsO_4^{2-} + 3I^- + 3H^+$$

As 是被测物，此反应要求 pH 值为 5～9；$3I^-$ 是“滴定剂”，在恒电流的情况下于双 Pt 片阳极上由 KI 氧化产生：$3I^- = I_3^- + 2e$。铂丝阴极置于烧结玻璃管内，以保持 100% 的电流效率：$2H^+ + 2e = H_2$。pH >9 时，I_3^- 发生歧化反应，为了使电解产生碘的效率达 100%，要求电解液的 pH <9。为此，实验中采用磷酸盐缓冲液维持电解液的 pH 值为 7～8。

终点利用两个铂片电极作为指示系统，以电流上升法检测（也可用淀粉指示剂），即在电解池中插入一对铂片电极作指示电极，加上一个很小的直流电压（一般为几十毫伏至一二百毫伏）。在整个滴定期间，电解产生的 I_3^- 被 As(Ⅲ) 所消耗，由于 As(Ⅴ)/As(Ⅲ) 电对的不可逆性，在滴定终点前，在指示系统该电对不发生氧化还原反应，没有电流流过；当 As(Ⅲ) 全部被氧化成 As(Ⅴ) 后，产生过量的 I_3^-；I_3^- 可以在负极还原，I^- 在正极氧化，由于有氧化还原反应发生，在指示电极上发生如下可逆电极反应：

阳极：$$3I^- \longrightarrow I_3^- + 2e$$

阴极：$$I_3^- + 2e \longrightarrow H_2\uparrow + 3I^-$$

因而就有电流通过指示系统，电流明显增大，这可由串联的检流计显示出来，指示终点到达。

三、仪器与试剂

1. 仪器

库仑仪[直流稳压电源（1～30mV）；线绕电阻、甲电池 1 个、电键、毫伏表（mV）、毫安表（mA）、库仑池、检流计、秒表、电位器]；磁力搅拌器。

2. 试剂

(1) As(Ⅲ) 溶液：称取 0.660g 的 As_2O_3（分析纯，预先在硫酸保干器中干燥 48h）放入 100mL 烧杯中，加少量水润湿，加入 0.5mol·L^{-1} NaOH 溶液 5～10mL，搅拌使其溶解，加入 40～50mL 水，用 1mol·L^{-1} H_3PO_4，溶液调节 pH 值至 7.0，转移至 100mL 容量瓶中，用水稀释至刻线，摇匀备用。此溶液含 5.00mg·mL^{-1} 的 As(Ⅲ)，使用时需进一步稀释至500μg·mL^{-1}。

(2) 0.2mol·L^{-1}KI：将称取大约 3g KI，溶解于 100mL 水中，加入 0.01g Na_2CO_3 以防止空气的氧化作用，保存于棕色瓶中。

(3) 0.2mol·L^{-1} 磷酸盐缓冲液：将 7.8g $NaH_2PO_4 \cdot 2H_2O$ 和 1g NaOH 溶于 250mL 水中，溶液的 pH 值约为 8.0。

(4) 淀粉溶液：0.5%（新配制）。

四、实验步骤

(1)按照图9.1准备好实验装置,把隔离阴极接到电解系统的负极,把双铂片电极接到电解系统的正极;把两个铂片电极分别接到指示系统(即测量系统)的正极、负极。将25mL KI、25mL磷酸盐缓冲液和1.00mL As(Ⅲ)试液加到库仑池中,用磷酸盐缓冲液充满隔离阴极的管子。合上开关K_2,接通指示终点电路,调节电位器,使伏安表上的电压值为100mV左右,调节检流计上的调零旋钮,使检流计的指针在零附近。

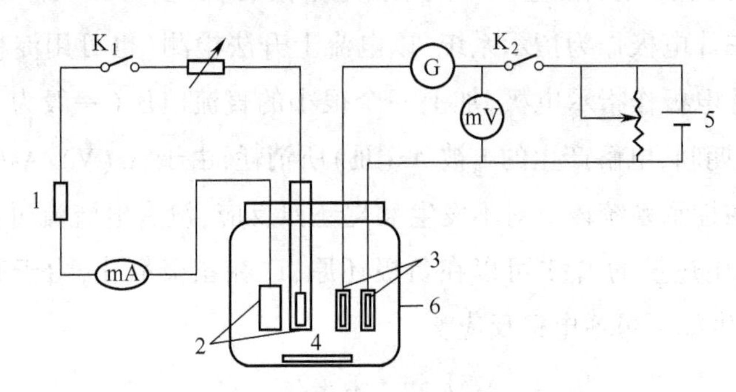

图9.1 库仑分析法的实验装置

1—直流稳压电源;2—工作电极;3—指示电极;

4—搅拌磁子;5—甲电池;6—库仑池

(2)打开磁力搅拌器,将电解电路开关K_1合上,调节线绕电阻,使电解电流在10mA左右。电解进行至检流计指针迅速漂移为止,断开K_1、K_2及搅拌器开关。

(3)在库仑池中再加入1.00mL As(Ⅲ)试液,打开磁力搅拌器,先合上开关K_2,再合上开关K_1,同时开启秒表计时,准确记下电解电流(毫伏数,精确到小数点后两位),电解进行至检流计迅速漂移为止(约达到20μA)。断开K_1,同时停止秒表计时,断开K_2,记下电解时间。

(4)再向电解池中加入1.00mL试液,再次电解。重复实验3~4次,直至电量相差小于10mC,已取得平行的实验结果。

(5)按式(9.1)计算As(Ⅲ)的含量,以$\mu g \cdot mL^{-1}$表示并与加入As(Ⅲ)溶液的标准值比较。

五、思考题

(1)库仑分析法的原理是什么?

(2)库仑分析法的前提条件是什么?

(3)库仑分析法根据什么公式进行定量计算?

(3)写出库仑滴定反应及各电极上的电极反应式。

实验二　库仑滴定法测定硫代硫酸钠的浓度

一、实验目的

(1)掌握库仑滴定法的原理及永停终点法指示滴定终点的方法。

(2)学会应用法拉第定律求算未知物浓度。

二、实验原理

在酸性介质中,0.1mol·L^{-1}KI 在 Pt 阳极上电解产生“滴定剂”I_2滴定 $S_2O_3^{2-}$,滴定反应如下:

$$I_2 + 2S_2O_3^{2-} \rightleftharpoons S_4O_6^{2-} + 2I^-$$

用永停终点法指示终点。根据法拉第定律,由电解时间和通入的电流计算 $Na_2S_2O_3$浓度。

三、仪器与试剂

1. 仪器

自制恒电流库仑滴定装置或商品库仑计;Pt 电极 4 支(约 0.3cm×0.6cm)。

2. 试剂

0.1mol·L^{-1}KI 溶液(称取 1.7gKI 溶于 100mL 蒸馏水中待用);未知 $Na_2S_2O_3$溶液。

四、实验步骤

按图 9.2 所示连接线路,Pt 工作电极接恒电流源的正极,Pt 辅助电极接负极并将其装在玻璃套管中。电解池中加入 5mL 0.1mol·L^{-1}KI 溶液,放入搅拌磁子插入 4 支 Pt 电极,并加入适量蒸馏水使电极刚好浸没,玻璃套管中也加入适量 KI 溶液。用永停终点法指示终点,并调节加在 Pt 指示电极上的直流电压 50～100mV。开启库仑滴定计恒电流源开关,调节电解电流为 1.00mA,此时 Pt 工作电极上有 I_2产生,回路中有电流显示(若使用检流计则其光点开始偏转),此时应立即用滴管滴加几滴稀 $Na_2S_2O_3$溶液,使电流回至原值(或检流计光点回至原点)并迅速关闭恒电流源开关。这一步称为预滴定,可将 KI 溶液中的还原性杂质除去。仪器调节完毕,开始进行库仑滴定测定。

准确移取未知浓度 $Na_2S_2O_3$溶液 1.00mL 于上述电解池中,开启恒电流源开关,同时记录时间,库仑滴定开始,直至电流显示器上有微小电流变化(或检流计光点慢慢发生偏转),立即关闭恒电流源开关,同时记录电解时间,一次测定完成。然后进行第二次测定。重复测定三次。

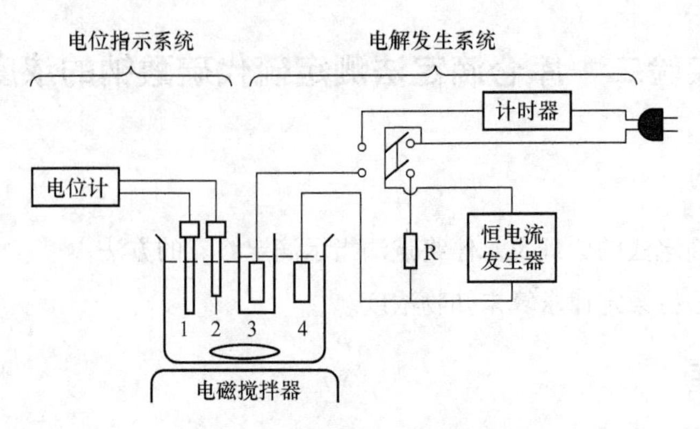

图 9.2　库仑滴定装置

1—参比电极;2—指示电极;3—Pt 辅助电极;4—Pt 工作电极

五、结果处理

(1)按下式计算 $Na_2S_2O_3$浓度(单位为 $mol \cdot L^{-1}$):

$$[Na_2S_2O_3] = \frac{it}{96485V} \tag{9.3}$$

式中,电流 i 的单位为 mA;电解时间 t 的单位为 s;试液体积 V 的单位为 mL。

(2)计算浓度的平均值和标准偏差。

六、注意事项

(1)电极的极性切勿接错,若接错必须仔细清洗电极。

(2)保护管中应放 KI 溶液,使 Pt 电极浸没。

(3)每次试液必须准确移取。

七、思考题

(1)试说明永停终点法指示终点的原理。

(2)写出 Pt 工作电极和 Pt 辅助电极上的反应。

(3)本实验中是将 Pt 阳极隔开还是 Pt 阴极隔开?为什么?

(4)为什么每次必须准确移取试液?

实验三　微库仑法测定石油蜡和石油脂中的硫含量

一、实验目的

(1)了解微库仑仪的结构及原理。

(2)掌握微库仑仪的操作,学习测定石油产品中硫含量的方法

二、实验原理

分析试样在裂解管气化段汽化并与载气混合进入燃烧段,在此与氧气混合并裂解氧化。硫转化为二氧化硫,随载气一起进入滴定池与电解液中的三碘离子反应:

$$I_3^- + SO_2 + H_2O \longrightarrow SO_3 + 3I^- + 2H^+$$

滴定池中三碘离子浓度降低,测量电极感知到偏压和“参考—测量”电极对之间电势变化,此信号输入微库仑仪放大器输出电压加到电解电极,电解阳极发生如下反应:

$$3I^- \longrightarrow I_3 + 2e^-$$

被消耗的三碘离子得到补充,消耗的电量就是电解电流对时间的积分,根据法拉第电解定律,该值相当于二氧化硫的总硫量,按回收率计算试样的硫含量。

三、仪器与试剂

1. 仪器

微库仑仪,记录仪,裂解炉,裂解管,滴定池,电磁搅拌器,气体流量计,微量注射器,铂金舟,天平(准确度十万分之一)。

2. 试剂

氧气,氮气,冰乙酸,碘化钾,叠氮化钠(NaN_3),碘(参考电极使用粒度为20目或小于20目的碘粒),蒸馏水(一次蒸馏水经活性炭和混合离子交换树脂处理或用石英蒸馏器二次蒸馏后使用),脱硫白油或脱硫液体石蜡(硫含量小于0.1×10^{-6},用其配制标准试样),硫化合物的基准试剂(可选用二苄基二硫化物,苯并噻吩等硫化合物)。

四、实验步骤

(1)实验准备。

①配制电解液:取0.5g碘化钾、0.6g叠氮化钠溶于500mL蒸馏水中,加入5mL冰乙酸稀释到1000mL,储存在棕色瓶中。

②配制硫的标准试样:配制时要考虑到标准试样浓度范围与分析试样硫含量相适应,相应地配制一系列不同浓度的标准试样。采用称取一定量脱硫白油及基准硫化物的方法,标准试样硫含量按下式计算:

$$S = \frac{gS \times 10^6}{g + G} \tag{9.4}$$

式中,g为基准硫化合物质量,g;S为基准硫化合物中硫含量,%;G为溶剂质量。

(2)石英裂解管的2号进样口,换上新的耐热硅橡胶垫。仔细地把石英裂解管安放在裂

解炉中，按要求连接氧气和氮气。调节气体流量及炉温，操作条件如下：裂解炉温度：入口段550～700℃，中心段900℃，出口段800～900℃；气体流量：反应气氧（O_2）90～100mL·min^{-1}；载气氮（N_2）100～110mL·min^{-1}。

（3）称样用铂金舟的预处理：从2号进样口将空铂金舟放入进样舟内，推进样舟入炉内5～8cm，停留20min左右。用推杆将进样舟移出炉外，停留在裂解管内备用。

（4）用电解液冲洗滴定池数次。假如参考电极和电解电极侧壁中有气泡，要仔细地排除。保持电解液面高出铂电极3～6mm。

（5）滴定池入口导管外侧应加绕电热带，以防止水蒸气冷凝。然后把滴定池放在搅拌器上。注意池底要放到搅拌器中心，滴定池入口球形磨口与裂解管出口连接，调至滴定池盖位置，使电解阳极铂片面对电解阴极侧。控制合适的搅拌速度很重要，最适合的速度是使电解液发生轻的旋涡。速度过快或不平稳，搅拌棒可能把电极铂片撞弯；速度过慢将延迟电解液的平衡过程而影响整个测试结果。

（6）接通电热带电源，调节电压达到所需温度。

（7）微库仑仪操作条件要根据硫含量大小，调整偏压在120～160mV之间，选择适当的放大倍数、量程和电阻值。在记录量程内得到不拖尾、不超调的峰形。

（8）检查铂金舟是否有空白峰值，推进样舟入炉内，进舟速度与测定试样的进样速度相同，在记录仪上显示不出峰，即可取出铂金舟放入称样瓶内备用，否则重新处理。

（9）选用一个与估计试样中硫含量近似的标准试样，进行标定实验，取三次测定平均值，回收率C按下式计算：

$$C = \frac{s_1}{s_2} \times 100 \tag{9.5}$$

式中，C为回收率，%；s_1为标准试样硫含量测定半均值，10^{-6}；s_2为标准试样硫含量配制值，10^{-6}。

（10）取量试样：根据试样硫含量不同，取样量范围如下（称量准确到0.01mg）。

试样含量，$\times10^{-6}$	<1	1～5	5～10	10～100	>100
取样量，mg（μL）	10～5	10～3	5～1	4～1	1左右

（11）进样速度与燃烧完全与否有密切关系，按三个阶段分别控制。从1号或2号进样口以10～12mm·s^{-1}的速度推动进样舟到裂解炉炉口，出峰后进样舟停留不动，待出峰至峰顶左右时为止；继续以1mm·s^{-1}的速度推动进样舟进入裂解炉内10～40cm处为止；推进深度随试样熔点增大而加深。每一个试样出峰完回到基线后将进样舟从炉内拉出放在炉口与2号进样口之间；待冷却后再做下一次测定。

未知试样的实验步骤与标准试样相同。

五、数据处理

按下式计算实验结果：

$$S = \frac{0.166 \times Q}{GC} \qquad (9.6)$$

式中，S 为试样总硫含量，10^{-6}；Q 为测定电量；G 为试样重量，mg；C 为回收率，%。

六、思考题

(1) 利用微库仑测定石油蜡和石油脂中的硫含量时要求分析试样中卤素含量不得大于10倍硫含量，氮含量不得大于10%？

(2) 在实验过程中假如参比电极和电解电极上有气泡没有排除掉，会对测定结果有什么影响？

第 10 章　伏安分析法

10.1　基 础 知 识

10.1.1　伏安分析法的原理

伏安分析法是一种特殊的电解方法。它以小面积、易极化的电极为工作电极，以大面积、不易极化的电极为参比电极组成电解池，电解被分析物质的稀溶液，由所测得的电流—电压特性曲线来进行定性和定量分析。以滴汞为工作电极的伏安分析法，称为极谱法，它是伏安分析法的特例。

伏安分析法的工作电极如下：

(1)汞电极：挤压式悬汞电极、挂吊式悬汞电极、汞膜电板(以石墨电极为基质，在其表面镀上一层汞得到)。

(2)其他固体电极：玻碳电极、铂电极和金电极等。

汞电极不适合在较正电位下工作，而固体电极则可以。

伏安分析法包含电解富集和电解溶出两个过程。首先是电解富集过程。它是将工作电极固定在产生极限电流电位进行电解，使被测物质富集在电极上。为了提高富集效果，可同时使电极旋转或搅拌溶液，以加快被测物质输送到电极表面。富集物质的量则与电极电位、电极面积、电解时间和搅拌速度等因素有关。

10.1.2　伏安分析仪器的基本组成

伏安分析实验是在电化学工作站(Electrochemical workstaion)进行的。电化学工作站是电化学测量系统的简称，是电化学研究和教学常用的测量设备，内含快速数字信号发生器、高速数据采集系统、电位电流信号滤波器、多级信号增益、IR 降补偿电路及恒电位仪、恒电流仪，可直接用于超微电极上的稳态电流测量。如果与微电流放大器及屏蔽箱连接，可测量 1pA 或更低的电流；如果与大电流放大器连接，电流范围可拓宽 ±100A。

电化学工作站可进行循环伏安法、计时电流法、计时电位法、交流阻抗法、交流伏安法、电流滴定法、电位滴定法等分析。工作站可以同时进行两电极、三电极及四电极的工作。四电极可用于液液界面电化学测量，对于大电流或低阻抗电解池(如电池)也十分重要，可消除由于电缆和接触电阻引起的测量误差。

电化学电池主要包括电极和电解液,以及连同的一个容器,通常也可能装有玻璃烧结物、隔板或隔膜来将阳极电解液与阴极电解液隔离开来。通常采用三个电板:确定被研究界面的工作电极、保持恒定参考电位的参比电极及提供电流的对电极(或辅助电极)。电池的设计必须由工作电极的反应性质决定。

氧气对伏安分析法的测量有很大影响。当气体和液体相接触时,一部分气体将溶进溶液。溶进气体的量与该气体的分压力、溶液的温度和种类有关。因此,电解液(包括非水溶剂)都不同程度地溶有一定量的空气。因为氮气是电化学惰性物质,所以溶进再多的氮气也不影响电化学反应。但是,氧气具有很强的电化学活性,即其本身容易被电解还原生成过氧化物或水。

一般使用高纯度的干燥氮气或氩气等作为鼓泡的气体。氩气的优点是比空气重,不易从电解池中逃逸出来,有利于在溶液上方形成保护气氛。而氮气较轻,但价格比氩气便宜。往电解液中鼓泡的时间与电解液的量、氮气的通气量、导入气体的口径的形状有关,一般为10 ~ 15min。

测定静置状态下的电流电位曲线时(如循环伏安法),一旦把溶解氧除去后,就必须停止向电解液中进行氮气鼓泡。在停止鼓泡期间,要尽量避免空气(氧气)再进入电解液中。应在电解液上面用氮气封住。有时也采用把电解池与附件整体放入装满氮气的箱中进行实验的方法。

10.1.3　电化学测试体系的检查及注意事项

图10.1为电化学测试体系检查的一般程序,当测量系统发生问题时,可以参考此程序寻找问题所在。

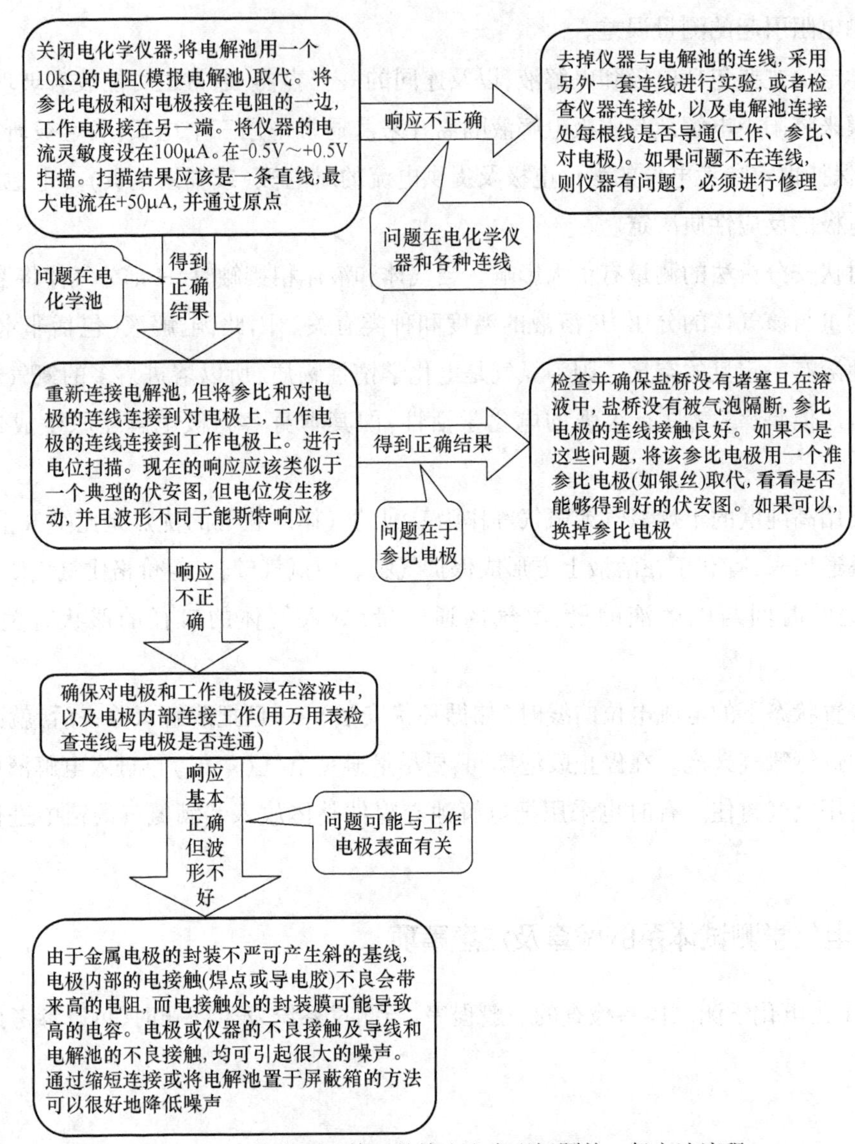

图 10.1　电化学测试体系的检查和发现问题的一般方法流程

10.2　实　　验

实验一　循环伏安法测定电极反应参数

一、实验目的

(1)学习循环伏安法测定电极反应参数的基本原理。

(2)熟悉循环伏安法测量的实验技术。

二、基本原理

循环伏安法将循环电压施加于工作电极和参比电极之间，记录工作电极上得到的电流与施加的电压之间的关系曲线。这种方法也常被称为三角波线性电位扫描方法。当工作电极被施加的扫描电压激发时，其上将产生响应电流。以该电流对电位作图，称为循环伏安图。典型的循环伏安图如图10.2所示。该图是在1.0mol·L^{-1} KNO_3电解质溶液中，6×10^{-3}mol·L^{-1} $K_3Fe(CN)_6$在Pt工作电极上的反应所得到的结果。

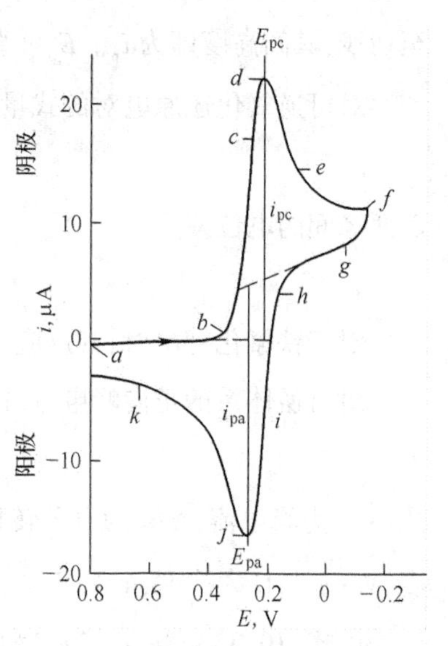

图10.2 6×10^{-3}mol·L^{-1} $K_3Fe(CN)_6$在1.0mol·L^{-1} KNO_3电解质溶液中的循环伏安图

（扫描速度50mV/s；铂电极面积2.54mm^2）

起始电位E_i为+0.8V（a点），电位比较正的目的是为了避免电极接通后$Fe(CN)_6^{3-}$发生电解。然后沿负的电位扫描，如箭头所指方向，当电位至$Fe(CN)_6^{3-}$可以还原时，即析出电位，将产生阴极电流（b点）。其电极反应为

$$Fe^{Ⅲ}(CN)_6^{3-}+e^-\longrightarrow Fe^{Ⅱ}(CN)_6^{4-}$$

随着电位变负，阴极电流迅速增加（$b\to d$），直至电极表面的$Fe^{Ⅲ}(CN)_6^{3-}$浓度趋近于零，电流在d点达到最高峰，然后迅速衰减（$d\to g$），这是因为电极表面附近溶液中的$Fe(CN)_6^{3-}$几乎全部电解转变为$Fe(CN)_6^{4-}$而耗尽，即所谓的贫乏效应。当电压扫描至−0.15V（f点）处，虽然已经转向开始阳极化扫描，但这时的电极电位仍然相当于负，扩散至电极表面的$Fe(CN)_6^{3-}$仍然在不断还原，故仍呈现阴极电流，而不是阳极电流。当电极电位继续正向变化至$Fe(CN)_6^{4-}$的析出电位时，聚集在电板表面附近的还原产$Fe(CN)_6^{4-}$被氧化，其反应为

$$Fe(CN)_6^{4-}-e^-\longrightarrow Fe(CN)_6^{3-}$$

这时产生阳极电流（$i\to k$）。阳极电流随着扫描电位正迅速增加，当电极表面的$Fe(CN)_6^{4-}$浓度趋于零时，阳极化电流达到峰值（j）。扫描电位继续正移，电极表面附近的$Fe(CN)_6^{4-}$耗尽，阳极电流衰减至最小（k点）。当电位扫描至0.8V时，完成第一次循环，获得了循环伏安图。

在正向扫描（电位变负）时，$Fe(CN)_6^{3-}$在电极上还原产生阴极电流而指示其电极表面附近它的浓度变化信息。在反向扫描（电位变正）时，产生的$Fe(CN)_6^{4-}$重新氧化产生阳极电流而指示它是否存在和变化。循环伏安法能迅速提供电活性物质电极反应过程的可逆性、化学反应历程、电极表面吸附等许多信息。

循环伏安图中可以得到的几个重要参数是：阳极峰电流（i_{pa}），阴极峰电流（i_{pc}），阳极峰电位（E_{pa}）和阴极峰电位（E_{pc}）。测量确定i_p的方法是：沿基线作切线外推至峰下，从峰顶作垂线

至切线，其间高度即为 i_p。E_p可直接从横轴与峰顶对应处读取。

对可逆氧化还原电对的式量电位 E^{θ}与 E_{pa}、E_{pc}的关系可表示为

$$E^{\theta} = (E_{pa} - E_{pc})/2 \quad (10.1)$$

而两峰间的电位差为

$$\Delta E_p = E_{pa} - E_{pc} \approx 0.056/2 \quad (10.2)$$

对于铁氰化钾电对，其反应为单电子过程，可从实验中测出 ΔE_p并与理论值比较。

对可逆体系的正向峰电流，由 Randles-Savcik 方程可表示为

$$i_p = 2.69 \times 10^5 n^{3/2} A D^{1/2} v^{1/2} C \quad (10.3)$$

式中，i_p为峰电流，A；n 为电子转移数；A 为电极面积，cm^2；D 为扩散系数，$cm^2 \cdot s^{-1}$；v 为扫描速度，$V \cdot s^{-1}$；C 为浓度，$mol \cdot L^{-1}$。

由式(10.3)可知，i_p与 $v^{1/2}$和 C 都是直线关系，对研究电极反应过程具有重要意义。在可逆电极反应过程中：

$$i_{pa}/i_{pc} \approx 1 \quad (10.4)$$

对一个简单的电极反应过程，式(10.2)和式(10.4)是判断电极反应是否可逆体系的重要依据。

三、仪器与试剂

1. 仪器

电化学综合测试系统一套。

2. 试剂

铁氰化钾溶液：$2.0 \times 10^{-2} mol \cdot L^{-1}$；抗坏血酸溶液：$2.0 \times 10^{-2} mol \cdot L^{-1}$；硝酸钾溶液：$1.0 mol \cdot L^{-1}$；磷酸二氢钾溶液：$0.5 mol \cdot L^{-1}$。

四、实验步骤

(1) Pt 工作电极的预处理。将 Pt 工作电极在金相砂纸上轻轻擦拭至光亮，用超声波清洗 1 ~ 2min。

(2) 配制溶液。按要求配制系列铁氰化钾、抗坏血酸等溶液。

(3) 循环伏安法测定。将配制的系列铁氰化钾溶液逐一转移至电解池中，插入干净的电极系统。以 $50 mV \cdot s^{-1}$的扫描速度测量，并记录结果。当测量较高浓度溶液时，可逐步改变扫描速度进行测量。在完成每一个扫描的测定后，需要轻轻搅动几下电解池的试液，使电极附近溶液恢复至初始条件。

五、结果处理

(1)列表总结铁氰化钾和抗坏血酸的测量结果。

(2)绘制铁氰化钾和抗坏血酸的循环伏安图。

(3)求算铁氰化钾电极反应的 n 和 E^{θ}。

(4)绘制抗坏血酸的 E_{pa} 与 v 的关系曲线。

六、思考题

(1)铁氰化钾溶液与抗坏血酸溶液的循环伏安图有何差异？如何解释？

(2)铁氰化钾的 E_{pa} 对其相应的 v 是什么关系？由此表明什么？

(3)由循环伏安图解释两种物质在电极上的可能反应机理。

实验二　溶出伏安法测定水中微量铅和镉

一、实验目的

(1)熟悉溶出伏安法的基本原理。

(2)掌握汞膜电极的使用方法。

二、实验原理

溶出伏安法的测定包含两个基本过程:首先将工作电极控制在某一条件下,使被测物质在电极上富集;然后施加线性变化电压于工作电极上,使被富集的物质溶出,同时记录电流(或者电流的某个关系函数)与电极电位的关系曲线,根据溶出峰电流(或者电流函数)的大小来确定被测物质的含量。

溶出伏安法主要分为阳极溶出伏安法、阴极溶出伏安法和吸附溶出伏安法三种。本实验采用阳极溶出伏安法测定水中的 Pb(Ⅱ)、Cd(Ⅱ),其过程可表示为

$$M^{2+}(Pb^{2+}、Cd^{2+}) + 2e^- + Hg = M(Hg)$$

本法使用玻碳电极为工作电极,采用同位镀汞膜测定技术。这种方法是将分析溶液中加入一定量的汞盐[通常是 $10^{-5} \sim 10^{-4} mol \cdot L^{-1} Hg(NO_3)_2$],在被测物质所加电压下富集时,汞与被测物质同时在玻碳电极的表面上析出形成汞膜(汞齐),然后在反向电位扫描时,被测物质从汞中溶出,从而产生溶出电流峰。

在酸性介质中,当电极电位控制为 -1.0V 时,Pb^{2+}、Cd^{2+} 与 Hg^{2+} 同时富集在玻碳工作电极上形成汞齐膜。然后当阳极化扫描至 -0.1V 时,可得到两个清晰的溶出电流峰。铅的波峰电位为 -0.4V 左右,而镉的为 -0.6V 左右,如图 10.3 所示。本法可测的含量至 $10^{-11} mol \cdot L^{-1}$ 的

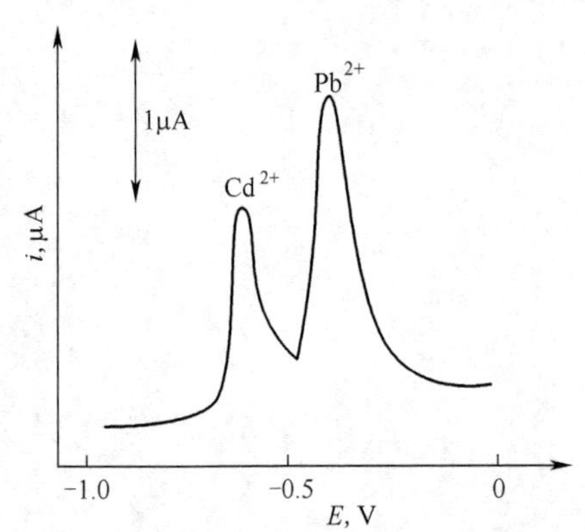

图 10.3 酸性介质中 Pb^{2+}、Cd^{2+} 的溶出电流峰

铅离子和镉离子。

三、仪器与试剂

1. 仪器

CHI 电化学分析仪；玻碳工作电极、甘汞参比电极及铂辅助电极组成的测量电极系统；磁力搅拌器；秒表；50mL 容量瓶若干。

2. 试剂

1.0×10^{-2}mol·L^{-1}铅离子标准储备溶液；1.0×10^{-2}mol·L^{-1}镉离子标准储备溶液，5.0×10^{-3}mol·L^{-1}硝酸汞溶液；1mol·L^{-1}盐酸；纯氮气(99.9%以上)。

四、实验步骤

1. 预处理工作电极

将玻碳电极在金相砂纸上小心轻轻打磨光亮成镜面，用蒸馏水多次冲洗，最好是用超声波清洗 1～2min，用滤纸吸去附着在电极上的水珠。

2. 配制试液

(1) 取两份 25.0mL 水样置于 2 个 50mL 容量瓶中，分别加入 1mol·L^{-1}HCl 5mL、5×10^{-3}mol·L^{-1}硝酸汞 1.0mL。在其中一个容量瓶中加入 1.0×10^{-5}mol·L^{-1}的铅离子标准溶液 1.0mL和 1.0×10^{-5}mol·L^{-1}的镉离子标准溶液 1.0mL(铅离子、镉离子标准溶液用标准储备溶液稀释配制)，均用蒸馏水稀释至刻度，摇匀。

(2) 将未添加铅离子、镉离子标准溶液的水样置于电解池中，通 N_2 5min 后，放入清洁的搅拌磁子，插入电极系统。将工作电极电位恒于 −0.1V 处再通 N_2 2min；启动搅拌器，调工作电极电位至 −1.0V，在连续通 N_2和搅拌下，准确计时，富集 3min，停止通 N_2和搅拌，静置 30s；以扫描速度为 150mV·s^{-1}反向从 −1.0V 至 −0.1V 阳极化扫描，获得伏安图。将电极在 −0.1V 电位停留，启动搅拌器 1min，解脱电极上的残留物。如上述重复测定 1 次。

(3) 按上述操作步骤，测定加入铅离子、镉离子标准溶液的水样，同样进行两次测定。

若所用仪器有导数电流或半微分电流工作方式，则可按上述测定流程选做 1～2 个方式，测量完成后，置工作电极电位在 +0.1V 处，开动电磁搅拌器清洗电极 3min，以除掉电极上的汞，然后取下电极清洗干净。

五、结果处理

(1) 列表记录所测定的实验结果。

(2)取两次测定的平均峰高,按下式计算水样中铅离子、镉离子的浓度:

$$C_x = \frac{h\,C_S\,V_S}{(H-h)V} \tag{10.5}$$

式中,h 为测得水样的峰电流高度;H 为水样加入标准溶液后测得的总高度;C_S为标准溶液的浓度,$mol \cdot L^{-1}$;V_S为加入标准溶液的体积,mL;V 为水样的体积,mL。

六、思考题

(1)溶出伏安法有哪些特点?

(2)哪几步实验流程应该严格控制?

(3)导数或半微分电流与常规电流比较对灵敏度和分辨率有何影响?

实验三　循环伏安法测亚铁氰化钾

一、实验目的

(1)学习固体电极表面的处理方法。

(2)掌握循环伏安仪的使用方法。

(3)了解扫描速率和浓度对循环伏安图的影响。

二、实验原理

循环伏安法是一种常用的电化学研究方法。该法控制电极电势以不同的速率,随时间以三角波形一次或多次反复扫描,电势范围是使电极上能交替发生不同的还原和氧化反应,并记录电流—电势曲线。根据曲线形状可以判断电极反应的可逆程度,中间体、相界吸附或新相形成的可能性,以及偶联化学反应的性质等。循环伏安法常用来测量电极反应参数,判断其控制步骤和反应机理,并观察整个电势扫描范围内可发生哪些反应及其性质。对于一个新的电化学体系,首选的研究方法往往就是循环伏安法,可称为“电化学的谱图”。该法除使用汞电极外,还可以用铂电极、金电极、玻碳电极、碳纤维微电极及化学修饰电极等。循环伏安法可以改变电位以得到氧化还原电流方向。

铁氰化钾离子$[Fe(CN)_6]^{3-}$—亚铁氰化钾离子$[Fe(CN)_6]^{4-}$氧化还原电对的标准电极电位为

$$[Fe(CN)_6]^{3-} + e^- \rightleftharpoons [Fe(CN)_6]^{4-}$$

$$\varphi^{\ominus} = 0.36V$$

电极电位与电极表面活度的能斯特方程为

$$\varphi = \varphi^{\ominus'} + RT/F\ln(c_{Ox}/c_{Red}) \tag{10.6}$$

在一定扫描速率下，从起始电位 -0.2V 正向扫描至 +0.8V 期间，溶液中$[Fe(CN)_6]^{4-}$被氧化生成$[Fe(CN)_6]^{3-}$，产生氧化电流；当负向扫描从 +0.8V 变到原起始电位 -0.2V 期间，在指示电极表面生成的$[Fe(CN)_6]^{3-}$被还原生成$[Fe(CN)_6]^{4-}$，产生还原电流。为了使液相传质过程只受扩散控制，应在加入电解质和溶液处于静止下进行电解。在 $0.1mol \cdot L^{-1}$ NaCl 溶液中$[Fe(CN)_6]^{4-}$的扩散系数为 $0.63 \times 10^{-5} cm \cdot s^{-1}$；电子转移速率大，为可逆体系（$1mol \cdot L^{-1}$ NaCl 溶液中，25℃时，标准反应速率常数为 $5.2 \times 10^{-2} cm \cdot s^{-1}$）。溶液中的溶解氧具有电活性，需通入惰性气体除去。

三、仪器与试剂

1. 仪器

电化学工作站；三电极工作体系，铂电极，铂丝电极，饱和甘汞电极；电子天平；超声波清洗仪。

2. 试剂

亚铁氰化钾（分析纯）；Al_2O_3粉末（粒径 0.05μm）；氯化钠（分析纯）。

四、实验步骤

1. 指示电极的预处理

用 Al_2O_3 粉末将电极表面抛光，然后用去离子水清洗。

2. 作支持电解质的循环伏安图

在电解池中放入 $0.1mol \cdot L^{-1}$ NaCl 溶液，插入电极，以新处理的铂电极为指示电极，铂丝电极为辅助电极，饱和甘汞电极为参比电极，循环伏安参数设定为：扫描速率为 $100mV \cdot s^{-1}$；起始电位为 -0.2V；终止电位为 +0.8V。开始循环伏安扫描，记录循环伏安图。

3. 作不同浓度 $K_4[Fe(CN)_6]$溶液的循环伏安图

分别作 $0.02mol \cdot L^{-1}$、$0.04mol \cdot L^{-1}$、$0.08mol \cdot L^{-1}$、$0.12mol \cdot L^{-1}$、$0.16mol \cdot L^{-1}$的 $K_4[Fe(CN)_6]$溶液（均含支持电解质 NaCl 浓度为 $0.1mol \cdot L^{-1}$）循环伏安图。

4. 作不同扫描速率 $K_4[Fe(CN)_6]$溶液的循环伏安图

在 $0.04mol \cdot L^{-1}$ $K_4[Fe(CN)_6]$溶液中，分别以 $100mV \cdot s^{-1}$、$150mV \cdot s^{-1}$、$200mV \cdot s^{-1}$、$250mV \cdot s^{-1}$、$300mV \cdot s^{-1}$扫描速率，在 -0.2 ~ +0.8V 扫描，记录循环伏安图。

五、数据记录与结果处理

（1）从 $K_4[Fe(CN)_6]$溶液的循环伏安图测量 i_{pa}、i_{pc}、φ_{pa}、φ_{pc}的值，说明 $K_3[Fe(CN)_6]$在

KCl 溶液中电极过程的可逆性。

(2)分别以 i_{pa}、i_{pc}对 $K_4[Fe(CN)_6]$溶液的浓度作图,说明峰电流与浓度的关系。

(3)分别以 i_{pa}、i_{pc}对 $v^{1/2}$作图,说明峰电流与扫描速率的关系。

六、注意事项

(1)实验前电极表面要处理干净。

(2)扫描过程保持溶液静止。

七、思考题

(1)循环伏安法定量分析的理论依据是什么?

(2)如何作循环伏安法的标准曲线?

第11章　气相色谱法

11.1　基础知识

11.1.1　气相色谱原理

气相色谱法(GC)是色谱法的一种,它分析的对象是气体和可挥发的物质。色谱法中有两相,一是流动相,另一个是固定相。如果用液体作流动相,就称为液相色谱;用气体作流动相,就称为气相色谱。也就是说气相色谱法是以气体为流动相的色谱法,根据所用固定相状态的不同可分为气—固色谱和气—液色谱。

气相色谱法实际上是一种物理分离的方法,基于不同物质物理化学性质的差异,不同物质在固定相(色谱柱)和流动相(载气)构成的两相体系中具有不同的分配系数(或吸附性能),当两相做相对运动时,这些物质随流动相一起迁移,并在两相间进行反复多次的分配(吸附—脱附或溶解—析出),使分配系数只有微小差别的物质在迁移速度上产生了很大的差别,经过一段时间后,各组分实现分离,被分离的物质顺序依次通过检测装置,给出每个物质的信息,一般是一个对称或不对称的色谱峰。根据出峰的时间和峰面积的大小,对被分离的物质进行定性和定量分析。

气—固色谱以表面积大且具有一定活性的吸附剂为固定相。当多组分的混合物样品进入色谱柱后,由于吸附剂对每个组分的吸附力不同,各组分的混合物样品进入色谱柱后,各组分在色谱柱中的运行速度也就不同。吸附力弱的组分容易被解吸下来,最先离开色谱柱进入检测器,而吸附力最强的组分最不容易被解吸下来,则最后离开色谱柱。据此各组分在色谱柱中彼此分离,然后顺序进入检测器中被检测、记录下来。

气—液色谱以均匀地涂在载体表面的液膜为固定相,这种液膜对各种有机物都具有一定的溶解度。当样品被载气带入柱内到达固定相表面时,就会溶解在固定相中。当样品中含有多个组分时,由于它们在固定相中的溶解度不同,经过一段时间后,各组分在柱内的运行速度也就不同。溶解度小的组分先离开色谱柱,而溶解度大的组分后离开色谱柱。这样,各组分在色谱柱中彼此分离,然后顺序进入检测器中被检测、记录下来。

11.1.2　气相色谱仪结构

气相色谱仪一般包括五个组成部分,分别是载气系统、进样系统、分离系统(色谱柱)、检

测系统和数据处理系统。

1. 载气系统

载气系统指流动相载气流经的部分，它是一个密闭管路系统，必须严格控制管路的密闭性。载气系统包括气源、气体净化器、气路控制系统。载气是构成气相色谱分离过程中的重要一相——流动相。因此，正确选择载气，控制载气的流速，是保证气相色谱分析的重要条件。

可以作为载气的气体很多，原则上来说，只要没有腐蚀性，且不与被分析组分发生化学反应的气体都可以作为载气，常用的有 H_2、He、N_2、Ar 等。在实际应用中载气的选择主要是根据检测器的特性来进行，同时考虑色谱柱的分离效能和分析时间。载气的纯度、流速对色谱柱的分离效能、检测器的灵敏度均有很大影响，载气系统的作用就是将载气及辅助气进行稳压、稳流及净化，以满足气相色谱分析的要求。

2. 进样系统

进样系统包括进样器和气化室，它的功能是引入试样，并使试样瞬间气化。气体样品可以通过六通阀进样，进样量由定量管控制，可以按需要更换，进样量的重复性可达 0.5%；液体样品可用微量注射器进样，重复性较差，在使用时，注意进样量与所选用的注射器应相匹配，最好是在注射器最大容量下使用。工业流程色谱分析和大批量样品的常规分析中常用自动进样器，重复性很好。在毛细管柱气相色谱中，由于毛细管柱样品容量很小，一般采用分流进样器，进样量较多但样品汽化后只有小部分被载气带入色谱柱，大部分被放空。气化室的作用是把液体样品瞬间加热变成蒸气，然后由载气带入色谱柱。

3. 分离系统

分离系统主要由色谱柱组成，它是气相色谱仪的心脏，功能是使试样在柱内运行的同时得到分离。色谱柱主要有两类：填充柱和毛细管柱。填充柱是将固定相填充在金属或玻璃管中（常用内径 4mm）。毛细管柱是用熔融二氧化硅拉制的空心管，也称弹性石英毛细管，柱内径通常为 0.1 ~ 0.5mm，柱长 30 ~ 50m，绕成直径 20cm 左右的环状。用这样的毛细管作分离柱的气相色谱称为毛细管气相色谱或开管柱气相色谱，其分离效率比填充柱高很多。毛细管柱可分为开管毛细管柱、填充毛细管柱等。填充毛细管柱是在毛细管中填充固定相，也可先在较粗的厚壁玻璃管中装入松散的载体或吸附剂，然后拉制成毛细管。如果装入的是载体，使用前在载体上涂渍固定液成为填充毛细管柱气—液色谱。开管毛细管柱又分以下四种：(1) 壁涂毛细管柱：在内径为 0.1 ~ 0.3mm 的中空石英毛细管的内壁涂渍固定液，这是目前使用最多的毛细管柱；(2) 载体涂层毛细管柱：先在毛细管内壁附着一层硅藻土载体，然后在载体上涂渍固定液；(3) 小内径毛细管柱：内径小于 0.1mm 的毛细管柱，主要用于快速分析；(4) 大内径毛细管柱：内径为 0.3 ~ 0.5mm 的毛细管，通常在其内壁涂渍 5 ~ 8μm 厚的液膜。

色谱柱主要是选择固定相和柱长。固定相选择需注意两个方面：极性及最高使用温度。

按相似性原则和主要差别选择固定相。柱温不能超过最高使用温度，在分析高沸点化合物时，需选择高温固定相。柱温的选择对分离度影响很大，通常是条件选择的关键。选择的基本原则是：在使最难分离的组分达到符合要求的分离度的前提下，尽可能采用较低柱温，但以保留时间适宜且不拖尾为前提。分离高沸点样品（300～400℃），柱温可比沸点低100～150℃；分离沸点低于300℃的样品，柱温可以在比平均沸点低50℃至平均沸点的温度范围内。对于宽沸程样品（混合物中高沸点组分与低沸点组分的沸点之差称为沸程），选择一个恒定柱温通常不能兼顾高沸点组分与低沸点组分的分离，此时需采取程序升温方法。

4. 检测系统

检测系统指检测器，其功能是将已被分离的组分的信息转变为便于记录的电信号，然后对各组分的组成和含量进行鉴定和测量，是色谱仪的"眼睛"。原则上，被测组分和载气在性质上的任何差异都可以作为设计检测器的依据，但在实际中常用的检测器只有几种，它们结构简单，使用方便，具有通用性或选择性。检测器的选择要依据分析对象和目的来确定。常用的检测器有热导检测器、氢火焰离子化检测器、电子捕获检测器和火焰光度检测器。

（1）热导检测器是利用被测组分和载气热导率不同而响应的浓度型检测器，它是通用型、浓度型检测器。热导检测器是气相色谱法中最早出现和应用最广的检测器。

（2）氢火焰离子化检测器是典型的破坏性、质量型检测器，以氢气和空气燃烧生成的火焰为能源，当有机化合物接触氢气和氧气燃烧的火焰，在高温下产生化学电离，电离产生比基流高几个数量级的离子，在高压电场的定向作用下形成离子流，微弱的离子流（10^{-12}～10^{-8}A）经过高阻（10^{6}～$10^{11}\Omega$）放大，成为与进入火焰的有机化合物的量成正比的电信号，因此可以根据信号的大小对有机化合物进行定量分析。氢火焰离子化检测器结构简单、性能优异、稳定可靠、操作方便。其主要特点是对几乎所有挥发性的有机化合物均有响应，对所有烃类化合物（碳数不低于3）的相对响应值几乎相等，对含杂原子的烃类化合物中的同系物（碳数不低于3）的相对响应值也几乎相等，这给化合物的定量分析带来很大的方便，而且灵敏度高、响应快，可以和毛细管柱直接联用，并具有对气体流速、压力和温度变化不敏感等优点，所以成为应用最广泛的气相色谱检测器。氢火焰离子化检测器是选择型检测器，只能检测在氢火焰中燃烧产生大量碳正离子的有机化合物。但由于CO、CS_2等产生的离子流很小，因此基本上不能利用这种检测器进行检测。

（3）电子捕获检测器属于浓度型检测器，是放射性离子化检测器的一种，它利用放射性同位素在衰变过程中放射出具有一定能量的β粒子作为离解源，当只有纯载气分子通过离子源时，在β粒子的轰击下，离解成正离子和自由电子，自由电子在电场条件下形成检测器的基流。当对电子有亲和力的电负性强的组分进入检测器时，这些组分捕获电子，形成带负电荷的离子。由于电子被捕获，因而降低了检测器原有的基流，电信号发生了变化，检测器电信号的变化与被测组分浓度成正比。电子捕获检测器适用于含有电负性强的卤素、酯基、羟基及过氧化物官能团的有机化合物的分析。

(4)火焰光度检测器属于光度法中的分子发射检测器,利用富氢火焰使含硫、磷杂原子的有机物分解,形成激发态分子,当它们回到基态时,发射出一定波长的光,透过干涉滤光片,用光电倍增管将其转换为电信号,测量特征光的强度。载气、氢气和空气的流速对火焰光度检测器有很大的影响,所以气体流量控制很重要。要根据样品选择不同的氢氧比,还要把载气和补充气量进行适当的调节,以获得好的信噪比。

5. 数据处理系统

数据处理系统目前多采用配备操作软件包的工作站,用计算机控制,既可以对色谱数据进行自动处理,又可以对色谱系统的参数进行自动控制。

11.1.3 气相色谱仪维护保养

1. 微量注射器使用注意事项

(1)注射器要保持清洁,使用前后都需用丙酮、乙醚等溶剂清洗。当高沸点试样污染注射器时,一般可按以下顺序清洗:5%氢氧化钠水溶液、蒸馏水、丙酮、氯仿,最后用泵抽干,但不宜使用强碱性浓溶液洗涤。用完的注射器洗净、抽干后保存。

(2)注射器易碎,使用应多加小心。轻拿轻放,不要随便玩弄,来回空抽,特别是不要在试液将干未干的情况下来回拉动,否则,会引起严重磨损,损坏其气密性,降低其准确度。

(3)注射器如遇针尖堵塞,宜用直径为0.1mm的细钢丝耐心穿通,不能用火烧的办法,防止针尖退火而失去穿戳能力

(4)若不慎将注射器芯子全部拉出,则应根据其结构小心装配。

(5)使用注射器注射时,切勿用力过猛,以免把针芯顶弯。已经弯曲的微量注射器不能弄直后继续使用。

2. 六通阀使用注意事项

(1)安装定量管时,先将管的两端套入螺母、垫圈和橡胶密封圈,然后将定量管插入阀体的接头孔中并用螺母旋紧。

(2)安装六通阀时,需将分析用气路上的U形连接管取下,然后将六通阀装在卸下U形连接管的位置上。此时,要防止固体杂质进入六通阀气路,以免将阀的密封面损坏。如密封面有轻微漏气,可将阀盖拆下,注意各零件的相对位置,并在密封面上涂薄薄一层高温硅油。

(3)六通阀在使用时应绝对避免带有小颗粒的固体杂质气体的进入,否则在转动阀盖时,固体颗粒会擦伤阀体,造成漏气。六通阀使用时间久了,应按照其说明要求卸下清洗。

(4)六通阀是目前气体定量阀中比较理想的阀件,使用温度较高,寿命长,耐腐蚀,死体积

小,气密性好,可以在低压下使用。

3. 色谱柱系统的日常维护

(1)新制备的或新安装色谱柱使用前必须进行老化处理,一方面是彻底除去填充物中的残留溶剂和某些挥发性的物质;另一方面是促进固定液均匀牢固地分布在载体的表面上。老化的方法通常是将色谱柱升至一恒定温度,通常为其温度上限。特殊情况下,可加热至最高使用温度之上 10～20℃,但是一定不能超过色谱柱的温度上限,那样极易损坏色谱柱。当达到老化温度后,记录并观察基线。初始阶段基线应持续上升,在达到老化温度后 5～10min 开始下降,并且会持续 30～90min。当到达一个固定的值后就会稳定下来。如果在 2～3h 后基线仍无法稳定或在 15～20min 后仍无明显的下降趋势,那么有可能系统有泄漏或者污染。遇到这样的情况,应立即将柱温降到 40℃以下,尽快地检查系统并解决相关的问题。如果还继续老化,不仅对色谱柱有损坏而且始终得不到正常、稳定的基线。另外,老化的时间也不宜过长,不然会降低色谱柱的使用寿命。一般来说,涂有极性固定相和较厚涂层的色谱柱老化时间长,而弱极性固定相和较薄涂层的色谱柱所需时间较短。

(2)新购买的色谱柱一定要在分析样品前先测试柱性能是否合格,如不合格可以退货或更换新的色谱柱。色谱柱使用一段时间后,性能可能会发生变化,当分析结果有问题时,应该用测试标样方法测试色谱柱,并将结果与前一次测试结果相比较。这有助于确定问题是否出在色谱柱上,以便于采取相应措施排除故障。每次测试结果都应保存起来作为色谱柱寿命及备查的记录。

(3)色谱柱暂时不用时,应将其从仪器上卸下,在柱两端套上不锈钢螺帽(或者用一块硅橡胶堵上),并放在相应的柱包装盒中,以免柱头被污染。

(4)每次关机前都应将柱箱温度降到 50℃以下(一般为室温),然后再关电源和载气。若温度过高时切断载气,则空气(氧气)扩散进入柱管会造成固定液氧化和降解。仪器有过温保护功能时,每次新安装了色谱柱都要重新设定保护温度(超过此温度时,仪器会自动停止加热),以确保柱箱温度不超过色谱柱的最高使用温度,以免对色谱柱造成一定的损伤(如固定液的流失或者固定相颗粒的脱落),降低色谱柱的使用寿命。

(5)对于毛细管柱,如果使用一段时间后柱效有大幅度的降低,往往表明固定液流失太多,有时也可能只是由于一些高沸点的极性化合物的吸附而使色谱柱丧失分离能力,这时可以在高温下老化,用载气将污染物冲洗出来。若柱性能仍不能恢复,就得从仪器上卸下柱子,将柱头截去 10cm 或更长,去除掉最容易被污染的柱头后再安装测试,往往能恢复性能。如果还是不起作用,可再反复注射溶剂进行清洗,常用的溶剂依次为丙酮、甲苯、乙醇、氯仿和二氯甲烷。每次可进样 5～10μL,这一办法常能奏效。如果色谱柱性能还不好,就只有卸下柱子,用二氯甲烷或氯仿冲洗(对固定液关联的色谱柱而言),溶剂用量依柱子污染程度而定,一般为

20mL 左右。如果这一办法仍不起作用,说明该色谱柱只能报废了。

11.2 实　　验

实验一　气相色谱火焰离子化检测器的主要性能检定

一、实验目的

(1)掌握气相色谱仪主要性能的检定方法。
(2)熟悉气相色谱仪的主要性能和技术指标。
(3)了解气相色谱仪的基本结构。

二、实验原理

对气相色谱仪进行性能检定,是仪器安装调试、仪器检定及样品分析前的重要工作。根据《气相色谱仪检定规程》(JJG 700—2016),检定的主要技术指标见表 11.1。

表 11.1　气相色谱仪的主要技术指标

项目	TCD	ECD	FID	FPD	NPD
载气流速稳定性(10min)	≤1%	≤1%	—	—	—
柱箱温度稳定性(10min)	≤0.5%	≤0.5%	≤0.5%	≤0.5%	≤0.5%
程序升温重复性	≤2%	≤2%	≤2%	≤2%	≤2%
基线噪声	≤0.1mV	≤0.2mV	$\leq 1\times10^{-12}$A	$\leq 5\times10^{-12}$A	$\leq 1\times10^{-12}$A
基线漂移(30min)	≤0.2mV	≤0.5mV	$\leq 1\times10^{-11}$A	$\leq 1\times10^{-10}$A	$\leq 5\times10^{-12}$A
灵敏度	≥ 800mV · mL · mg^{-1}	—	—	—	—
检出限	—	$\leq 5\times10^{-12}$g · mL^{-1}	$\leq 5\times10^{-10}$g · s^{-1}	$\leq 5\times10^{-10}$g · s^{-1}(硫) $\leq 1\times10^{-10}$g · s^{-1}(磷)	$\leq 5\times10^{-12}$g · s^{-1}(氮) $\leq 1\times10^{-11}$g · s^{-1}(磷)
定量重复性	≤3%	≤3%	≤3%	≤3%	≤3%
衰减器误差	≤1%	≤1%	≤1%	≤1%	≤1%

三、仪器与试剂

1. 仪器

气相色谱仪,配火焰离子化检测器(FID);10μL 微量注射器;秒表,分度值不不大于

0.01s；流量计（测量不确定度不大于1%）；Pt100铂电阻温度计，准确度不大于0.3℃；数字多用表［电压测量不确定度5μV，电阻测量不确定度0.04Ω（电流1mA）］，或色谱仪检定专用测量仪。

2. 试剂

正十六烷—异辛烷标准溶液（质量浓度为100μg·mL^{-1}）：准确移取适量的正十六烷（优级纯，GR），溶于异辛烷（优级纯，GR）中，定容，摇匀。

四、实验步骤

（1）色谱参考条件。5% OV－101填充柱，80～100目白色硅烷化担体，柱长为1m（或者使用口径为0.53mm或0.32mm的毛细管柱）；载气：高纯氮气，填充柱的载气流速50mL·min^{-1}（0.53mm口径毛细管柱载气流速为6～15mL·min^{-1}，0.32mm口径柱载气流速为4～10mL·min^{-1}）；色谱柱温度160℃，进样口温度230℃，用毛细管柱时采用不分流进样；FID检测器的温度230℃，氢气流速50mL·min^{-1}，空气流速500mL·min^{-1}。

（2）载气流速稳定性。选择适当的载气流速，待稳定后，用流量计测量，连续测量6次，其平均值的相对标准偏差不大于1%。

（3）柱箱温度稳定性。把铂电阻温度计的连线连接到数字多用表（或色谱仪检定专用测量仪）上，然后把温度计的探头固定在柱箱中部，设定柱箱温度为70℃。加热升温，待温度稳定后，观察10min，每变化一个数记录一次，求出数字多用表最大值与最小值所对应的温度差值。其差值与10min内温度测量的算术平均值的比值，即为柱箱温度稳定性。

（4）程序升温重复性按上述的检定条件和检定方法进行程序升温重复性检定。选定初温50℃，终温200℃。升温速率10℃·min^{-1}左右。待初温稳定后，开始程序升温，每min记录数据一次，直至终温稳定。重复2～3次，求出相应点的最大相对偏差，其值应不大于2%。

（5）衰减器换挡误差在各检测器性能检定的条件下，检查与检测器相应的衰减器换挡误差。待仪器稳定后，把仪器的信号输出端连接到数字多用表（或色谱仪检定专用测量仪）上，在衰减为1时，测得一个电压值，再把衰减置于2，4，8，……直至实际使用的最大挡，测量其电压，相邻两挡的误差应小于1%。

（6）基线噪声和基线漂移。在没有组分进入检测器的情况下，仅因为检测器本身及色谱条件波动使基线在短时间内发生的信号称为基线噪声。基线在一段时间内产生的偏离，称为基线漂移。按上述的检定条件，选择较灵敏挡，点火并待基线稳定后，调节输出信号至记录图或显示图中部，记录30min，测量并计算基线噪声和基线漂移。

（7）检测限。按上述的检定条件，使仪器处于最佳运行状态，待基线稳定后，用微量注射器注入浓度为100μg·mL^{-1}的正十六烷—异辛烷标准溶液1μL，连续进样6次，记录正十六烷的峰面积,计算峰面积的算术平均值,从而计算检测限。

(8)定量重复性。定量重复性以溶质峰面积测量的相对标准偏差表示。

五、数据处理

1. 最大相对偏差

$$RD = \frac{t_{max} - t_{min}}{t} \times 100\% \tag{11.1}$$

式中,RD 为相对偏差,%;t_{max}为相应点的最大温度,℃;t_{min}为相应点的最小温度,℃;t 为相应点的平均温度,℃。

2. 检测限

$$D_{FID} = \frac{2NW}{A} \tag{11.2}$$

式中,D_{FID}为 FID 检测器的检测限,$g \cdot s^{-1}$;N 为基线噪声,A;W 为正十六烷的进样量,g;A 为正十六烷峰面积的算术平均值,A · s。

3. 相对标准偏差

$$RSD = \sqrt{\frac{\sum_{i=1}^{n}(x_i - \bar{x})^2}{n-1}} \times \frac{1}{\bar{x}} \times 100\% \tag{11.3}$$

式中,RSD 为相对标准偏差,%;n 为测量次数;x_i 为第 i 次测量的峰面积;$\bar{x}$ 为 n 次进样的峰面积算术平均值;i 为进样序号。

六、注意事项

(1)应严格遵循气相色谱仪开关机原则,即开机时“先通气,后通电”,关机时“先断电,后关气”。通电前必须检查气路的气密性。

(2)开机后要等基线稳定后才可以进行实验。

(3)注意检测器和色谱柱的最高使用温度,使用时不能超过此温度。

(4)色谱柱固定相必须在使用之前充分老化,减少固定液流失和固定液中溶剂的挥发所造成的基线漂移。

七、思考题

(1)气相色谱仪有几个主要部分?说出气相色谱仪的主要部件及它们的主要功能。

(2)为什么检测限衡量检测器的性能比灵敏度好?

实验二　气相色谱法测定混合物中苯、甲苯和乙苯的含量——归一化法

一、实验目的

(1)学习并熟悉气相色谱法的原理、方法和应用。

(2)熟悉气相色谱仪的组成,掌握其基本操作和使用方法。

(3)掌握峰面积归一化法进行定量分析的方法和特点。

(4)熟悉保留值、相对校正因子、峰高、半峰高、峰面积积分的测定方法。

二、实验原理

气相色谱法是一种很好的分离方法,也是一种定性、定量分析的手段。当样品进入色谱柱后,它在固定相和流动相之间进行分配。由于各组分性质的差异,固定相对它们的溶解或吸附能力不同,则它们的分配系数不同。分配系数小的组分在固定相上的溶解或吸附能力弱,先流出柱子;反之,分配系数大的组分后流出柱子,从而实现各组分的分离。

气相色谱法根据保留值的大小进行定性分析。在一定色谱条件(固定相、操作条件等)下,各种物质均有确定不变的保留值。定性分析时,必须将被分析物与标准物质在同一条件下所测的保留值进行对照,以确定各色谱峰所代表的物质。定量分析的依据是被分析组分的质量或其在载气中的浓度与检测器的响应信号成正比。对于微分型检测器,物质的质量正比于色谱峰面积(或峰高),其表达式为 $m_i = f'_i A_i$(或 $m_i = f'_i h_i$),式中,m_i 为组分 i 的质量;A_i、h_i 分别为组分 i 的峰面积和峰高;f'_i 为比例常数,称为绝对校正因子。

当组分通过检测器时所给出的信号称为响应值。物质响应值的大小取决于物质的性质、浓度、检测器的灵敏度及其特性等。同一种物质在不同类型的检测器上有不同的响应值,且不同的物质在同一种检测器上的响应值也不同。为了使检测器产生的响应值能真实地反映物质的含量,就要对响应值进行校正,在进行定量计算时引入相对校正因子 f_i,即某物质的组分 i 和标准物质 s 的绝对校正因子之比:

$$f_i = \frac{f'_i}{f'_s} \tag{11.4}$$

式中,f'_s 为标准物质的绝对校正因子。

在测定混合物中苯、甲苯、乙苯的含量时,一般选择苯为标准物质,即苯的相对校正因子 $f_{苯}$ 为 1.0,这样由实验就可求出混合样品中甲苯、乙苯的相对校正因子 $f_{甲苯}$ 和 $f_{乙苯}$。然后通过测量色谱图中各组分的峰面积就可以求出混合物中各组分的含量。归一化法是用单一组分的峰面积与其相对校正因子乘积的总和的百分比来表示各组分的含量。用峰面积归一化法求各

组分含量可按式(11.5)进行计算:

$$W_i = \frac{A_i f_i}{A_1 f_1 + A_2 f_2 + \cdots A_i f_i + \cdots + A_n f_n} \times 100\% \tag{11.5}$$

本实验采用氢火焰离子化检测器进行检测。首先在已经确定的分离条件下,分别测定标准物质苯、甲苯和乙苯溶液的色谱图,然后在同样的条件下测定待测样品的色谱图。通过保留时间鉴别待测样品中所含组分,通过峰面积的积分进行定量分析。因本实验采用的待测样品中只含被测的三种成分,且能够全部出峰,故采用归一化法进行待测组分的含量分析。

三、仪器与试剂

1. 仪器

气相色谱仪:色谱工作站;氢火焰离子化检测器(FID);氮气发生器或高纯氮气钢瓶;氢气发生器或高纯氢气钢瓶;空气发生器或空气钢瓶。弱极性填充柱:可选填充柱 GDX-103、毛细管色谱柱 HP-1(二甲基聚硅氧烷)、HP-5(5%二苯基+95%二甲基聚硅氧烷交联)、OV101。移液管(5mL);微量进样器(5μL 或 10μL);容量瓶(5mL);螺纹口样品瓶(1mL)。

2. 试剂

甲醇(分析纯);苯(分析纯);甲苯(分析纯);乙苯(分析纯)。

四、实验步骤

1. 溶液配制

(1)标准溶液的配制:在三个 50mL 容量瓶中各加入 10μL 苯、10μL 甲苯和 10μL 乙苯,用甲醇定容至 50mL,分别制得苯、甲苯、乙苯标准溶液。

(2)混合标准溶液的配制:在一个 50mL 容量瓶中加入 10μL 苯、10μL 甲苯和 10μL 乙苯,用甲醇定容至 50mL。

2. 色谱柱的准备与安装

根据待测物质和检测器类型选择合适固定相的不锈钢填充柱或毛细管色谱柱,安装到气相色谱仪上。色谱柱事先进行老化处理。

3. 仪器准备

连接所需气源到仪器上,打开载气氮气、支持气体氢气和空气的气源,设置压力为 0.5MPa 左右。注意气源气体应经过过滤净化柱净化后进入仪器。

4. 条件设置与优化

(1)打开计算机进入色谱工作站,设置色谱操作条件。混合烃 FID 条件如下:载气氮气流速 30～40mL·min^{-1}；柱温 100℃；气化室温度 150℃；FID 温度 120℃；热导桥电流 150mA。

(2)FID 条件如下：载气氮气流速 40mL·min^{-1}；氢气流速 30～40mL·min^{-1}；空气流速 400mL·min^{-1}；混合烃进样口气化室温度 160℃(后进样口)；柱温 140℃；FID 温度 220℃(前检测器)。

(3)实验条件的调整与优化：条件设定后进一针混合样品，根据混合样品色谱图判断色谱分离结果是否合适，如不合适再调整进样口温度、柱温等，重新进样考察，直至达到满意的分离效果，然后存储新方法并用于下面的测定。

5. 测试样品

条件设置好后，运行设定的条件方法，仪器自动完成条件准备工作，达到设定条件并稳定后，则提示可以进样测试，此时进样，进样量为 1μL。

(1)将微量进样器用甲醇清洗及待测物润洗后，进 1μL 苯标准溶液，测定其保留时间，用于定性分析。按同样方法分别测出甲苯、乙苯的保留时间。若用同一个进样器进不同样品，要彻底清洗进样器。建议用不同的进样器分别进不同样品。

(2)相对校正因子的测定：以苯为标准物质，测定甲苯、乙苯的相对校正因子。用微量进样器进 1μL 混合标准溶液进行测试，测算相应的峰面积，计算各物质的相对校正因子。重复操作 3 次。

(3)混合样品测试：在完全相同的色谱条件下，进 1.0μL 未知混合样品，采集并处理数据，打印色谱图。

6. 数据处理，打印报告

调出存储的数据和色谱图，对各样品色谱图进行积分处理，用归一化法计算待测样品各组分的含量。设置测试报告打印格式，输出图谱测试报告。

7. 测试仪器维护与整理

(1)设置关机条件正确关机：确认柱内样品已全部流出后，关闭检测器及辅助气源，再将进样口气化室温度、柱温、检测器温度降至室温或 50℃，最后关闭载气，关闭主机电源，退出工作站。

(2)清洗进样针和试剂瓶，整理实验物品，处理废液(注意本实验所用的芳香族化合物均为有毒致癌物质，不可倒入下水道污染环境，应倒入指定的回收瓶作无害化处理)。盖好仪器防尘罩，清理实验室卫生。

五、注意事项

(1)气相色谱仪使用氢气气源，还使用芳香烃类易燃试剂，应禁止明火和吸烟。

(2)芳香族化合物有致癌毒性，注意防止试剂的挥发和吸入，保持室内通风良好。

(3)实验用气相色谱仪属贵重精密仪器,使用仪器前一定要熟悉仪器的操作规程,在教师指导下进行练习,不可随意操作。

(4)为获得较好的精密度和色谱峰形状,进样时速度要快而果断,并且每次进样速度、留针时间应保持一致。

(5)用后的进样针要及时清洗干净,否则会损坏甚至报废。

六、数据记录与结果

(1)与纯物质的对照定性见表11.2。

表11.2　与纯物质的对照定性

纯物质名称				
t_R,min				
混合样品中各峰	峰1	峰2	峰3	峰4
t_R,min				
定性结论组分名称				

(2)面积归一化法定量见表11.3。

表11.3　面积归一化法定量

组分				
峰高				
半峰宽				
峰面积				
相对校正因子				
含量,%				

七、思考题

(1)气相色谱定量分析方法的归一化法的前提条件是什么?

(2)定量方法中外标法需要进样量要准确,请问归一化法是否需要准确进样,为什么?

实验三　气相色谱法测定白酒中乙酸乙酯的含量——内标法

一、实验目的

(1)掌握内标法的定量依据。

(2)了解气相色谱仪的结构和使用方法。

(3)熟悉相对校正因子的测定方法。

二、实验原理

白酒的主要成分是乙醇和水(占总量的98%~99%),还有使白酒呈香味的酸酯、醇、醛等种类众多的微量有机化合物(占总量的1%~2%)。其中,乙酸乙酯在白酒香气成分的构成方面占据着重要地位,它的含量高低在一定程度上代表着白酒品质的好坏,对其准确定量分析就可以有效鉴别白酒的质量等级。目前检测乙酸乙酯的标准方法是内标法。

内标法是指将一种纯物质作为内标物加到试样中,进行色谱分析,根据待测物和内标物的质量及其在色谱图上响应的峰面积和相对校正因子,求出待测组分含量。由于内标物加到试样中,它与待测组分的处理条件相同,因而在一定程度上可以克服样品前处理、进样量和仪器条件不一致等引起的误差,是一种比较准确的定量方法,特别适合于复杂样品和微量组分的定量分析。

三、仪器与试剂

1. 仪器

气相色谱仪(带 FID);AgilentDB - WAX 弹性石英毛细管柱(30m × 0.32mm × 0.25μm);微量注射器(10μL)。

2. 试剂

乙酸乙酯、内标物乙酸正戊酯(色谱纯);无水乙醇(分析纯);白酒。

四、实验步骤

1. 试剂配制

(1)乙酸乙酯标准储备液:准确称取乙酸乙酯0.2000g,置于10mL容量瓶中,以60%乙醇水溶液定容至刻度,配成20.00mg · mL^{-1}溶液。

(2)乙酸正戊酯标准储备液:准确称取乙酸正戊酯(内标)0.2000g,置于10mL容量瓶中,以60%乙醇水溶液定容至刻度,配成20.00mg · mL^{-1}溶液。

(3)混合标样工作液:准确吸取上述标准储备液各1.00mL,置于50mL容量瓶中,60%乙醇水溶液定容至刻度,混匀,二者浓度均为0.4mg · mL^{-1}。

(4)待测试样(酒样):吸取白酒样品10.00mL于10mL容量瓶中,加入20.00mg · mL^{-1}内标液0.20mL,混匀备用。

2. 色谱条件

(1)气体流量:载气氮气30mL · min^{-1},氢气30mL · min^{-1},空气400mL · min^{-1}。

(2)温度条件:进样口温度220℃,检测器温度220℃;程序升温:60℃(1min)→升温至

90℃（升温速度 3℃ · min^{-1}）→220℃（升温速度 40℃ · min^{-1}）。

3. 定性分析

根据实验条件将色谱仪调节至可进样状态（基线平直即可），用微量注射器分别吸取乙酸乙酯、乙酸正戊酯标准储备液进样，进样量随仪器灵敏度而定，记录每个纯样的保留时间。

4. 定量分析

（1）相对校正因子 f 值的测定：在同样的色谱条件下，吸取混合标样 0.4μL 进样，记录色谱数据（出峰时间及峰面积），用乙酸乙酯的峰面积与内标峰面积之比，计算出乙酸乙酯的相对校正因子 f 值。

（2）样品的测定：同样条件下，吸取已加入 20.00mg · mL^{-1} 乙酸正戊酯的酒样 0.4μL 进样，记录色谱数据（出峰时间及峰面积），根据计算公式计算出酒样中乙酸乙酯的含量。

五、数据处理

数据处理见式（11.6）、式（11.7）：

$$f = \frac{A_1}{A_2} \times \frac{d_2}{d_1} \tag{11.6}$$

$$X = f \times \frac{A_3}{A_4} \times c \tag{11.7}$$

式中，X 为酒样中乙酸乙酯的含量，g · L^{-1}；f 为乙酸乙酯的相对校正因子；A_1 为标样中内标物的峰面积；A_2 为乙酸乙酯的峰面积；A_3 为酒样中乙酸乙酯的峰面积；A_4 为酒样中内标物的峰面积；d_1 为内标物的相对密度；d_2 为乙酸乙酯的相对密度；C 为（添加在酒样中）内标物的质量浓度，mg · L^{-1}。

六、思考题

（1）内标法的优缺点是什么？

（2）本实验中选择乙酸正戊酯作为内标物，它应符合哪些条件？

（3）本实验要求进样准确吗？

实验四　气相色谱法测定白酒中的甲醇含量——外标法

一、实验目的

（1）学习气相色谱仪的组成，掌握其基本操作过程和使用方法。

（2）掌握外标法测定样品的原理和方法。

（3）了解气相色谱法在产品质量控制中的应用。

二、实验原理

酿造白酒的过程中，不可避免地有甲醇产生。利用气相色谱法可分离、检测白酒中的甲醇含量，在气相色谱法中，常采用三种方法进行定量分析，包括面积归一化法、外标法和内标法。白酒中的甲醇含量通常采用外标法进行测定。

外标法是通过配制一系列组成与待测样品相近的标准溶液，以标准溶液的浓度或量为横坐标，以峰面积或峰高为纵坐标作图得到标准曲线。按照相同色谱条件进行测试，获得待测样品色谱图并得到相应组分的峰面积或峰高，根据标准曲线可求出待测样品浓度或量。但它是一个绝对定量校正法，标样与测定组分为同一化合物，分离、检测条件的稳定性对定量结果影响很大。为获得高定量准确性，定量校准曲线经常重复校正是必需的。在实际分析中，可采用单点校正。只需配制一个与测定组分浓度相近的标样，因为物质含量与峰面积呈线性关系，当测定试样与标样体积相等时，有

$$m_i = m_s x A_i / A_s \tag{11.8}$$

式中，m_i、m_s分别为试样、标样中测定化合物的质量（或浓度）；A_i、A_s分别为相应峰面积（也可用峰高代替）。单点校正操作要求定量进样或已知进样体积。

外标法要求仪器重复性很高，适用于大量地分析样品，因为仪器随着使用会有所变化，因此需要定期进行曲线校正。此法的特点是操作简单，计算方便，不需测量校正因子，适用于自动分析。但仪器的重现性和操作条件的稳定性必须保证，否则会影响实验结果。外标物与被测组分同为一种物质，但要求它有一定的纯度，分析时外标物的浓度应与被测物浓度接近，以利于提高定量分析的准确性。

本实验用白酒中甲醇含量的测定采用单点校正法，即在相同的操作条件下，分别将等量的试样和含甲醇的标准样进行色谱分析，由保留时间可确定试样中是否含有甲醇，比较试样和标准样中甲醇峰的峰高，可确定试样中甲醇的含量。

三、仪器与试剂

1. 仪器

气相色谱仪（氢火焰离子化检测器）；石英毛细管柱；微量注射器（10μL）。

2. 试剂

甲醇（色谱纯）；乙醇。

四、实验步骤

1. 仪器条件的设定

载气氮气流量 $40mL \cdot min^{-1}$；氢气流量 $40mL \cdot min^{-1}$；空气流量 $450mL \cdot min^{-1}$进样量

1μL；柱温 100℃；进样器温度 150℃；检测器温度 150℃。

2. 标准溶液的配制

用体积分数为60%的乙醇溶液为溶剂，分别配制浓度为 0.1～0.6g · L^{-1} 的甲醇标准溶液。

3. 仪器操作步骤

(1)开启载气钢瓶，通氮气。打开氢气发生器及空气压缩机。

(2)打开色谱仪主机电源开关，打开色谱工作站。在工作站中设定各项温度条件，进样口、检测器条件及气体流量条件，然后升温至设置温度。

(3)用 10μL 微量注射器取标准溶液并进样 1μL，得到色谱图，记录甲醇的保留时间。在相同条件下进白酒样品 1μL，得到色谱图，根据保留时间确定甲醇峰。

(4)关闭氢气发生器和空气发生器。

(5)从工作站上降低进样口、检测器温度，待温度降至 50℃，关闭载气，退出工作站，关闭色谱仪电源开关。

五、数据记录与结果

(1)确定样品中测定组分的色谱峰位置。

(2)按下式计算白酒样品中甲醇的含量：

$$w_i = w_s \times h_i / h_s \tag{11.9}$$

式中，w_i为白酒样品中甲醇的质量浓度，单位为 g · L^{-1}；w_s为标准溶液中甲醇的质量浓度，单位为 g · L^{-1}；h_i为白酒样品中甲醇的峰高；h_s为标准溶液中甲醇的峰高。

比较 h_i和 h 的大小即可判断白酒中甲醇是否超标。

六、注意事项

(1)气相色谱仪使用氢气气源，还使用芳香烃类易燃试剂，应禁止明火和吸烟。

(2)为获得较好的精密度和色谱峰形状，进样时速度要快而果断，并且每次进样速度、留针时间应保持一致。

七、思考题

(1)常见的气相色谱的检测器有哪些？各有何特点？

(2)气相色谱测定白酒中的甲醇含量，定量方法除外标法外，还有哪些方法？试比较它们的优缺点。

实验五　气相色谱中色谱柱的评价与分离条件的测试

一、实验目的

(1)通过实验,了解色谱中的各个基本参数,从色谱图中学会参数的获得及各基本参数的计算。

(2)学习测定并绘制色谱柱柱效与载气流速的关系曲线,确定最佳流速。

二、实验原理

(1)在规定的色谱条件下,测定组分的死时间(t_M)及被测组分的峰值保留时间(t_R)、半峰宽($W_{1/2}$)等参数,便可计算出基本色谱参数值容量因子 k、分离因子 a、分离度 R、理论塔板数 n、理论塔板高度 H。

容量因子也称为保留因子、质量分配系数或分配比,为平衡时组分在固定相中的质量(m_s)与组分在流动相中的质量(m_m)的比值,见式(11.11);k 与调整保留时间及死时间有关,见式(11.12):

$$k = \frac{\text{组分在固定相中的质量}}{\text{组分在流定相中的质量}} = \frac{m_s}{m_m} \tag{11.11}$$

$$k = \frac{t_R - t_M}{t_M} = \frac{t'_R}{t_M} \tag{11.12}$$

分离因子 a 是色谱图中相邻两组分的容量因子的比值,也是描述相邻两组分分离效果的一个参数,见式(11.13):

$$a = \frac{k_2}{k_1} = \frac{t'_{R2}}{t'_{R1}} \tag{11.13}$$

分离度 R 是相邻两峰的保留时间之差与平均峰宽的比值,表示相邻两峰的分离程度。R 越大,表明相邻两组分分离越好,见式(11.14):

$$R = \frac{t_{R2} - t_{R1}}{\frac{1}{2}(W_{b1} + W_{b2})} \tag{11.14}$$

理论塔板数 n 和理论塔板高度 H 分别用式(11.15)及式(11.16)表示:

$$n = 5.54\left(\frac{t_R}{W_{1/2}}\right)^2 = 16\left(\frac{t_R}{W}\right) \tag{11.15}$$

$$H = \frac{L}{n} \tag{11.16}$$

式中,t_R 为峰值保留时间(min);$W_{1/2}$ 为半峰宽(min);W 为峰宽(min);L 为柱长,m。

(2)测定不同流速 u 时对应的理论塔板高度 H,以 H 对 u 作图,图中最小塔板高度 H_{min} 对应的流速为最佳流速 u_{opt}。

三、仪器与试剂

1. 仪器

(1) Agilent 7890A GC 气相色谱仪，其基本组成如下：

①进样口：毛细柱进样口(S/SL)；

②检测器：氢火焰离子化检测器(FID)；

③色谱柱：HP－5MS 毛细管柱(15m×250μm×0.25μm)；

④自动进样器；

⑤空气/氢气发生器。

(2) 气体：氢气、干燥空气、高纯氮气(99.99%)

2. 试剂

正十二烷(分析纯)；混合烷烃样品(癸烷、正十一烷、正十二烷)。

四、实验步骤

(1) 检查氮气、氢气气源的状态及压力，然后打开所有气源，开启电脑及气相色谱仪，按照气相色谱仪的使用方法开机并使其运行正常。

(2) 设置色谱条件(柱流速、进样口温度、检测器温度)并记录。

(3) 准确量取混合烷烃样品溶液后进样，分析色谱图并记录死时间、峰值保留时间、相对保留时间及半峰宽。

(4) 在不同载气流速下($1mL\cdot min^{-1}$、$0.8mL\cdot min^{-1}$、$0.6mL\cdot min^{-1}$、$0.4mL\cdot min^{-1}$、$0.3mL\cdot min^{-1}$、$0.2mL\cdot min^{-1}$)，分别注入正十二烷样品溶液，各两次，记录对应的死时间和峰值保留时间。

五、结果处理

(1) 根据混合烷烃样品测得的死时间(t_M)及各组分的保留时间(t_R)、半峰宽($W_{1/2}$)等参数，计算基本色谱参数值容量因子 k、分离因子 a、分离度 R、理论塔板数 n、理论塔板高度 H。

(2) 根据正十二烷在不同载气流速下测得的死时间t_M、保留时间t_R和半峰宽($W_{1/2}$)，计算对应的理论塔板数 n、理论塔板高度 H，并绘制 $H—u$ 曲线。

(3) 实验获得的数据见表 11.4、表 11.5、表 11.6。

表 11.4　实验获得的数据 1

柱温	进样口温度	检测器温度	流速	进样量	分流比

表 11.5　实验获得的数据 2

数据 出峰顺序	t_M	t_R	t'_R	a	n	H
1						
2						
3						

表 11.6　实验获得的数据 3

流速,mL·min^{-1}	t_M	t_R	$W_{1/2}$	n	H
1.0					
0.8					
0.6					
0.4					
0.3					
0.2					

六、思考题

(1)升高柱温对柱效有什么影响?

(2)计算最佳载气流速的意义是什么?

第12章 高效液相色谱法

12.1 基础知识

12.1.1 仪器结构与原理

高效液相色谱法(HPLC)是在经典液相色谱法的基础上,引入气相色谱的理论和实验技术,以高压输液泵输送流动相,采用高效固定相及高灵敏度检测器的一种现代液相色谱分析方法。高效液相色谱仪主要由高压输液系统、进样系统、色谱分离系统、检测系统、数据处理和控制系统组成,包括储液瓶、高压泵、进样器、色谱柱、检测器、记录仪(或数据处理装置)等主要部件,其中对分离、分析起关键作用的是高压泵、色谱柱和检测器三大部件。高效液相色谱仪工作过程为:高压泵将储液瓶中的流动相经进样器以一定的速度送入色谱柱,然后由检测器出口流出。当流动相携带试样组分通过固定相时,与固定相作用力强的移动速度慢(或在固定相中保留的时间长),作用力弱的移动速度快(或在固定相中保留的时间短),致使性质有微小差异的不同组分被分离,依次从柱内流出进入检测器。检测器将各组分浓度转换成电信号输出给记录仪或数据处理装置,得到色谱图。高效液相色谱法的定性以色谱保留值或检测器检测得到的物质特征图谱为依据;定量则依据物质的含量或进样量与峰面积成正比,定量分析方法包括外标法和内标法。在高效液相色谱法中,因进样量较大,且一般用六通阀(定量环)或自动进样器定量进样,进样量误差较小,因此,外标法是高效液相色谱法最常用的定量分析方法。

超高效液相色谱法(UPLC)是在高效液相色谱法的基础上,使用固定相粒度 d_p 仅为1.7μm的新型固定相、超高压输液泵(压力高达120MPa)和高速检测技术进行分析。它全面提升了液相色谱的分离效能,不仅提高了分辨率,也使检测灵敏度和分析速度大大提高,从而拓宽了液相色谱的应用范围,增强了其在分离科学中的重要性。

12.1.2 高效液相色谱仪使用注意事项及日常维护

1. 高效液相色谱仪使用注意事项

(1)更换流动相时,若欲更换的流动相与前一种流动相混溶,可打开排液阀,用欲更换的流动相以10mL·min^{-1}的流量工作5～10min,预置排出先前的流动相,然后关闭排液阀,以1.0mL·min^{-1}流量清洗色谱柱。再接上柱后检测器,清洗整个流路。若新的流动相与原流动相不相溶,则要用一个与两种流动相都混溶的流动相进行过渡清洗。

(2)高压泵应避免长时间在高压下工作。如果发现泵的工作压力过高,流量减小,可能由以下原因造成:色谱柱、保护柱、管路、检测池或检测器的入口管部分堵塞,过滤器和柱子上端接头等堵塞或输液流量太大,此时应立即停止泵的工作,待查清故障原因再开泵继续进行工作。

(3)实验开始前和实验结束后,用纯甲醇冲洗管路和色谱柱若干时间,可以避免许多意想不到的麻烦。

(4)泵与进样阀的连接。用不锈钢管(配连接螺钉和密封刃环)连接恒流泵液体出口与进样阀入口(为了保证样品较少扩散,进样阀与色谱柱之间及色谱柱与检测器之间的连接管应尽量要短)。新购买的管路需经过清洗后才能使用,清洗顺序为:氯仿→甲醇(或无水乙醇)→水→$1mol \cdot L^{-1}$硝酸→水→甲醇→氮气流吹干。聚三氟乙烯管使用前用甲醇冲洗即可。

(5)溶剂过滤装置。所有溶剂在使用之前必须经过严格过滤,除去微小的机械杂质,以防这些微量杂质磨损泵的活塞、堵塞柱头垫片、阻塞进样阀或输液管道。除去机械杂质最简单的办法是使用真空泵的微膜过滤除去杂质。

(6)溶剂脱气装置。流动相进入高压泵之前必须进行脱气处理,否则流动相通过色谱柱时气泡受到高压而压缩,流至检测器时因压力降低而将气泡释放,增加基线噪声,严重时会造成分析灵敏度下降、基线不稳,使仪器不能正常工作,在梯度洗脱时这种情况尤其突出。常用的脱气方法有超声波振荡脱气、惰性气体鼓泡吹扫脱气及在线(真空)脱气三种。

2. 高效液相色谱柱系统的日常维护

(1)在进样阀后加流路过滤器(0.5μm烧结不锈钢片),挡住来源于样品和进样阀垫圈的微粒。

(2)在流路过滤器和分析柱之间加上保护柱,保护柱装填有与分析柱相同的固定相,柱长一般为5~30mm,收集阻塞柱进口的来自样品的降低柱效的化学“垃圾”。保护柱是易耗品,实验室应有备用保护柱,以便经常方便地进行更换。

(3)样品量不应过大,流动相流速也不应一次改变过大,色谱柱应避免突然变化的高压冲击。

(4)色谱柱应在要求的pH范围和柱温范围下使用,应使用不损坏柱的流动相,以免进样后对色谱柱造成损伤。

(5)每次工作结束后,都应用流动相冲洗色谱柱10~20min,并继续用强溶剂(乙腈或甲醇)冲洗色谱柱。

12.2 实　　验

实验一　配紫外检测器的液相色谱仪主要性能检定

一、实验目的

(1)掌握液相色谱仪主要性能的检定方法。

(2)熟悉液相色谱仪的主要性能和技术指标。

(3)了解液相色谱仪的基本结构。

二、实验原理

对液相色谱仪进行性能检定，是仪器安装调试、仪器检定及样品分析前的重要工作。《液相色谱仪检定规程》(JJG 7005—2014)，检定的主要技术指标见表12.1。本实验对液相色谱的紫外—可见光检测器或二极管阵列检测器的主要性能进行检定。

表12.1　液相色谱仪的检定项目和主要性能技术指标要求

检定项目		性能和技术指标
输液系统	泵流量稳定性	3%(泵流量设置值:0.2~0.5mL·min^{-1})
		2%(泵流量设置值:0.6~1.0mL·min^{-1})
		2%(泵流量设置值:>1.0mL·min^{-1})
检测器	基线噪声	≤5×10^{-4}AU
	基线漂移	≤5×10^{-3}AU·$30min^{-1}$
整机	定性重复性	≤1.0%
	定量重复性	≤3.0%

三、仪器与试剂

1. 仪器

高效液相色谱仪，配紫外检测器(UV)；C_{18}色谱柱；注射器，10μL、50μL各一只；容量瓶，50mL，10个；秒表，最小分度值不大于0.1s；分析天平，最大称量不小于100g，最小分度值不大于1mg；数字温度计，测量范围(0~100)℃，最大允许误差为±0.3℃。

2. 试剂

甲醇(色谱纯)；纯水；萘—甲醇溶液标准物质：认定值为1.00×10^{4}g·mL^{-1}，扩展不确定度小于4%，$k=2$。

四、实验步骤

1. 确定泵流量稳定性

将仪器各部分连接好，以100%甲醇（或纯水）为流动相，按表12.1的要求设定流量，启动仪器，压力稳定后，在流动相出口处用事先称重过的洁净容量瓶收集流动相，同时用秒表计时，收集规定时间内流出的流动相，在分析天平上称重，按式（12.1）计算泵流量稳定性 S_R。每一设定流量，重复测量3次。

$$S_R = \frac{F_{max} - F_{min}}{F_m} \times 100\% \tag{12.1}$$

式中，F_{max} 为同一设定流量3次测量值的最大值，$mL \cdot min^{-1}$；F_{min} 为同一设定流量3次测量值的最小值，$mL \cdot min^{-1}$；F_m 为流量实测值，$mL \cdot min^{-1}$。

2. 检测器性能——基线噪声和基线漂移

选用 C_{18} 色谱柱，以100%甲醇为流动相，流量为 $1.0mL \cdot min^{-1}$，紫外检测器的波长设定为254nm，检测灵敏度调到最灵敏挡。开机预热，待仪器稳定后记录基线30min，选取基线峰—峰高对应的信号值，按式（12.2）计算基线噪声，用检测器自身的物理量（AU）作单位表示。基线漂移用30min内基线偏离起始点最大信号值（$AU \cdot 30min^{-1}$）表示。

$$N_d = KB \tag{12.2}$$

式中，N_d 为检测器基线噪声；K 为衰减倍数；B 为测得基线峰—峰高对应的信号值，AU。

3. 检测整机性能（定性、定量重复性）

将仪器各部分连接好，选用 C_{18} 色谱柱，用100%甲醇为流动相，流量为 $1.0mL \cdot min^{-1}$，检测器波长设定为254nm，灵敏度选择适中，基线稳定后由进样系统注入一定体积的 $1.0 \times 10^4 g \cdot mL^{-1}$ 萘—甲醇溶液标准物质。连续测量6次，记录色谱峰值保留时间和峰面积，按式（12.3）计算相对标准偏差 RSD_6。

$$RSD_{6定性(定量)} = \frac{1}{\overline{X}} \sqrt{\sum_{i=1}^{n} (X_i - \overline{X})2/(n-1)} \times 100\% \tag{12.3}$$

式中，$RSD_{6定性(定量)}$ 为定性（定量）测量重复性相对标准偏差；X_i 为第 i 次测得的峰值保留时间或峰面积；$\overline{X}$ 为6次测量结果的算术平均值；n 为测量次数。

五、注意事项

（1）仪器应平稳地放在工作台上，周围无强烈机械振动和电磁干扰源，仪器接地良好。

（2）仪器工作环境的温度为15～30℃，检定过程中温度变化不超过3℃，相对湿度20%～85%。检定室应清洁无尘，无易燃、易爆和腐蚀性气体，通风良好。

(3)电源电压为(220 ±22)V,频率为(50 ±0.5)Hz。

(4)秒表、分析天平和数字温度计需经计量检定合格。

六、思考题

(1)检查液相色谱仪的上述性能,有什么实际意义?

(2)高效液相色谱仪有几个主要部分?描述高效液相色谱仪的主要部件及它们的主要功能。

实验二　内标对比法测定对乙酰氨基酚

一、实验目的

(1)掌握内标对比法的原理和实验步骤。

(2)熟悉对乙酰氨基酚分析方法。

二、实验原理

内标对比法是高效液相色谱法中最常用的定量分析方法之一。具体方法是:分别配制含有等量内标物的对照品溶液和试样溶液,经 HPLC 分析后,测得上述对照品溶液和试样溶液中待测组分(i)和内标物(is)的峰面积,按式(12.4)计算试样溶液中待测组分的浓度。

$$C_i = C_{i对照} \times \frac{(A_i/A_{is})\ 试样}{(A_i/A_{is})\ 对照} \tag{12.4}$$

对乙酰氨基酚稀碱溶液在257nm 波长处有最大吸收,可用分光光度法测定。但本品在生产和储藏过程中可能引入对氨基酚等杂质,这些杂质在上述波长处也有吸收。为避免杂质干扰,本实验以非那西丁为内标物,采用内标对比法测定对乙酰氨基酚含量。

三、仪器与试剂

1. 仪器

高效液相色谱仪;C_{18}色谱柱;量瓶;移液管等。

2. 试剂

对乙酰氨基酚对照品;非那西丁(对照品);对乙酰氨基酚(片剂或原料药);甲醇(色谱纯);二次蒸馏水等。

四、实验步骤

1. 色谱条件的确定

色谱柱:C_{18}色谱柱(4.6mm ×250mm,5μm);流动相:甲醇—水(60∶40)(此比例可根据所使用的色谱柱性能进行适当调节);流速:1.0mL·min^{-1};检测波长:257nm;柱温:25℃;内标物:非那西丁。

2. 内标溶液的配制

称取非那西丁约0.25g,精密称定,置于50mL量瓶中,加甲醇适量溶解,并稀释至刻度,摇匀即得。

3. 对照品溶液的配制

称取对乙酰氨基酚对照品约50mg,精密称定,置于100mL量瓶中,加适量甲醇溶解,再精密加入内标溶液10mL,用甲醇稀释至刻度,摇匀。精密量取1mL,置于50mL量瓶中,用流动相稀释至刻度,摇匀即得。

4. 试样溶液的配制

精密称取本品约50mg,置于100mL量瓶中,加适量甲醇溶解,再精密加入内标溶液10mL,用甲醇稀释至刻度,摇匀。精密量取1mL(若片剂需过滤取续滤液),置于50mL量瓶中,用流动相稀释至刻度,摇匀即得。

5. 进样分析

用微量注射器吸取对照品溶液,进样20μL,记录色谱图,重复3次。以同样方法分析试样溶液。按表12.2记录峰面积。

表12.2　对照品溶液、试样溶液和内标溶液的峰面积

项　目	对照品溶液			试样溶液		
	A_i	A_{is}	A_i/A_{is}	A_i	A_{is}	A_i/A_{is}
1						
2						
3						
平均值						

五、结果计算

按式(12.5)计算对乙酰氨基酚的百分含量。

$$\omega = \frac{(A_i/A_{is})_{试样}}{(A_i/A_{is})_{对照}} \times \frac{m_{i对照}}{m_{i试样}} \times 100\% \tag{12.5}$$

式中,$m_{i对照}$为对照溶液中组分i的质量,m_i试样为试样溶液的质量。

六、注意事项

(1)实验中可通过选择流动相的流速,使对乙酰氨基酚与内标物的分离度达到定量分析的要求。

(2)若已知内标校正曲线通过原点，并在一定范围内呈线性，则可用内标对比法测定。该法只需配制一种与待测组分浓度接近的对照品溶液，并在对照品溶液与试样溶液中加入等量内标物(可不必知道内标物的准确加入量)，即可在相同条件下进行测定。

七、思考题

(1)实验中试样溶液和对照品溶液中的内标物浓度是否必须相同？为什么？

(2)内标对比法有何优点？

(3)配制试样溶液时，为什么要使其浓度与对照品溶液的浓度相接近？

实验三　外标法测定阿莫西林胶囊中的阿莫西林含量

一、实验目的

(1)掌握外标法的实验步骤和计算方法。

(2)掌握外标法测定阿莫西林含量的方法。

二、实验原理

阿莫西林属于β内酰胺类抗生素，其结构式如图12.1所示。《中国药典》(2020年版)规定其标示量的百分含量不得少于95%。阿莫西林的分子结构中酰胺侧链为羟苯基取代，具有紫外吸收特性，因此可用紫外检测器检测。此外，分子中有一羧基，具有较强的酸性，因此以pH值小于7的缓冲溶液为流动相，采用外标法进行测定。

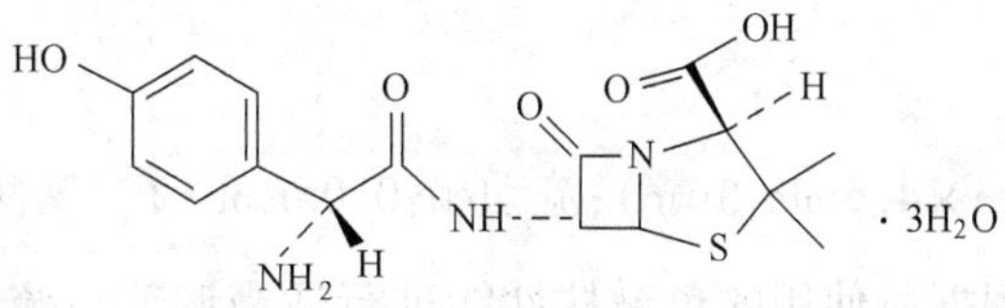

图12.1　阿莫西林的分子结构

外标法常用于测定药物主成分或某个杂质的含量，它是以待测组分的纯品作对照品，以对照品和试样中待测组分的峰面积相比较进行定量分析。外标法包括工作曲线法和外标一点法，在工作曲线的截距近似为零时，可用外标进行外标一点法。

进行外标一点法定量分析时，分别精密称(量)取一定量的对照品和试样，配制成溶液，分别进样相同体积的对照品溶液和试样溶液，在相同的色谱条件下，进行色谱分析，测得峰面积。用式(12.6)计算试样中待测组分的量或浓度。

$$m_i = (m_i)_s \times \frac{A_i}{(A_i)_s} \text{或} c_i = (c_i)_s \times \frac{A_i}{(A_i)_s} \tag{12.6}$$

式中，m_i、$(m_i)_s$、A_i、$(A_i)_s$、c_i、$(c_i)_s$分别为试样溶液中待测组分和对照品溶液中对照品的量、峰面积、浓度。

三、仪器与试剂

1. 仪器

高效液相色谱仪；C_{18}色谱柱；pH 计；量瓶(50mL)等。

2. 试剂

阿莫西林对照品；阿莫西林试样(原料药或胶囊)；磷酸二氢钾(A. R.)；氢氧化钾(A. R)；乙腈(色谱纯)；重蒸馏水等。

四、实验步骤

1. 试剂的配制

配制磷酸盐缓冲溶液：磷酸二氢钾 13.6g，用水溶解后稀释到 2000mL，用 2mol·L^{-1}氢氧化钾调节 pH 值至 5.0±0.1。

2. 对照品溶液的配制

取阿莫西林对照品约 25mg，精密称量，置于 50mL 量瓶中，加流动相溶解并稀释至刻度，摇匀。

3. 试样溶液的配制

取阿莫西林试样 25mg，精密称量，按上法配制试样溶液。

4. 色谱条件的确定

色谱柱：C_{18}柱(150mm×4.6mm，5μm)；流动相：0.05mol·L^{-1}磷酸盐缓冲溶液(pH5.0)—乙腈(97∶3)(此比例可根据所使用的色谱柱性能进行适当调节)；流速：1.0mL·min^{-1}；检测波长：UV254nm；柱温：室温。

5. 进样分析

用微量进样器分别取对照品溶液和试样溶液，各进样 20μL，记录色谱图，重复测定 3 次。

五、结果计算

以色谱峰面积计算试样中阿莫西林的量，再根据试样量 m 计算含量，计算公式见式(12.7)、式(12.8)：

$$m_i = (m_i)_s \times \frac{A_i}{(A_i)_s} \tag{12.7}$$

$$w = \frac{m_i}{m} \times 100 \tag{12.8}$$

六、注意事项

外标一点法误差的主要来源于进样量的精确与否，所以为保证进样准确进样时必须多吸取一些溶液，使溶液完全充满 20μL 的定量环。

七、思考题

(1)利用液相色谱法配备紫外检测器进行物质的定量分析时对物质结构有什么要求？

(2)实验完成后，为什么要用色谱甲醇冲洗色谱柱？

实验四　高效液相色谱法测定食品中苯乳酸、苯甲酸和山梨酸的含量

一、实验目的

(1)熟悉高效液相色谱法分离的基本原理。

(2)了解液相色谱仪的基本构造，掌握其基本操作技术。

(3)掌握高效液相色谱法应用于食品中苯乳酸、苯甲酸和山梨酸测定的方法。

二、实验原理

苯甲酸和山梨酸是最常用的食品防腐剂，但过多食用苯甲酸和山梨酸会影响人体对维生素和钙的吸收，加重人体肝脏负担，并引起毒症反应或诱发癌症。因此国家标准对苯甲酸、山梨酸的使用范围与限量做了严格规定。苯乳酸可以有效地防止食物腐败变质，而且对多种食源性致病菌都有很强的抑菌作用，可作为一种广谱的杀菌剂、天然新型防腐剂用于食品防腐保质。同时苯乳酸与防腐剂联合作用，可以有效减少食品中人工合成防腐剂的添加量，减少人工防腐剂对人体的危害。天然防腐剂苯乳酸复合其他人工合成防腐剂使用将成为食品防腐的发展趋势。由图 12.2 可知，3 种防腐剂都有紫外吸收，且各组分的最大吸收波长不同，但 3 种防腐剂在波长 220nm 处均有较强紫外吸收，为均衡 3 种防腐剂的检测灵敏度，选择 220nm 作为检测波长。利用

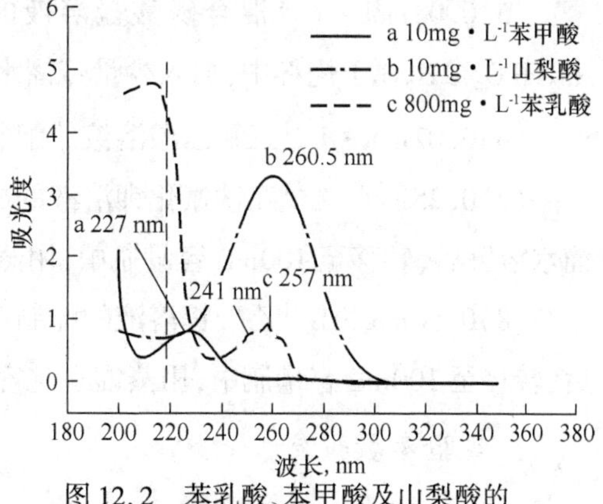

图 12.2　苯乳酸、苯甲酸及山梨酸的紫外吸收光谱图

高效液相色谱配备紫外检测器可同时测定苯乳酸、苯甲酸和山梨酸的含量。

三、仪器与试剂

1. 仪器

福立 LC5090 高效液相色谱色谱仪：浙江福立分析仪器股份有限公司；ATY124 分析天平：日本岛津公司；T9 紫外可见分光光度计：北京普析通用仪器有限责任公司；SB－120D 超声清洗机：宁波新芝生物科技股份有限公司。

2. 试剂

（1）标准品：苯乳酸、苯甲酸和山梨酸。

（2）其他试剂：乙酸铵、三氟乙酸、磷酸二氢钠、磷酸氢二钠、亚铁氰化钾和乙酸锌，上述试剂均为分析纯。

四、实验步骤

1. 溶液配制

（1）苯乳酸标准溶液的配制（$1000mg \cdot L^{-1}$）：准确称取 0.102g（精确到 0.1mg）苯乳酸于烧杯中，加入少量乙醇溶解后，转移至 100mL 容量瓶中，用蒸馏水定容。

（2）苯甲酸标准溶液的配制（$1000mg \cdot L^{-1}$）：准确称取 0.105g（精确到 0.1mg）苯乳酸于烧杯中，加入少量乙醇溶解后，转移至 100mL 容量瓶中，用蒸馏水定容。

（3）山梨酸标准溶液的配制（$1000mg \cdot L^{-1}$）：准确称取 0.107g（精确到 0.1mg）苯乳酸于烧杯中，加入少量乙醇溶解后，转移至 100mL 容量瓶中，用蒸馏水定容。

（4）$0.02mol \cdot L^{-1}$ 乙酸铵溶液的配制：准确称取 0.1g 乙酸铵于烧杯中，加入少量蒸馏水溶解后，转移至 100mL 容量瓶中，用蒸馏水定容。

（5）$0.02mol \cdot L^{-1}$ 混合磷酸盐溶液的配制：分别称取 0.78g $NaH_2PO_4.2H_2O$ 与 1.79g $Na_2HPO_4.2H_2O$ 于烧杯中，加入少量蒸馏水溶解后，转移至 500mL 容量瓶中，用蒸馏水定容。

（6）$0.02mol \cdot L^{-1}$ 三氟乙酸溶液的配制：取 0.74mL 三氟乙酸溶于 500mL 蒸馏水中。

（7）$0.25mol \cdot L^{-1}$ 亚铁氰化钾溶液的配制：称取 10.5g 亚铁氰化钾于烧杯中，加入少量蒸馏水溶解后，转移至 100mL 容量瓶中，用蒸馏水定容。

（8）$0.50mol \cdot L^{-1}$ 乙酸锌溶液的配制：称取 11.0g 乙酸锌于烧杯中，加入少量蒸馏水溶解后，转移至 100mL 容量瓶中，用蒸馏水定容。

2. 实验参数设定

色谱柱：采用 SapphiresilTMC18 柱（5μm 粒径，4.6mm × 250mm）；流动相：$0.02mol \cdot L^{-1}$ 乙酸铵（pH = 6.50）—甲醇溶液（V/V）= 80∶20；流速：$1mL \cdot min^{-1}$；进样量：20μL；进样方式：满

环进样；色谱柱温度：25℃；检测器：UV；检测波长：220nm。

3. 样品前处理

(1)含蛋白质的样品。准确称取2.5g样品于25mL比色管中，分别加入0.25mol·L^{-1}亚铁氰化钾溶液和0.50mol·L^{-1}乙酸锌溶液各1.0mL，用10%甲醇—水定容，振荡2.0min，混匀，取10mL溶液4000转条件下离心5.0min，取上层清液过0.22μm聚醚砜滤膜，待上机。

(2)其他样品。准确称取2.5g样品于25mL比色管中，用10%甲醇—水定容至10mL，涡旋振荡2.0min，混匀，取上层清液过0.22μm聚醚砜滤膜，待上机。

4. 上机操作

(1)准备流动相；超声脱处理；开机。

(2)冲洗色谱柱直至基线噪声平直。

(3)分离不同浓度的标准溶液(线性考察)。分别配制2.00mg·L^{-1}、5.00mg·L^{-1}、10.0mg·L^{-1}、20.0mg·L^{-1}、30.0mg·L^{-1}、40.0mg·L^{-1}、50.0mg·L^{-1}的混合标准溶液，上机测定其峰面积，以浓度为横坐标、峰面积为纵坐标分别绘制标准曲线，如图12.3所示。

(4)测试样品溶液，平行测定5次，评价精密度。

(5)考察加标回收率。

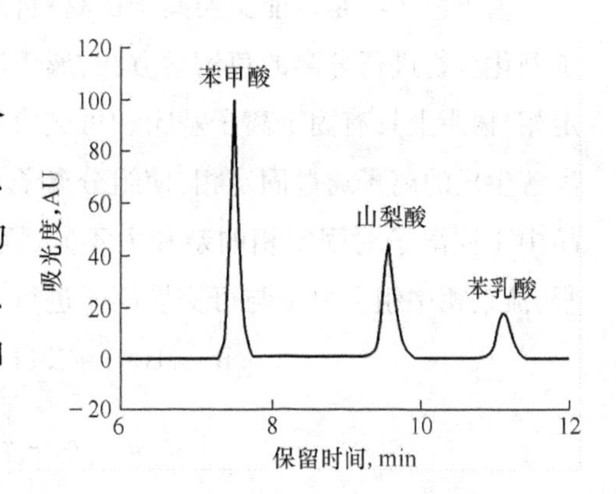

图12.3　苯乳酸、苯甲酸及山梨酸混标的高效液相色谱流出曲线

五、数据处理

(1)采用Excel方法或origin软件处理数据，绘制标准工作曲线。

(2)测定样品中防腐剂的浓度。

六、思考题

(1)液相色谱法定性、定量分析的依据是什么？

(2)如何评价混合组分的分离情况？

(3)如何调整色谱条件来改善混合组分的分离情况？

(4)液相色谱法分析样品中某种组分的含量，一般需要考察哪些指标？

第13章 离子色谱法

13.1 基础知识

13.1.1 离子色谱的基本原理

离子色谱法是以能交换离子的材料作为固定相,利用离子交换原理和液相色谱技术,对离子型化合物进行分离的色谱学方法,属于液相色谱法的重要分支。常用离子交换树脂作为固定相,树脂上具有固定离子基团和可交换的离子基团。样品进入色谱柱后,流动相将携带组分离解生成的离子通过固定相,使组分离子与树脂上可交换的离子基团进行可逆交换。由于样品中不同离子对固定相的亲和力不同,因而产生了差速迁移,进而实现分离。在离子交换过程,流动相中组分离子与可交换离子进行竞争吸附,阳离子交换平衡可表示为

$$R—M(s) + X^+(m) \rightleftharpoons R—X(s) + M^+(m)$$

$$K_c = \frac{[R—X]_s[M^+]_m}{[R—M]_s[X^+]_m} \tag{13.1}$$

阴离子交换平衡可表示为

$$R—A(s) + Y^-(m) \rightleftharpoons R—Y(s) + A^-(m)$$

$$K_a = \frac{[R—Y]_s[A^-]_m}{[R—A]_s[Y^-]_m} \tag{13.2}$$

式中,s 和 m 分别表示固定相和流动相;K_c、K_a分别为阳离子和阴离子交换反应的平衡常数;X^+和 Y^-表示组分离子;M^+和 A^-表示树脂上可交换离子。由此可见,平衡常数 K_c和 K_a值越大,组分离子与树脂的作用越强,在色谱柱中的停留时间越长,保留值也越大。

13.1.2 离子色谱法的分类

1. 离子交换色谱法

离子交换色谱法主要是应用离子交换原理,采用低交换容量的离子交换树脂来分离离子。它在离子色谱中应用最广泛,其主要填料类型有以下几种。

(1)有机离子交换树脂:以苯乙烯—二乙烯苯共聚体为骨架,在苯环上引入磺酸基形成强酸型阳离子交换树脂,引入叔胺基而成季胺型强碱性阴离子交换树脂,此交换树脂具有大孔、薄壳型或多孔表面层型的物理结构,便于快速达到交换平衡。离子交换树脂耐酸碱,可在任何

pH 范围内使用,易再生处理,使用寿命长;缺点是机械强度差,易溶胀,易受有机物污染。

(2)硅质键合离子交换剂:以硅胶为载体,将有离子交换基的有机硅烷与其表面的硅醇基反应形成化学键合型离子交换剂。其特点是柱效高、交换平衡快、机械强度高;缺点是不耐酸碱,只宜在 pH 值为 2 ~ 8 使用。

2. 离子对色谱法

离子对色谱的固定相为疏水型的中性填料,可用苯乙烯—二乙烯苯树脂或十八烷基硅胶(ODS),也可用 C8 硅胶或 CN 固定相。流动相由含有所谓对离子试剂和含适量有机溶剂的水溶液组成。对离子是指其电荷与待测离子相反并能与其生成疏水性离子对、化合物的表面活性剂离子,用于阴离子分离的对离子是烷基胺类,如氢氧化四丁基铵、氢氧化十六烷基三甲烷等;用于阳离子分离的对离子是烷基磺酸类,如己烷磺酸钠、庚烷磺酸钠等。对离子的非极性端亲脂,极性端亲水,其—CH_2键越长,则离子对化合物在固定相的保留越强。在极性流动相中往往加入一些有机溶剂,以加快淋洗速度。离子对色谱法主要用于疏水性阴离子及金属配合物的分离。

3. 离子排斥色谱法

离子排斥色谱法主要根据唐南(Donnan)膜排斥效应,电离组分受排斥不被保留,而弱酸有一定保留的原理。离子排斥色谱主要用于分离有机酸及无机含氧酸根,如硼酸根、碳酸根、硫酸根等,它主要采用高交换容量的磺化 H 型阳离子交换树脂为填料,以稀盐酸为淋洗液。

离子色谱法的特点是快速方便,用高效快速分离柱对七种常见阴离子实现基线分离只需 3min,灵敏度高,选择性好,分离柱的稳定性好、容量高。

13.1.3 离子色谱仪

离子色谱仪的构成与高效液相色谱仪相同,最基本的组件是流动相容器、高压输液泵、进样器、色谱柱、检测器和数据处理系统。此外,可根据需要配置流动相在线脱气装置、自动进样系统、流动相抑制系统、柱后反应系统和全自动控制系统等。

离子色谱仪的工作过程是:高压输液泵将流动相以稳定的流速(或压力)输送至分析体系,在色谱柱之前通过进样器将样品导入,流动相将样品带入色谱柱,在色谱柱中各组分被分离,并依次随流动相流至检测器。抑制型离子色谱仪则在电导检测器之前增加一个抑制柱,即用另一个高压输液泵将再生液输送到抑制柱,在抑制柱中,流动相的背景电导被降低,然后将流出物导入电导检测池,检测到的信号送至数据系统记录、处理或保存。非抑制型离子色谱仪不用抑制柱和输送再生液的高压泵,因此仪器的结构相对简单得多。

离子色谱仪使用注意事项如下:

(1)水和试剂:用水要求电阻率大于 18.2MΩ,无颗粒,用粒径不大于 0.45μm 的微孔滤膜过滤。试剂尽可能使用优级纯,配制标准的试剂应预先干燥,配好的试剂储存于聚丙烯瓶(PP)中,在4℃左右避光保存。

(2)淋洗液使用:淋洗液使用前应过滤、脱气,以去除其中的颗粒物及气泡。细菌会堵塞系统或破坏分离柱,因此淋洗液应当保持新鲜,定期更换。酸、碱两种性质淋洗液更换时,必须取下保护柱、分析柱和抑制器,连接全部管路,冲洗相应的酸和碱溶液。

(3)抑制器使用:避免在未通液体时抑制器空转,以减少柱芯陶瓷片磨损。长时间走基线时要定时切换抑制柱,否则背景值明显增高。电源关闭时不要连续向抑制器内泵淋洗液。停泵时抑制器电源应关闭。清洗抑制器时应先关闭抑制器电源;清洗后要向抑制器内泵10min高纯水,以便于平衡系统。离子色谱仪最好一周运行一次,若超过1个月未用,抑制器必须活化,取下抑制器后从四个小孔中注入10~30mL高纯水,放置30min后,重新连接后再使用,否则,容易损坏抑制器。

(4)色谱柱:清洗色谱柱时,最好分别清洗保护柱与分离柱;如要同时清洗,应将分离柱置于保护柱之前。色谱柱填料不同,其保存方法也各异。需要长时间保存时(30天以上),先按要求向柱内泵入保存液,然后将柱子从仪器上取下,用无孔接头将柱子两端堵死后放在通风干燥处保存。

(5)高压输液泵:启动泵前需观察从流动相瓶到泵之间的管路中是否有气泡,如果有则应将其排除。仪器使用前后,均需通纯水20min,前者用于清洗泵和整个流路,后者是将泵中残留的流动相清洗干净。

13.2 实　　验

实验一　离子色谱法测定水中常见4种阴离子的含量

一、实验目的

(1)掌握离子色谱法测定水中常见4种阴离子含量的基本原理。

(2)熟悉测定阴离子淋洗液系统的种类及一般选择方法。

(3)了解离子色谱仪的基本结构和操作方法。

二、实验原理

以氢氧化钠溶液为淋洗液,水样中待测阴离子(F^-、Cl^-、NO_3^-和SO_4^{2-})随淋洗液进入离子交换系统,根据分离柱对各阴离子的亲和度不同进行分离,用电导检测器测量各阴离子的电导率。根据相对保留时间定性、峰高或峰面积定量计算其质量浓度。

三、仪器与试剂

1. 仪器

离子色谱仪,配备电导检测器;超声波清洗器;容量瓶;烧杯;刻度吸管等。

2. 试剂

(1)纯水:新制备的去离子水(电阻率大于18.2MΩ·cm),并经过0.45μm微孔滤膜过滤和超声脱气。

(2)淋洗储备液(50% NaOH溶液):称取50.0g NaOH溶于纯水中,转移至100mL容量瓶,用纯水定容。

(3)淋洗液使用液($50mmol \cdot L^{-1}$ NaOH溶液):移取2.62mL NaOH储备液,用超纯水稀释至1L。

(4)4种阴离子标准储备液(F^-、Cl^-、NO_3^-和SO_4^{2-} 的质量浓度均为$1.0mg \cdot mL^{-1}$):称取适量的NaF、KCl、$NaNO_3$和K_2SO_4(于105℃下烘干2h,保存在干燥器内)溶于纯水中,分别转移至4个1000mL容量瓶中,纯水定容。或采用由中国计量科学研究院提供的标准溶液,浓度均为$1 \times 10^3 \mu g \cdot mL^{-1}$。

(5)4种阴离子混合标准使用液(F^- $10mg \cdot L^{-1}$,Cl^- $20mg \cdot L^{-1}$,NO_3^- $20mg \cdot L^{-1}$和SO_4^{2-} $80mg \cdot L^{-1}$):分别移取F^-标准储备液1.00mL、Cl^-和NO_3^-标准储备液各2.00mL、NO_3^-标准储备液8.00mL于100mL容量瓶中,纯水定容。

四、实验步骤

1. 样品的预处理

将水样经0.45μm微孔滤膜过滤除去浑浊物质。对硬度高的水样,可先经过阳离子交换树脂柱,然后再用0.45μm微孔滤膜过滤。对含有机物水样,可先用C_{18}固相萃取小柱过滤去除有机物,同时做样品空白,用纯水代管水样。

2. 标准系列的配制

分别准确移取0、1.00mL、2.00mL、3.00mL、4.00mL、5.00mL四种阴离子混合标准液于10mL容量瓶中,纯水定容。配制的标准系列质量F^-浓度分别为$0.0mg \cdot L^{-1}$、$1.0mg \cdot L^{-1}$、$2.0mg \cdot L^{-1}$、$3.0mg \cdot L^{-1}$、$4.0mg \cdot L^{-1}$、$5.0mg \cdot L^{-1}$,Cl^-和NO_3^-质量浓度分别为$0.0mg \cdot L^{-1}$、$2.0mg \cdot L^{-1}$、$4.0mg \cdot L^{-1}$、$6.0mg \cdot L^{-1}$、$8.0mg \cdot L^{-1}$、$10.0mg \cdot L^{-1}$,SO_4^{2-} 质量浓度分别为0.0、$8.0mg \cdot L^{-1}$、$16.0mg \cdot L^{-1}$、$24.0mg \cdot L^{-1}$、$32.0mg \cdot L^{-1}$、$40.0mg \cdot L^{-1}$。

3. 色谱参考条件

色谱柱:AS19(4.0mm×250mm)分析柱,AG19(4.0mm×50mm)保护柱;检测器:电导检测

器;阴离子抑制器:ASRS300 - 4mm,抑制电流 30mA;淋洗液:50% 纯水 + 50% 50mmol · L^{-1} NaOH 溶液;流速:1.0mL · min^{-1},进样体积:25μL;柱温:30℃。

4. 测定

(1)标准曲线的绘制:在设定的仪器工作条件下浓度从低到高依次测定标准系列,测定前标准溶液需经 0.45μm 微孔滤膜过滤。以峰面积为纵坐标,质量浓度为横坐标,分别绘制各阴离子标准曲线图,计算回归方程。

(2)样品测定:将预处理好的样品直接进样,依据色谱峰的保留时间定性分析,峰面积定量计算。从标准曲线上查出或根据回归方程求出样品液中各阴离子的质量浓度。

5. 结果处理

按照式(13.3),可计算水样中 F^-、Cl^-、NO_3^-和 SO_4^{2-} 的质量浓度(mg · L^{-1}):

$$\rho = \frac{A - A_0 - a}{b} \tag{13.3}$$

式中,ρ 为水样中某种阴离子的质量浓度,mg · L^{-1};A 为水样中某种阴离子的峰面积值(或峰高);A_0为空白试样的峰面积值(或峰高);b 为回归方程斜率;a 为回归方程截距。

五、注意事项

(1)所用淋洗液和样品应过滤(0.45μm 微孔滤膜)并用超声波清洗器脱气。

(2)流动相瓶中滤头要注意始终处于液面以下,防止将溶液吸干。

(3)使用阴离子色谱柱检测,通流动相时注意将电流旋钮翻开,调至 90 ~ 100mA;使用完毕后要将电流旋钮封闭。

六、思考题

(1)离子色谱仪常用的检测器有哪些?

(2)为什么需要在电导检测器前加入抑制器?

实验二　离子色谱法测定水中 6 种阳离子的含量

一、实验目的

(1)掌握离子色谱法测定阳离子含量的基本原理。

(2)熟悉离子色谱仪的构造和测定阳离子的操作方法。

(3)了解饮用水的预处理方法。

二、实验原理

水样中阳离子 Li^+、Na^+、NH_4^+、K^+、Ca^{2+} 和 Mg^{2+} 随甲烷磺酸（MSA）淋洗液进入阳离子分离柱，根据离子交换树脂对各阳离子的不同亲合程度进行分离，分离后的各组分流经抑制系统，将强电解的淋洗液转换为电解溶液，降低了背景电导。流经电导检测系统，测量各阳离子组分的电导率，根据相对保留时间定性分析，利用峰高或峰面积定量计算。

三、仪器与试剂

1. 仪器

离子色谱仪，配备电导检测器；超声波清洗器；容量瓶；烧杯；刻度吸管等

2. 试剂

（1）实验用水：新制备的去离子水（电阻率大于 18.2MΩ · cm），并经过 0.45μm 微孔度吸管等。

（2）淋洗储备液（$1.00moL \cdot L^{-1}$ 甲烷磺酸溶液）：移取 32.36mL 甲烷磺酸（GR）溶于纯水中，然后移至 500mL 容量瓶中，用水稀释至标线，混匀。储存于聚乙烯塑料瓶中，于冰箱 4℃内避光保存。

（3）淋洗使用液（$20mmoL \cdot L^{-1}$ 甲烷磺酸溶液）：准确移取 20.00mL 淋洗储备液于 1000mL 容量瓶中，用水稀释至标线，混匀。储存于聚乙烯塑料瓶中，此淋洗液应每隔 3 天重新配制一次。

（4）6 种阳离子标准储备液（Li^+、Na^+、NH_4^+、K^+、Ca^{2+} 和 Mg^{2+} 的质量浓度均为 $1.0mg \cdot mL^{-1}$）：称取适量的 $LiNO_3$、$NaNO_3$、KNO_3 和 NH_4Cl（于 105℃下烘干 2h，保存在干燥器内），以及 $Ca(NO_3)_2$、$Mg(NO_3)_2$（试剂使用前，干燥器中平衡 24h）溶于纯水中，分别转移到 6 个 1000mL 容量瓶中，纯水定容。储存于聚乙烯塑料瓶中，于冰箱 4℃内保存。或采用由中国计量科学研究院提供的标准溶液，浓度均为 $1 \times 10^3 \mu g \cdot mL^{-1}$。

（5）6 种阳离子混合标准使用液（Li^+ $5mg \cdot L^{-1}$，Na^+ $125mg \cdot L^{-1}$，NH_4^+ $125mg \cdot L^{-1}$，K^+ $125mg \cdot L^{-1}$，Ca^{2+} $2500mg \cdot L^{-1}$，Mg^{2+} $75mg \cdot L^{-1}$）：分别移取 Li^+ 标准储备液 0.50mL，Na^+、K^+ 和 NH_4^+ 标准储备液各 12.50mL，Ca^{2+} 标准储备液 50.00mL，以及 Mg^{2+} 标准储备液 7.50mL 于 100mL 容量瓶中，纯水定容。储存于聚乙烯塑料瓶中，于冰箱 4℃内保存。

四、实验步骤

1. 水样的预处理

饮用水样在经过 0.45μm 滤膜过滤后可直接进样。同时做样品空白，用纯水代替水样。

2. 标准系列的配制

分别准确移取0、1.00、2.00、3.00、5.00mL 6种阳离子混合标准使用液于25mL容量瓶中,纯水定容。配制成5种不同浓度的6种阳离子(Li^+、Na^+、NH_4^+、K^+、Ca^{2+}、Mg^{2+})的配制的标准系列,浓度见表13.1。

表13.1 6种阳离子标准系列的质量浓度

目标物	标准系列质量浓度,mg·L⁻				
	1#	2#	3#	4#	5#
Li^+	0.00	0.20	0.40	0.60	1.00
Na^+	0.00	5.00	10.00	15.00	25.00
NH_4^+	0.00	5.00	10.00	15.00	25.00
K^+	0.00	5.00	10.00	15.00	25.00
Ca^{2+}	0.00	20.00	40.00	60.00	100.00
Mg^{2+}	0.00	3.00	6.00	9.00	15.00

3. 色谱参考条件

色谱柱:Ion Pac CS12A(4.0mm×250mm)分析柱,Ion Pac CG12A(4.0mm×50mm)保护柱;检测器:电导检测器;抑制器:CSRS300-4mm,自循环再生模式,抑制电流59mA;淋洗液:20mmoL·L^{-1}甲烷磺酸;流速:1.0mL·min^{-1};进样体积:25μL;柱温:30℃。

4. 测定

(1)标准曲线的绘制:在设定的仪器工作条件下浓度从低到高依次测定标准系列,测定前标准溶液需经0.45μm微孔滤膜过滤。以各阳离子浓度为横坐标,峰面积为纵坐标,绘制各阳离子标准曲线图,计算回归方程。

(2)样品测定:将预处理好的样品直接进样,依据色谱峰的保留时间定性分析,峰面积定量计算。从标准曲线上查出或根据回归方程求出样品液中各阳离子的质量浓度。

5. 结果处理

按照下式,可计算水样中Li^+、Na^+、NH_4^+、K^+、Ca^{2+}、Mg^{2+}的质量浓度(mg·L^{-1}):

$$p = \frac{A - A_0 - a}{b} \tag{13.4}$$

式中,p为水样中某种阳离子的质量浓度,mg·L^{-1};A为水样中某种阳离子的峰面积值(或峰高);A_0为空白试样的峰面积值(或峰高);b为回归方程斜率;a为回归方程截距。

四、注意事项

(1)测定阳离子时最好用塑料容量瓶和移液管。不可将原子吸收光谱法的阳离子标准溶液用来做离子色谱分析。

(2)进样时阀的扳动要注意,不能太快,以免损伤阀体;也不能太慢,以免造成样品流失。在进样过程中,要严格按清洗程序操作,以减小前次样品残留对本次检测的影响。

五、思考题

(1)电导检测器为什么可作为离子色谱分析的检测器?

(2)为什么离子色谱仪要求实验用水要求电阻率大于18.2MΩ·cm?

第14章　毛细管电泳

14.1　基础知识

14.1.1　毛细管电泳基本原理

将开管柱气相色谱理论与技术应用于经典电泳，出现了一种新的高效分离方法——毛细管电泳（HPCE），又称高效毛细管电泳，它是离子或荷电粒子以电场力为驱动力，在毛细管中按其淌度或分配系数不同进行高效、快速分离的一种电泳新技术。HPCE 分离模式多，包括毛细管区带电泳、胶束电动色谱、毛细管等电聚焦电泳、毛细管等速电泳、毛细管凝胶电泳、毛细管电色谱等。各种分离模式之间转换容易，适用范围广。HPCE 分离效率高，通常情况下理论塔板数可达 40 万块 · m^{-1}；分离速率快，多数小于 30min，最快几秒钟；样品量消耗少，分离溶剂仅为几微升，进样量纳升（10^{-9}L）级；工作成本低，操作简便，环境污染小。HPCE 在生命科学、药学、医学、中药分析、食品化学、环境化学和法医学等领域都得到广泛的应用。

在 HPCE 分析中，带电粒子的电泳速率正比于荷质比 q/r（q 为粒子所带电荷，r 为粒子在溶液中的流体力学半径）、电场强度 E，而与溶液黏度 η 成反比。

HPCE 另外一个重要的性质就是电渗流（electroosmotic flow，EOF）。电渗流是指毛细管中体相溶液在外加电场下整体朝一个方向运动的现象。如图 14.1 所示，当缓冲溶液的 pH > 4，石英管壁上的硅醇基（≡Si—OH）离解生成阴离子（≡Si—O$^-$），使表面带负电荷，它又会吸引溶液中的正离子，形成双电层，从而在管内形成一个个紧挨的“液环”，在强电场的作用下自然向阴极移动形成电渗流。

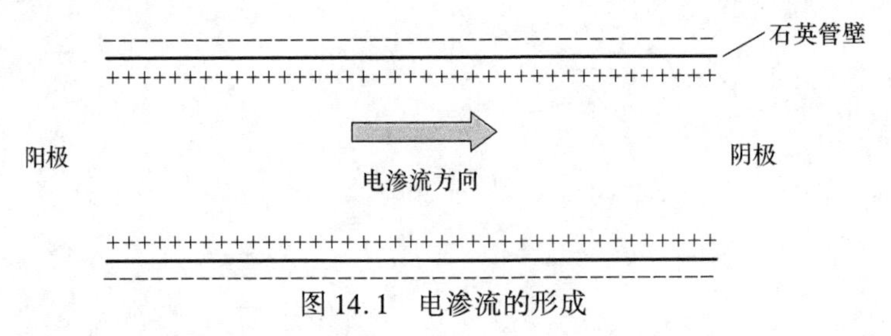

图 14.1　电渗流的形成

多数情况下电渗流的速率比电泳速率快 5 ~ 7 倍，因此在 HPCE 中可以使正、负离子和中性分子一起朝一个方向产生差速迁移，在一次操作中同时完成正、负离子的分离分析。在有电渗流存在下，离子迁移速度是电泳和电渗流两个速度的矢量和，即

$$\boldsymbol{v}_{ap} = \boldsymbol{v}_{ef} + \boldsymbol{v}_{eo} = (\boldsymbol{\mu}_{ef} + \boldsymbol{\mu}_{eo})\boldsymbol{E} = \boldsymbol{\mu}_{ap}\boldsymbol{E}$$

式中,$\boldsymbol{v}_{ap}$为离子的表观速度;$\boldsymbol{v}_{ef}$为离子的电泳速度;$\boldsymbol{v}_{eo}$为电渗流速度;$\boldsymbol{\mu}_{ap}$为离子的表观淌度;$\boldsymbol{\mu}_{ef}$为离子的有效淌度;$\boldsymbol{\mu}_{eo}$为电渗淌度。

电渗流是 HPCE 具备高分离效率的重要原因之一。如图 14.2 所示,电渗流驱动的液体流型为“塞子流”,即在管内径向不同位置处,液体的流动速度保持一致,不会引起溶质区带展宽。而在压力驱动的层流中,其流型为抛物线型,即存在径向速度差,由此可以造成溶质区带展宽。

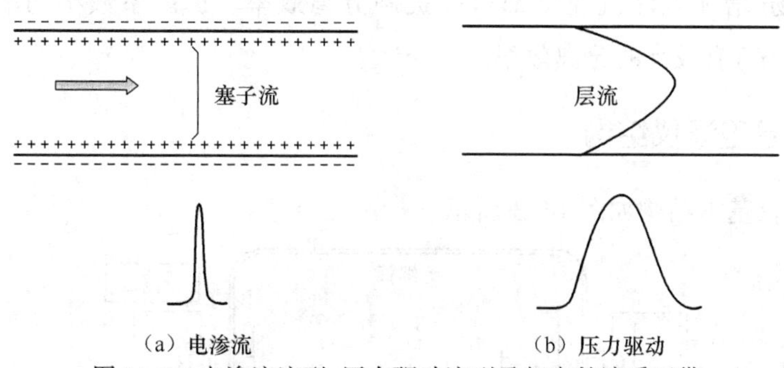

图 14.2 电渗流流型、压力驱动流型及相应的溶质区带

电渗流的大小对 HPCE 的分离效率和分离度均有影响,其细微变化会影响 HPCE 分离的重现性(迁移时间和峰面积),因此电渗流是优化分离条件的重要参数之一。控制电渗流的方法主要有:(1)改变缓冲液成分和浓度;(2)改变 pH 值;(3)加入添加剂;(4)毛细管内壁改性(物理或化学方法涂层及动态去活);(5)改变温度;(6)外加径向电场等。

将电渗流改性剂[如十六烷基三甲基溴化铵(CTAB)等]加入缓冲溶液,CTAB 在毛细管壁上的吸附使石英毛细管壁由带负电转变为带正电,从而使原本由正极流向负极的电渗流变为由负极流向正极。此时,阴离子的电泳方向与电渗流方向一致,其表观淌度大,可以在短时间内得到分离。

HPCE 中没有固定相,消除了来自涡流扩散和固定相的传质阻力,而且作为分离柱的毛细管管径很细,也使流动相传质阻力降至次要地位。因此,纵向分子扩散成为样品区带展宽的主要因素。HIPCE 的分离效率用理论塔板数表示为

$$N = \frac{l^2}{\sigma^2} \tag{14.1}$$

式中,l 为样品注入口到检测器的毛细管长度,称为有效长度;σ 为标准偏差。

若只考虑纵向分子扩散,由此引起的标准偏差可表示为

$$\sigma = \sqrt{2Dt} \tag{14.2}$$

式中,D 为扩散系数;迁移时间 t 可以表示为

$$t = \frac{l}{\mu E} = \frac{lL}{\mu V} \tag{14.3}$$

式中,L 为毛细管总长度;V 为外加电压。

因此,理论塔板数可以表示为

$$N = \frac{\mu Vl}{2DL} \tag{14.4}$$

在电渗流存在下,用表观淌度代替,则有

$$N = \frac{Vl}{2DL}(\mu_{ef} + \mu_{eo}) \tag{14.5}$$

可见,使用高电场、增加电渗流速度都可以提高分离效率。扩散系数小的溶质(如蛋白质、DNA 等生物大分子)有较高的分离效率。

14.1.2 毛细管电泳仪结构

毛细管电泳仪基本结构如图 14.3 所示。

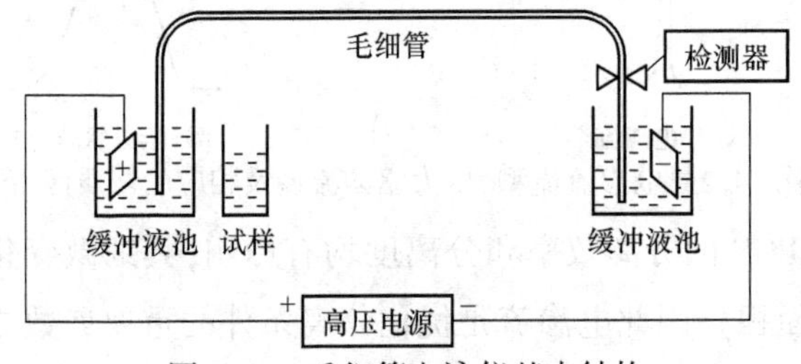

图 14.3 毛细管电泳仪基本结构

(1)高压电源:恒压、恒流、恒功率输出 0 ~ 30kV 稳定、连续可调的直流电源。

(2)毛细管:内径 20 ~ 75μm,外径 350 ~ 400μm,长度不大于 1m,材料为石英或玻璃。

(3)缓冲液池:要求化学惰性,机械稳定性好。

(4)检测器:类型及特点见表 14.1。

表 14.1 毛细管电泳仪检测器类型及特点

类型	检测限,mol	特点
紫外—可见	10^{-15} ~ 10^{-13}	加二极管阵列,光谱信息
荧光	10^{-17} ~ 10^{-15}	灵敏度高,样品需衍生
激光诱导荧光	10^{-20} ~ 10^{-18}	灵敏度极高,样品需衍生
电导	10^{-19} ~ 10^{-18}	离子灵敏,需专用的装置

14.1.3 毛细管电泳仪使用注意事项

(1)制作毛细管检测窗口时,窗口的宽度以 2 ~ 3mm 为宜。一般情况下推荐用打火机烧制窗口,然后用浸有 95% 乙醇的脱脂棉将表面的黑色残留物擦拭干净。请勿用手触摸已擦拭干净的窗口,若不慎碰触,需用浸有 95% 乙醇的脱脂棉擦干净。

(2)切制毛细管时,不能用刀片把毛细管压断,也不可以来回划割毛细管。正确方法是刀片与桌面有一个45°左右的角度，朝一个方向一次性划过切割即可。必要时毛细管末端以超细砂纸磨平。安装完毕后，毛细管两端必须保持在同一水平高度。

(3)新安装的毛细管，在清洗开始的1～3min内观察毛细管的出口端是否有液滴流出，以确保毛细管未堵塞或未被折断。若未观察到液滴流出，需取出安装毛细管的卡盒，查看毛细管是否有断裂，若未断裂，可以用水反向高压冲洗以解决此问题；若发生堵塞或断裂，应重新更换毛细管，并重复上述操作，直至在毛细管出口端观察到有液滴出现。

(4)样品液面高度和样品瓶的清洗：缓冲溶液瓶中分离缓冲溶液的液面高度不能超过缓冲溶液瓶瓶颈。为确保盛装分离缓冲溶液的瓶内液面高度一致，应使用移液器移取分离缓冲溶液。缓冲溶液瓶口和瓶颈内部不得沾有液体，否则可能会导致漏电现象发生。缓冲溶液瓶盖及样品瓶盖洗净后要自然晾干。用于装废液的样品瓶要及时清理，不可过满。

(5)如有样品瓶或实验物品在实验过程中不慎落入仪器内，请在关闭主机电源后及时将落入物取出。实验过程中出现任何问题，请及时与指导老师联系，排除故障后继续实验。

(6)实验结束后，未涂层的熔融石英毛细管要用水清洗5～10min，防止分离缓冲溶液在毛细管内析出结晶从而堵塞毛细管。将所有的缓冲溶液瓶及样品瓶取出清洗干净。长时间不用时，将毛细管在空气或氮气流下吹干后保存。按要求正确关机，清理实验台面，填写仪器使用记录。

14.2　实　　验

实验一　毛细管电泳仪性能测试

一、实验目的

(1)掌握毛细管区带电泳—直接紫外法检测苯甲酸和山梨酸的原理。

(2)熟悉毛细管电泳仪的基本操作和性能测试方法。

(3)了解毛细管电泳仪的基本结构。

二、实验原理

一般情况下，毛细管区带电泳是正极端进样，负极端检测。对于未涂层熔融石英毛细管，电渗流通常从正极端流向负极端。苯甲酸的$pK_a=4.20$，山梨酸的$pK_a=4.77$，在碱性分离缓冲溶液中，两者均带负电，向正极端迁移，与电渗流方向相反。由于在碱性分离缓冲液中，电渗流速度大于苯甲酸及山梨酸电泳的速度，故带负电的苯甲酸和山梨酸能够被电渗流驱动至负极端的检测窗口而被检测。苯甲酸和山梨酸的最大吸收波长分别为220nm和251nm，为实现两者的同时分离与测定，采用直接紫外法在214nm进行检测。

毛细管电泳仪性能实验指标主要包括基线噪声、基线漂移、定性重复性、定量重复性、柱效、分离度等，其中，基线噪声、基线漂移、定性重复性及定量重复性是衡量仪器稳定性的指标，《毛细管电泳仪检定规程》(JJG 964—2001)规定仪器性能指标值见表14.2。

表14.2　毛细管电泳仪性能指标值

基线噪声	基线漂移	定性重复性	定量重复性
≤0.0005AU	≤0.002AU/h	≤1.5%	≤3.0%

柱效(N)是衡量分离技术获得又窄又锐的色谱峰或电泳峰能力的重要指标，分离度(R)是反映N和选择性的指标，被称为总分离效能指标。R越大，毛细管的分离效率越高，相邻两组分分离效果越好，获得的电泳峰越窄、越锐。

三、仪器与试剂

1. 仪器

毛细管电泳仪，配置紫外或二极管阵列检测器；分析天平：感量0.001g、0.0001g；漩涡混合器；带刻度15mL离心管，带刻度50mL塑料离心管，10mL容量瓶，5mL容量瓶，1.5mL塑料离心管。

2. 试剂

十水合四硼酸钠($Na_2B_4O_7 \cdot 10H_2O$)(分析纯)；乙腈(CH_3CN)(色谱纯)；氢氧化钠($NaOH$)(优级纯)；苯甲酸($C_7H_6O_2$)和山梨酸($C_6H_8O_2$)标准物质(纯度不低于98%)；GB/T 6682—2008规定的一级水；酱油样品(市售)。

(1)分离缓冲液($20mmol \cdot L^{-1} Na_2B_4O_7$)：准确称取0.076g十水合四硼酸钠($Na_2B_4O_7 \cdot 10H_2O$)置于带刻度15mL离心管中，加水溶解、定容至10mL，混匀。

(2)氢氧化钠溶液($1mol \cdot L^{-1}$)：称取2g氢氧化钠($NaOH$)，置于带刻度50mL塑料离心管中，用水溶解、稀释、定容至50mL，混匀。注意，若用玻璃容器配制氢氧化钠溶液，需将配制好的溶液转移至塑料容器中。

(3)苯甲酸和山梨酸标准混合储备溶液($10g \cdot L^{-1}$)：准确称取苯甲酸($C_7H_6O_2$)、山梨酸($C_6H_8O_2$)标准物质各100mg，分别置于同一个10mL容量瓶中，使用乙腈(CH_3CN)溶解、稀释、定容至10mL，4℃冰箱保存。

(4)苯甲酸和山梨酸标准应用液的配制：将苯甲酸($C_7H_6O_2$)和山梨酸($C_6H_8O_2$)标准混合储备液用乙腈(CH_3CN)逐级稀释，配制成苯甲酸和山梨酸标准混合液，质量浓度分别为$31.25mg \cdot L^{-1}$、$62.5mg \cdot L^{-1}$、$125mg \cdot L^{-1}$、$250mg \cdot L^{-1}$、$500mg \cdot L^{-1}$、$1000mg \cdot L^{-1}$，然后使用移液器移取20μL每个质量浓度的标准溶液，再加入380μL水，分别稀释成$1.56mg \cdot L^{-1}$、

3.125mg·L^{-1}、6.25mg·L^{-1}、12.5mg·L^{-1}、25mg·L^{-1}、50mg·L^{-1}的应用液(含5%乙腈),4℃冰箱保存。

四、实验步骤

1.毛细管安装及活化

(1)安装毛细管,使用未涂层熔融石英毛细管(内径50μm;长度40.2cm,有效长度30cm)。

(2)将1mol·L^{-1}氢氧化钠溶液和水分别装入样品瓶中,将分离缓冲液分别装入3个样品瓶中,其中一个样品瓶专用于冲洗毛细管。

(3)开机后,在20.0psi的压力下,依次用1mol·L^{-1}氢氧化钠溶液冲洗20.0min、水冲洗5.0min、分离缓冲液冲洗5.0min,以充分活化毛细管。

2.仪器运行程序设定

(1)1mol·L^{-1}氢氧化钠冲洗:冲洗压力为20.0psi,冲洗时间为2.0min。

(2)水冲洗:冲洗压力为20.0psi,冲洗时间为2.0min。

(3)分离缓冲溶液冲洗:冲洗压力为20.0psi,冲洗时间为2.0min。

(4)进样时间为10.0s;进样压力为0.5psi。

(5)分离时间为3.5min;分离电压为28.0kV(正电压)。

(6)检测波长:214nm。

3.测定

(1)样品前处理:移取酱油0.7mL于1.5mL塑料离心管中并称重,记录酱油质量,加入0.7mL乙腈,涡旋1min,静置分层。取上层溶液,用水稀释20倍,溶液中乙腈含量为5%,以保证苯甲酸及山梨酸的溶解性。

(2)定性分析:按仪器运行程序,将苯甲酸及山梨酸标准应用液注入毛细管电泳仪,根据迁移时间及光谱图定性或加标确认定性。

(3)定量分析:待苯甲酸及山梨酸迁移时间稳定后,方可进行定量分析。采用校正峰面积外标标准曲线定量测定。以标准溶液的质量浓度为横坐标,对应的校正峰面积为纵坐标,制作标准曲线,计算线性回归方程及相关系数(R^2),以样品的校正峰面积及标准曲线比较定量。

(4)平行实验:按以上步骤,对同一样品平行测定三次。

4.基线噪声和基线漂移测定

使用分离缓冲液进样,稳定30min后,采集60min的基线数据。

5. 定性重复性和定量重复性测定

按仪器运行程序，将 6.25mg・L^{-1}苯甲酸及 6.25mg・L^{-1}山梨酸混合标准溶液连续进样 7 次，计算迁移时间及校正峰面积的重现性。

五、数据处理

(1) 酱油中苯甲酸或山梨酸含量按公式(14.6)计算：

$$X = c \times V \times \frac{f}{100 \times m} \tag{14.6}$$

式中，X 为样品中苯甲酸或山梨酸的含量，g・kg^{-1}；c 为仪器测得样液中苯甲酸或山梨酸质量浓度，mg・L^{-1}；V 为乙腈溶剂体积，mL，本实验中为 0.7mL；m 为样品质量，g；f 为稀释倍数。

计算结果保留三位有效数字。

(2) 基线噪声和基线漂移测定。根据基线 60min 数据，测量并计算基线噪声和基线漂移。

(3) 定性重复性和定量重复性测定。根据 6.25mg・L^{-1}苯甲酸及 6.25mg・L^{-1}山梨酸标准溶液 7 次的数据，计算迁移时间和校正峰面积的相对标准偏差(*RSD*，%)。

(4) 理论塔板数 N 按公式(14.7)计算：

$$N = 16\left(\frac{t_R}{W}\right)^2 \tag{14.7}$$

式中，t_R为迁移时间，min 或 s；W 为峰底宽度，min 或 s。

(5) 分离度 R 按公式(14.8)计算：

$$R = \frac{2(t_{R2} - t_{R1})}{(W_1 + W_2)} \tag{14.8}$$

式中，t_{R1} 为山梨酸的迁移时间，min 或 s；t_{R2} 为苯甲酸的迁移时间，min 或 s；W_1 为山梨酸的峰底宽度，min 或 s；W_2 为苯甲酸的峰底宽度，min 或 s。

参考电泳图如图 14.4、图 14.5 所示。

六、注意事项

(1) 山梨酸及苯甲酸标准溶液的迁移时间稳定后方可进行定性、定量测定。

(2) 为确保苯甲酸及山梨酸的溶解性，标准及样品溶液中乙腈含量为 5%。

七、思考题

(1) 酱油中添加的防腐剂对羟基苯甲酸乙酯能用此方法进行分析吗？

(2) 分别计算熔融石英毛细管分离苯甲酸及山梨酸的柱效 N 和分离度 R。

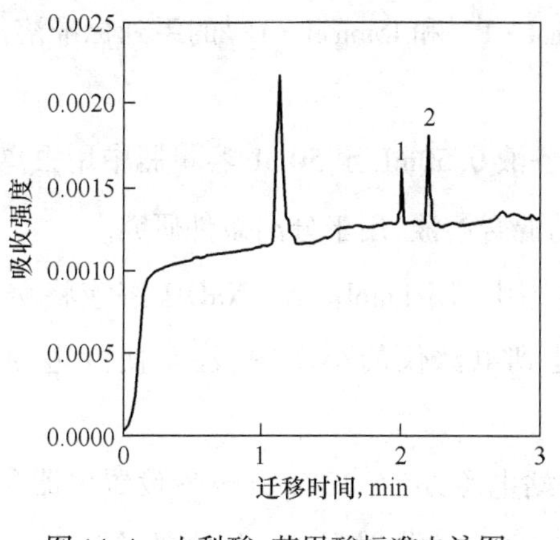

图 14.4　山梨酸、苯甲酸标准电泳图

1—山梨酸;2—苯甲酸

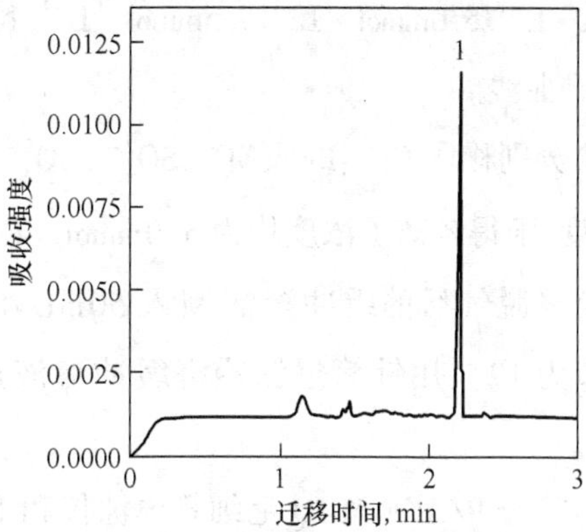

图 14.5　酱油样品中电泳图

1—苯甲酸

实验二　毛细管电泳测定自来水中阴离子的含量

一、实验目的

(1)掌握毛细管电泳的基本原理和仪器的基本操作。

(2)利用间接紫外法测定阴离子的含量,掌握间接紫外法检测法的基本原理。

二、实验原理

原理见 14.1 节。

三、仪器与试剂

1. 仪器

P/ACE MDQ 毛细管电泳仪;75μm ×50/57cm 石英毛细管。

2. 试剂

缓冲溶液:准确称取 4.6806gNa_2CrO_4和 0.0364gCTAB,溶于水并定容至 1L(CrO_4^{2-} 浓度为 20mmol · L^{-1},CTAB 浓度为 0.1mmol · L^{-1}),超声脱气 5min 备用;标准储备溶液:分别称取经过干燥处理的 NaBr、NaCl、$NaNO_3$、Na_2SO_4、Na_2CO_3若干,配制 0.5000mol · L^{-1}的 Cl^-、Br^-、NO_3^-、SO_4^{2-}、CO_3^{2-} 储备液;待测样品:自来水,矿泉水。

四、实验步骤

(1)分别移取 Cl^-、Br^-、NO_3^-、SO_4^{2-}、CO_3^{2-} 储备液 0.10mL、0.25mL、0.50mL、0.75mL、1.00mL、1.50mL 至 50mL 容量瓶中,用去离子水稀释至刻度配得各离子浓度分别为 1.0mmol · L^{-1}、

2.5mmol · L^{-1}、5.0mmol · L^{-1}、7.5mmol · L^{-1}、10mmol · L^{-1}和15mmol · L^{-1}的系列标准溶液，用于测定标准曲线。

(2)分别移取 Cl^-、Br^-、NO_3^-、SO_4^{2-}、CO_3^{2-} 储备液0.50mL至50mL容量瓶中用去离子水稀释至刻度，配得各离子浓度均为5.0mmol · L^{-1}的混合溶液，用于分离条件研究。

(3)将脱气后的缓冲溶液倒入50mL小烧杯中，用1mol · L^{-1} NaOH溶液将缓冲溶液pH调节为12。用针筒过滤器将缓冲溶液过滤到电泳仪的小瓶中，注意使两边的液面保持一致。

(4)打开P/ACE MDQ毛细管电泳仪和工作站电源，进入32Karat软件设置仪器参数。分离电压：10kV(负极进样，正极检测)；分离时间：10mim；进样时间：3s(压力进样0.5psi)；柱温：20℃；样品放置位置：左：A1.空瓶、B1.缓冲溶液、C1.0.1mol · L^{-1} NaOH溶液、D1.纯水、A2.待测样品，右：A1.空瓶、B1.缓冲溶液、C1.废液。

(5)每次分离前，分别用0.1mol · L^{-1} NaOH溶液和去离子水清洗毛细管1min，用缓冲溶液平衡毛细管3min(可依据实际情况调整)。

(6)分别对单组分溶液进行分析(进样)，测定各组分的迁移时间。对混合样进行分析(进样)，对比各单组分的迁移时间进行定性分析。

(7)用配制的标准溶液分别进样，进行定量标定。

(8)在上述条件下对自来水样品中的无机阴离子进行分析。

五、结果处理

(1)绘制标准出线。

(2)计算未知样品中各离子的浓度。

六、注意事项

(1)实验过程中应及时补充清洗毛细管用的水、酸、碱和缓冲溶液。缓冲溶液每3h需重新更换，调pH值，否则pH值会降低，不能保证分析的重现性。

(2)分离过程中，单位长度毛细管的功率应低于0.05W · cm^{-1}，以免损坏毛细管。

(3)在直接控制窗口点击“load”，待样品托盘推出后才可以打开盖子放入小玻璃瓶，并且实验过程中必须等仪器将上一步操作完成后才能进行下一步操作。

(4)每次在工作站中对参数或方法更改后都要仔细检查确认，在对进样的瓶号和位置更改后要检查是否与毛细管电泳仪中的实际位置相符合。

(5)实验结束后，用去离子水清洗毛细管10min，再用空气冲洗10min，以免残留的缓冲溶液堵塞毛细管。

七、思考题

(1)为什么高效毛细管电泳分析测定所使用的缓冲溶液每3h需重新更换,调pH值?

(2)在毛细管中实现电泳分离有什么优点?

实验三　毛细管电泳测定阿司匹林中的水杨酸

一、实验目的

(1)了解毛细管电泳仪的基本结构和使用方法。

(2)掌握毛细管电泳仪的Chrom&Spec色谱数据工作站。

(3)掌握用毛细管电泳进行定性和定量分析的方法。

二、实验原理

电泳是指电场作用下离子或带电粒子在缓冲溶液中以不同的速度或速率向其所带电荷相反方向迁移的现象。毛细管电泳用淌度来描述带电粒子的电泳行为与特性。

电渗流是毛细管中的整体溶剂或介质在轴向直流电场作用下发生的定向迁移或流动现象。电渗流的方向与管壁表面定域电荷所具有的电泳方向相反。电渗流的产生和双电层有关,当在毛细管两端施加高压电场时,双电层中溶剂化的阳离子向阴极运动,通过碰撞作用带动溶剂分子一起向阴极移动形成电渗流,相当于HPLC的压力泵加压驱动流动相流动。

电渗流的大小可用电渗淌度μ_{eo}或电渗流速度v_{eo}度量:

$$v_{eo} = \mu_{eo} E \tag{14.9}$$

式中,v_{eo}为电渗流速度;　μ_{eo}为电渗淌度。

在有电渗流存在的情况下,带电粒子在毛细管内电解质溶液中的迁移速度v等于电泳速度v_{ep}和电渗流速度v_{eo}的总和:

$$v = v_{ep} + v_{eo} = (\mu_{ep} + \mu_{eo})E \tag{14.10}$$

式中,v_{ep}为电泳速度;　μ_{ep}为电泳淌度。

在毛细管电泳分离中,电渗流的方向一般是正极到负极,阳离子向阴极迁移,与电渗流的方向一致,移动速率最快,所以最先流出;阴离子向阳极迁移,与电渗流的方向相反,但电渗移动速率一般都大于电泳速率,所以阴离子被电渗流携带缓慢移向阴极;中性分子则随电渗流迁移,彼此不能分离,从而将阳离子、中性分子和阴离子先后分别带到毛细管的同一末端检出。

阿司匹林是一种抗菌消炎药,同时具有软化血管、预防心血管疾病的功效。其中主要成分为乙酰水杨酸,并含有少量杂质水杨酸,结构如图14.6所示。《中国药典》将阿司匹林中水杨酸杂质的含量作为一项质量控制指标,规定不得超过0.1%。阿司匹林水杨酸的测定方法有比值导数及紫外吸收光谱法。毛细管电泳以其高效、快速、微量的优势,在药物分析中得到了广泛应用。

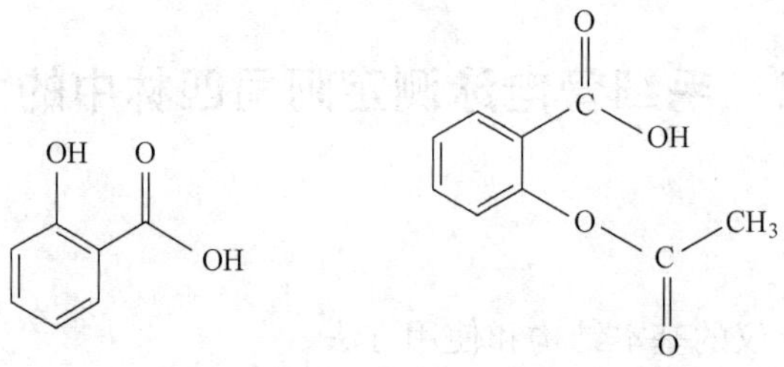

图14.6 水杨酸和乙酰水杨酸的结构

三、仪器与试剂

1. 仪器

Capel-105型毛细管电泳仪,配套Chrom & Spec色谱数据工作站;石英毛细管柱(65cm×100μm);酸度计;超声波清洗机;滤膜(水相,0.45μm);振荡器;离心机;烧杯(100mL);移液管(5mL);容量瓶(10mL、100mL);移液枪(10~100μL、100~1000μL)。

2. 试剂

水杨酸(分析纯);四硼酸钠(分析纯);氢氧化钠(分析纯);十二烷基硫酸钠(分析纯);阿司匹林(药店提供)。

3. 缓冲溶液

缓冲溶液含2.00mmol·L^{-1}的四硼酸钠和4.00mmol·L^{-1}的十二烷基硫酸钠,用0.1000mol·L^{-1}的氢氧化钠将缓冲液pH值调到9.00。

四、实验步骤

(1)仪器的预热和毛细管的冲洗:在实验教师的指导下,打开仪器和配套的工作站。毛细管柱在使用前分别用0.1000mol·L^{-1}NaOH溶液、去离子水及缓冲液依次冲洗3min,再在运行电压下平衡5min。以后每次进样前用缓冲液冲柱3min。

(2)电泳参数设置:本实验采用电迁移进样(15kV、5s),高压端进样,低压端检测,工作电压为20kV,检测波长为210nm。

(3)1000μg·mL^{-1}水杨酸标准储备液的配制:准确称取0.1000g水杨酸于100mL小烧杯

中,加水溶解,转移至100mL容量瓶中,定容,作为标准储备液。

(4)系列标准溶液的配制:分别移取1000μg·mL^{-1}水杨酸标准储备液0.05mL、0.20mL、0.50mL、1.00mL、3.00mL、5.00mL于10mL容量瓶中,用去离子水定容。水杨酸系列标准溶液的浓度分别为5μg·mL^{-1}、20μg·mL^{-1}、50μg·mL^{-1}、100μg·mL^{-1}、300μg·mL^{-1}、500μg·mL^{-1}。

(5)水杨酸系列标准溶液的测定:分别测定5μg·mL^{-1}、20μg·mL^{-1}、50μg·mL^{-1}、100μg·mL^{-1}、300μg·mL^{-1}、500μg·mL^{-1}水杨酸系列标准溶液。每个浓度平行测定三次。

(6)样品处理:将五片阿司匹林药片研碎成粉末,准确称量粉末状样品的质量并记录。将其倒入烧杯,加去离子水30mL,搅拌后,在振荡器中振荡10min。然后放入离心机中,在3500r·min^{-1}转速下离心分离10min,将上层清液转入100mL容量瓶中,定容。

(7)阿司匹林药片中水杨酸含量的测定:取阿司匹林药片溶液,在上述电泳条件下测定样品溶液,平行测定三次;把一定浓度的水杨酸加入样品溶液中进行测定;计算水杨酸的质量分数。

五、注意事项

(1)冲洗毛细管时禁止在毛细管上施加电压;严格按实验要求进行操作,不允许改动其他工作条件。

(2)冲洗毛细管对于实验结果的可靠性和重现性至关重要,务必认真完成每一次冲洗,不允许缩短冲洗时间或者不冲洗。

(3)每组实验做完后一定要用去离子水冲洗毛细管,并用空气吹干,防止毛细管堵塞,影响结果的测定。

六、数据记录及结果处理

1.阿司匹林中水杨酸的定性分析

打开水杨酸标准样品、阿司匹林样品、水杨酸加阿司匹林样品这三个谱图,通过水杨酸样品与阿司匹林样品两个谱图比较,能够确定阿司匹林样品中是否存在水杨酸;通过阿司匹林样品与水杨酸加阿司匹林样品两个谱图比较,能够确定哪一个峰是水杨酸的峰。

2.阿司匹林中水杨酸的定量分析

(1)水杨酸标准曲线的绘制。打开谱图采集窗口,打开样品谱图,依次点击“Makereport”“Report”后,可看到谱图中峰的信息,包括保留时间和峰面积,并记录峰面积。按此步骤,记录测定的一系列浓度样品峰的峰面积,平行实验的峰面积取三次进样的平均值。在Microsoft Excel工作表中作峰面积—浓度的线性关系图并给出线性方程。

(2)将样品中水杨酸峰面积的平均值代入上步的峰面积—浓度线性方程,可求得水杨酸的浓度,并算出阿司匹林中水杨酸的质量分数。

七、思考题

(1)毛细管电泳仪的分离原理是什么?

(2)毛细管电泳有几种分离模式?常用的是哪种?简述其分离原理。

第15章　气相色谱—质谱联用法

15.1　基础知识

15.1.1　气相色谱—质谱联用仪的结构及原理

气相色谱—质谱联用仪(GC－MS)由气相色谱仪、接口、质谱仪组成。气相色谱仪分离样品中的各组分;接口把气相色谱仪分离出的各组分送入质谱仪进行检测,起到气相色谱和质谱之间的适配器作用;质谱仪对接口引入的各组分依次进行分析,成为气相色谱仪的检测器。计算机系统交互式地控制气相色谱、接口和质谱仪,进行数据的采集和处理,是GC－MS的中心控制单元。

与气相色谱联用的质谱仪类型多种多样,主要根据分析器的不同,有四级杆质谱仪、磁质谱仪、离子阱质谱仪及飞行时间质谱仪等。样品中气体状态的分子进入质谱仪的离子源之后,被离解为带电离子,还会有一部分载气进入离子源(GC－MS操作中常用氦气作载气)。这部分载气和质谱仪内残余气体分子一起被离解为离子并构成本底。样品离子和本底离子一起被离子源的加速电压加速,射向质谱仪的分析器中,分析器的作用是将电离后混合的碎片进行分离,根据分析器上所加载的电压的不同,在特定的时间内只有特定质荷比(m/z)的碎片通过,位于分析器后部的高能打拿极和倍增器将信号转换和放大后在质谱工作站软件显示出来就描绘出该组分的色谱峰。总离子色谱峰由底到峰顶再下降的过程,就是某组分出现在离子源的过程。目前绝大多数质谱仪都与数据系统连接,得到的质谱信号可通过计算机接口输入计算机。在进行分析操作时,从进样起,质谱仪开始在预定的质量范围内,磁场作自动循环扫描,每次扫描给出一组质谱,存入计算机,计算机算出每组质谱的全部峰强总和,作为再现色谱峰的纵坐标;每次扫描的起始时间作为横坐标。这样每一次扫描给出一个点,这些点连线给出一个再现的色谱峰。它和总离子色谱峰相似。数据系统可给出再现色谱峰峰顶所对应的时间,即保留时间。再现的色谱峰可以计算峰面积进行定量分析。利用再现的色谱峰,可任意调出色谱上任何一点所对应的一组质谱。

15.1.2　气相色谱—质谱联用仪使用注意事项

(1)载气纯度必须达到99.99%,载气纯度不够,或剩余的载气量不够时,会造成基线噪声过大而影响分析。一般情况下,当气瓶的压力降低到1MPa左右时,最好更换载气,以防止瓶底残余物对气路的污染。

(2)对检测灵敏度要求越高时,对载气纯度的要求也越高。即使使用99.99%的高纯气体,在进入色谱前,最好也经过净化,以尽可能除去载气中的残留烃类化合物、氧、氮和水等杂质,延长色谱柱使用寿命,降低背景噪声,使基线更加稳定。氦气通常使用专用的氦气净化管。净化装置应及时更换,避免净化管吸附饱和后影响净化效果。

(3)色谱柱使用时应注意说明书中标明的最高温度,不能超过色谱柱的温度上限,否则会造成固定液流失。使用极性色谱柱时,应尽可能除去载气中的氧,以延长色谱柱使用寿命。色谱柱拆下后通常将色谱柱的两端插入旧进样垫内。

(4)充分做好样品前处理,尽可能除去容易污染色谱柱和质谱系统的杂质。为更好保护色谱柱,衬管中装填一定量的石英棉可以吸附一些难以气化的杂质。

(5)色谱柱的安装应按照说明书操作,切割时应用专用的割刀,切割面要平整。不同规格的毛细管柱选用合适的石墨垫圈。安装时先接进样口一端,开机通载气,将柱出口端插入盛有有机溶剂的小烧杯,查看是否有气泡。确认色谱柱通气后再连接至质谱接口。

(6)新购买的毛细管柱一般出厂前已老化好,使用前不需要再进行长时间老化。新柱子老化时不要接质谱检测器。老化程序初始温度一般从50℃开始,以低升温速率(如5℃·min^{-1})慢慢升温,最高温度通常低于上限温度20℃左右并保持1h。一般运行2~3次老化程序即可。

(7)新安装的色谱柱在第一次由高温降回低温时,因石墨垫圈热胀冷缩影响密封性,需重新将色谱柱两端的螺母拧紧。

(8)质谱真空是否出现泄漏,可从空气(水)的背景图谱进行判断。m/z为18、m/z为28、m/z为32是水(空气)的特征峰。如果m/z为28的峰远高于m/z为18的峰,且与m/z为32的峰的比例符合空气中氮气和氧气的比例,则可以判断有泄露。

(9)泄漏通常会发生在管路接头、GC进样口、色谱柱两端和离子源的仓门处。可用适量的石油醚涂抹上述位置,每次一个位置,先后顺序依照离MS部分由近及远的原则。在适当的时间后,观察m/z为43是否出现大的响应峰,如出现,则说明在刚刚涂抹石油醚的位置存在泄漏。

(10)更换进样隔垫时,注意进样口螺母不要拧得太紧,否则隔垫被压紧,橡胶失去弹性,针扎下去时容易使针头弯折,且会使隔垫使用寿命缩短。注意进样口温度不要超出隔垫允许的最高温度。

(11)进样隔垫的使用寿命一般是进样100次左右,注意及时更换隔垫。

(12)毛细管进样口有分流和不分流两种进样方式,相对应的有分流衬管和不分流衬管,两种衬管不要混用,安装时上下不要装反。

(13)分流衬管内必须装填一定量的石英棉以避免分流歧视效应,不分流衬管中装填少量石英棉可以提高结果重现性,但要考虑石英棉对样品是否有吸附,如是强吸附性样品,建议不加石英棉并在正常分析前先注入高浓度标样或样品基质以“脏化”衬管，保证重现性。

(14)衬管的洁净度直接影响到仪器的检测限，应注意对衬管进行检查，更换下来的衬管可以用丙酮或异丙醇超声清洗，取出烘干后继续使用。如不能用有机溶剂清洗干净，则可先浸泡在稀硝酸或洗液中，之后再用溶剂清洗。

(15)GC - MS 检测样品时要求质谱部分处于高真空状态，真空度越高，检测灵敏度越高。因此，只在对质谱仪进行维护或较长时间(数周)不使用仪器时，可以卸掉真空，关闭系统。平日待机时只需将载气流量减小、各部分温度设定在较低温度即可。

(16)如果仪器之前处于关闭状态，开启系统后，质谱仪开始抽真空，此时通常需要等待 2 ~ 3h 后才能检测样品。检测灵敏度要求越高，等待的时间应越长。

(17)为尽可能延长灯丝使用寿命，应设定合适的溶剂切割时间，保证在溶剂峰出峰的时候灯丝处于关闭状态，溶剂出峰后再打开灯丝。

(18)采用 SCAN(扫描)方式采集时，应设定合适的质量范围，如果没有特别小的质量数需要采集，低质量数端可以从 45 开始以消除空气和水的影响，高质量端可以根据检测组分的分子量信息设定。质量范围越宽，检测灵敏度越低。保证每个组内采集的质量数不要太多。

(19)采用 SIM(选择离子监测)方式采集时，需要对采集质量数进行分组，为提高灵敏度，可以多分组以保证每个组内采集的质量数不要太多。

(20)质谱检测器是高灵敏度检测器，适于对微量组分的检测。如果样品浓度较高，容易污染仪器、损坏灯丝和导致检测器饱和。最好先对样品进行适当的稀释或设定合适的分流比进样。

15.2 实　　验

实验一　气相色谱—质谱联用仪主要性能检定

一、实验目的

(1)掌握气相色谱—质谱联用仪的工作原理。

(2)熟悉气相色谱—质谱联用仪的基本操作。

(3)学会气相色谱—质谱联用仪的性能参数及测定法。

二、实验原理

经过气相色谱分离后的单一组分有机化合物样品，由导入系统进入离子源，通过离子化技术将进入的气态物质分子转化成气态离子，即失去外层价电子而形成分子离子，分子离子的某些化学键有规律断裂而形成碎片离子。在电场作用下,获得一定加速度的离子进入质量分析器,在磁场力的作用下按照离子的质荷比进行分离。不同质荷比离子依据质荷比大小依次进入检测器而产生随离子流强度变化而变化的电信号。所有的电信号经处理而得到离子流相对强度(或离子的相对丰度)对离子质荷比的质谱图。通过解析,可获得有机化合物的分子式和结构的信息。

为保证气相色谱—质谱联用仪性能处于正常状态,根据 JJF 1164—2018《气相色谱—质谱联用仪校准规范》,着重从质量准确性、分辨率、信噪比、测量重复性几个方面对仪器进行评价和校准。各参数的主要技术指标要求见表 15.1。

表 15.1 气相色谱—质谱联用仪主要技术指标

技术指标		要求
质量范围		≥600u
质量准确性		±0.3u
分辨率($W_{1/2}$)		<1u
信噪比	EI	100pg 八氟萘,$m/z=272$ 处,$S/N\geq10:1$(峰峰值)
	正 CI	10.0ng 苯甲酮,$m/z=183$ 处,$S/N\geq10:1$(峰峰值)
	负 CI	100pg 八氟萘,$m/z=272$ 处,$S/N\geq100:1$(峰峰值)
测量重复性(RSD)		≤10%
谱库检索		10ng 硬脂酸,相似度不小于 75%

三、仪器与试剂

1. 仪器

气相色谱—质谱联用仪;1 ~ 10μL 微量注射器。

2. 试剂

100pg · μL^{-1} 八氟萘—异辛烷溶液标准物质;10ng · μL^{-1} 苯甲酮—异辛烷溶液标准物质;10ng · μL^{-1} 八氟萘—异辛烷溶液标准物质;10ng · μL^{-1} 硬脂酸甲酯—异辛烷测试溶液;液相色谱级或同等级别异辛烷或正已烷。

四、实验步骤

1. 开机

先开启氦气瓶开关,将分压表调至 0.8MPa,打开气相色谱仪开关,再打开质谱仪开关。

2. 泄漏检验

真空度达到 10^{-4}Torr 时,点击"Peak Monior View",进行泄漏检验。确认 $m/z=18$、$m/z=28$、$m/z=32$、$m/z=69$ 的比例关系及确认是否漏气:通常 $m/z=18>m/z=28$,表示不漏气;如果

$m/z=28$ 的强度同时大于 $m/z=18$、$m/z=69$ 的两倍,表明漏气。

3. 仪器调谐

设立自动调谐参数,进行自动调谐。调谐包括自动调谐和手动调谐两类,自动调谐中包括自动调谐、标准谱图调谐、快速调谐等方式。如果分析结果将进行谱库检索,一般先进行自动调谐,然后进行标准谱图调谐以保证谱库检索的可靠性。

4. 建立仪器的方法文件

仪器的方法文件主要用来设定仪器各部件的工作状态,主要设置色谱条件和质谱条件。

1)色谱条件

色谱柱:DB-5MS(30m×0.25mm×0.25μm),或其他类似色谱柱;进样口温度:250℃;传输线温度:250℃;进样方式:不分流进样;进样量:1μL;载气:高纯氦气;流速:1.0mL·min^{-1}。

升温程序:测定八氟萘和苯甲酮时,初始70℃保持2min,10℃·min^{-1}升温至220℃,保持5min;测定八氟萘和硬脂酸甲酯时,初始150℃,10℃·min^{-1}升温至250℃,保持5min。

2)质谱条件

EI源:离子化能量:70eV;扫描范围:信噪比测试,$m/z=200\sim300$;质量准确性测试,$m/z=20\sim350$;重复性测试,$m/z=200\sim300$;溶剂延迟:3min(或视具体情况而定);其他参数,如电子倍增器或光电倍增器工作电压,均以自动或手动调谐时确定的值作为校准参数。

CI源反应气:根据厂家推荐方法选择载气种类和流量;扫描范围:负CI源信噪比测试 $m/z=200\sim300$,正CI源信噪比测试 $m/z=100\sim230$,重复性测试根据测试对象确定;溶剂延迟,3min(或视具体情况而定);离子源和四极杆温度:根据厂家推荐值设定;其他参数,如电子倍增器或光电倍增器工作电压,均以自动或手动调谐时确定的值作为校准参数。

5. 仪器进行评价和校准

1)分辨率(resolution)

分辨两个相邻质谱峰的能力,对于台式GC-MS以某质谱峰在峰高50%处的峰宽度(半峰宽)表示,记为 $W_{1/2}$,单位u。

仪器稳定后,执行Autotune命令进行自动调谐,直至调谐通过,打印调谐报告,得到半峰宽 $W_{1/2}$。

注意:调谐通常使用的样品为全氟三丁胺(FC-43);也可以手动调谐。

2)质量范围

以全氟三丁胺为调谐样品进行调谐,质量数设定达到600以上,观察是否出现质量数600以上(含600)的质谱峰。

3)信噪比

信噪比系指待测样品信号强度与基线噪声的比值,记为 S/N。其中,基线噪声系指基线峰底与峰谷之间的宽度。

(1)EI 源:仪器调谐通过后,按前述条件,注入 100pg · μL^{-1}八氟萘—异辛烷溶液 1.0μL,提取 $m/z=272$ 的离子,再现质量色谱图。根据公式(15.1)计算 S/N:

$$S/N = H_{272}/H_{噪声} \tag{15.1}$$

式中,H_{272}为提取离子(m/z)的峰高;$H_{噪声}$为基线噪声。

(2)正 CI 源:参照前述条件,注入 10.0ng · μL^{-1}苯丙酮异辛烷溶液 1.0μL,提取 $m/z=183$ 的离子,再现质量色谱图,根据式(15.1)计算 S/N。

(3)负 CI 源:参照前述条件,注入 100pg · μL^{-1}氟萘—异辛烷溶液 1.0μL,提取 $m/z=272$ 的离子,再现质量色清图,根据式(15.1)计算 S/N。

4)质量准确性

仪器调谐过后,按照调谐的条件,注入 10ng · μL^{-1}硬脂酸甲酯—异辛烷测试溶液 1.0μL。记录 $m/z=74$、143、199、255 和 298 等硬脂酸甲酯主要离子的实测质量数,有效数值保留到小数点后两位,理论值见表 15.2。根据式(15.2)计算质量准确性。

$$\Delta M = \overline{M_{i测量}} - M_{i理论} \tag{15.2}$$

式中,$\overline{M_{i测量}}$为第 i 个离子三次测量平均值,u;$M_{i理论}$为第 i 个离子理论值,u。

表 15.2 硬脂酸甲酯主要离子峰理论值

离子	74	87	129	143	199	255	267	298
理论值	74.04	87.04	129.09	143.11	199.17	255.23	267.27	298.29

5)测量重复性

根据前述仪器条件,注入 1.0μL 质量浓度为 10.0ng · μL^{-1}的六氯苯—异辛烷溶液,连续进样 6 次,记录总离子流色谱图,提取六氯苯特征离子 $m/z=284$,再现质量色谱图,按质量色谱峰进行面积积分,根据式(15.3)计算 RSD。

$$RSD = \sqrt{\frac{\sum_{i=1}^{6}(x_i - \bar{x})^2}{6-1}} \times \frac{1}{\bar{x}} \times 100\% \tag{15.3}$$

式中,RSD 为相对标准偏差,%;x_i为六氯苯第 i 次测量峰面积或保留时间;$\bar{x}$为六氯苯 6 次测量峰面积的算术平均值。

注意:对于 CI 源,可采用相应的测试灵敏度的标准物质进行重复性测量。

6)谱库检索

根据质量准确性测试总离子流色谱图,得到硬脂酸甲酯质谱图,扣除本底后,在系统提示的谱库内对硬脂酸甲酯进行检索。

7)结果要求

仪器接受考察的各项主要技术指标,应当符合表15.1要求。

五、注意事项

(1)仪器室内不得有强烈的机械振动和电磁干扰,不得存放与实验无关的易燃、易爆和强腐蚀性气体或试剂。

(2)实验室温度:15~27℃;相对湿度:不高于75%。

(3)进行性能测试前,必须进行调谐,并保证仪器处于正常工作状态。

六、思考题

(1)气相色谱—质谱联用仪由哪几个部分组成?

(2)检查气相色谱—质谱联用仪的上述性能有何实际意义?

(3)质谱调谐使用的全氟三丁胺(FC-43)的质谱图主要由哪些质谱峰构成?

(4)质谱的分辨率及色谱的分离度分别代表什么意义?二者有什么区别和联系?

实验二　气相色谱—质谱联用法检测方便面中的抗氧化剂

一、实验目的

(1)掌握GC-MS工作的基本原理。

(2)了解GC-MS的基本结构及操作。

(3)初步学会分离检测条件的设定。

(4)初步学会谱图的定性定量分析。

二、实验原理

GC-MS由两个主要部分组成,即气相色谱部分和质谱部分。气相色谱使用毛细管柱,其关键参数是柱的尺寸(长度、直径、液膜厚度)及固定相性质(如5%苯基聚硅氧烷)。当试样流经柱子时,根据各组分分子化学性质的差异而进行分离。分子被柱子所保留,然后,在不同时间(称为保留时间)流出柱子。流出柱子的分子被下游的质谱分析器俘获、离子化、加速、偏向,最终分别测定离子化的分子。质谱仪是将每个分子断裂成离子化碎片,并通过其质荷比来进行测定的。

GC－MS把气相色谱和质谱这两部分放在一起使用要比单独使用某一部分对物质进行识别精细很多倍。单用气相色谱或质谱是不可能精确地识别一种特定分子的。通常，经质谱仪处理的样品，对纯度的要求很高，而使用传统检测器的气相色谱（如火焰离子化检测器），当有多种分子通过色谱柱的时间一样（具有相同的保留时间）时，这样会导致两种或多种分子在同一时间流出柱子，不能予以区分。在单独使用质谱检测器时，也会出现质荷比相似的离子化碎片。将这两种方法结合起来，则能减少误差，因为两种分子同时具有相同的色谱行为和质谱行为的现象实属罕见。因此，当一张分子识别质谱图出现在某一特定的GC－MS分析的保留时间时，将典型地增高对样品中感兴趣的被分析物的确定性。

三、仪器与试剂

1．仪器

GC－MS－QP2010Plus气相色谱—质谱联用仪。

2．试剂

甲醇（色谱纯）；叔丁基－4－羟基茴香醚（BHA）；特叔丁基对苯二酚（TBHQ）；2，6－二叔丁基－4－甲基苯酚（BHT）；无水乙醇。

四、实验内容

1．操作参数

1）气相色谱

色谱柱：DB－5MS（30m×0.32mm，0.25μm）；柱流速：1.0mL·min^{-1}；进样方式：不分流；进样量：1μL；程序升温：100℃，然后30℃·min^{-1}升至170℃，再以5℃·min^{-1}升至190℃，最后40℃·min^{-1}升至220℃，保持1min；进样口温度：250℃。

2）质谱条件

离子源温度：250℃；接口温度：220℃；离子化方式：EI；电子能量：70eV；溶剂延迟时间：3min；扫描模式：全扫描模式（fullscan）。

2．实验操作步骤

1）样品前处理

准确称取（2.0000±0.0005）g经过捣碎的面饼，用10mL无水乙醇分三次（5mL、3mL和2mL）进行超声提取，每次10min，然后9000r·min^{-1}离心5min，将三次提取的上清液混合，氮气吹干，并用1mL甲醇复溶，待测。

2)GC-MS 检测

(1)开机。

开载气→开质谱(红色按钮)→开气相色谱→开计算机→开实时分析软件,确认联机(一短一长两声鸣响)。

(2)实时分析操作。

①抽真空(过夜)→检查漏气→调谐→保存调谐文件。

②点击“数据采集”,按“操作参数”编辑方法,保存方法,完成。

③打开方法文件,点击样品登录(输入数据文件名、样品瓶号、调谐文件),待机(上传方法),当开始按钮变为绿色时,点击“开始”,进行检测。

(3)检测开始后,仪器开始工作,等待样品检测完成,打开再解析分析软件,进行物质的定性定量分析。

3. 检测步骤

(1)定量分析线性范围实验。配制不同浓度的 BHA、BHT 和 TBHQ 标准混合溶液,在实验条件下进样分析,获得不同浓度标准品溶液的色谱图。

(2)检测实际样品。

(3)实际样品加标实验。向上述实际样品中加入其中一种标准品,其余各成分含量不变,在相同条件下进样分析,获得色谱图。

4. 数据记录

(1)线性范围测定。将各物质不同浓度的峰面积记录在表 15.3 中。

表 15.3　三种抗氧化剂的峰面积

浓度,$\mu g \cdot mL^{-1}$	BHA	BHT	TBHQ
5			
10			
20			
50			
100			

(2)检测实际样品。将样品测定结果填入表 15.4 中。

表 15.4　实际样品中被测物的峰面积

实际样品中物质	BHA	BHT	TBHQ
峰面积			

(3)实际样品加标实验。

五、数据处理

(1)调用色谱图,对标准品色谱图进行相似度检索,确定各抗氧化剂的保留时间。

(2)积分不同浓度抗氧化剂标准品溶液的色谱图,得到对应色谱峰的峰面积。

(3)根据各标准品峰面积,绘制标准曲线,并计算标准曲线的线性方程和线性相关系数。

(4)根据标准曲线,计算样品中所含抗氧化剂的种类及其含量。

(5)计算加标浓度和加标回收率。

六、思考题

(1)气相色谱—质谱联用仪主要包括哪几部分?

(2)什么类型的样品适用于气相色谱—质谱联用法检测?

(3)本实验中质谱检测采用什么方式?

实验三　气相色谱—质谱联用法测定化妆品中的 TBP、TCEP、TCPP 和 TDCPP

一、实验目的

(1)理解 GC - MS 工作的基本原理。

(2)熟悉 GC - MS 的基本结构及操作。

(3)初步学会分离检测条件的设定。

(4)初步学会谱图的定性定量分析。

二、实验原理

化妆品中的磷酸三丁酯(TBP)、磷酸三(2 - 氯乙基)酯(TCEP)、三(1 - 氯 - 2 - 丙基)磷酸酯(TCPP)和磷酸三(1,3 - 二氯 - 2 - 丙基)酯(TDCPP)经乙腈提取后,固相萃取净化,气相色谱—质谱检测,外标法定量。

三、仪器与试剂

1. 仪器

ATY124 电子天平,日本岛津;QL - 901 漩涡混合器;SB - 120D 超声波清洗机;台式电动离心机;GCMS - QP2010 气相色谱—质谱联用仪,配 EI 源检测器。

2. 试剂

磷酸三丁酯(TBP)、磷酸三(2－氯乙基)酯(TCEP),购买自上海 aladdin 公司;三(1－氯－2－丙基)磷酸酯(TCPP)、磷酸三(1,3－二氯－2－丙基)酯(TDCPP),购买自德国的 Dr. Ehrenstorfer公司;乙腈、二氯甲烷、乙酸乙酯、环己烷、正己烷、甲醇等溶剂均为 HPLC 纯,水为高纯水。

四、实验内容

1. 操作参数

1)气相色谱

色谱柱:SH－Rxi－5Sil MS 色谱柱(30m×0.25mm×0.25μm);载气:氦气,纯度大于99.99%;柱流速:1.0mL·min^{-1};进样方式:不分流;进样量:1μL;程序升温:初始温度为60℃,保持1min,以15℃·min^{-1}速率升温至150℃,再以30℃·min^{-1}速率升温至225℃,再以20℃·min^{-1}速率升温至250℃,最后以2℃·min^{-1}速率升温至270℃,保持3min;进样口温度:230℃。

2)质谱条件

离子源温度:230℃;接口温度:270℃;离子化方式:EI;电子能量:70eV;溶剂延迟时间:3min;扫描模式:选择离子模式(SIM);特征离子:见表15.5。

表15.5　4种目标化合物的质谱监测条件

化合物	分子式	分子量	定性离子	定量离子
TBP	$C_{12}H_{27}O_4P$	266.32	137　211	155
TCEP	$C_6H_{12}C_{13}O_4P$	285.48	205　251	249
TCPP	$C_9H_{18}C_{13}O_4P$	327.57	277　279	201
TDCPP	$C_9H_{15}C_{16}O_4P$	430.89	191　381	75

2. 分离测量

1)样品前处理

准确称取0.2g化妆品样品,加入6.0mL乙腈作为萃取剂,避光浸泡12h,涡旋1min,超声提取20min,以3000r·min^{-1}的速度离心10min,转移上清液,再加入6.0mL萃取剂。重复上述步骤2次,将萃取液合并后旋转蒸发至近干,1.0mL正己烷重溶。上样前将 Florisil 固相萃取柱先用6.0mL乙腈淋洗,再12.0mL正己烷活化,上样后用2.0mL乙腈进行洗脱,收集溶液旋转蒸发至近干，1.0mL 乙腈重溶，置于棕色进样瓶，用 GC－MS 检测。

2）GC－MS 检测

（1）开机，抽真空过夜。

（2）实时分析操作。

（3）样品检测完成，打开再解析分析软件，进行物质的定性定量分析。

3. 测量步骤

（1）定量分析线性范围实验。分别准确移取 4 种 OPFRs 标准工作溶液，配制 0、0.1mg·L^{-1}、0.2mg·L^{-1}、0.4mg·L^{-1}、0.6mg·L^{-1}、0.8mg·L^{-1}和 1.0mg·L^{-1}等七个不同质量浓度的混合标准工作溶液。在已优化仪器条件下进行检测，以目标分析物的浓度为横坐标，以分析物的峰面积为纵坐标作线性拟合，得到 4 种 OPFRs 化合物标准曲线。

（2）检测实际样品。

（3）实际样品加标实验。向上述实际样品中加以一定量的标准品，在相同条件下进样分析，获得色谱图。

4. 数据记录

（1）线性实验。将标准曲线实验结果（各物质的峰面积）填入表 15.6 中。

表 15.6　标准曲线实验结果

浓度，mg·L^{-1}	TBP	TCEP	TCPP	TDCPP
0				
0.1				
0.2				
0.4				
0.6				
0.8				
1.0				
线性方程				
相关系数（R）				

（2）检测实际样品。将样品测定结果填入表 15.7 中。

表 15.7　实际样品测定结果

项　目	TBP	TCEP	TCPP	TDCPP
峰面积				
含量，mg/kg				
相对标准偏差				

(3)实际样品加标实验。

五、数据处理

(1)调用色谱图,并积分对应色谱峰的峰面积。

(2)根据各标准品峰面积,绘制标准曲线。

(3)根据标准曲线,计算样品中所含 TBP、TCEP、TCPP、TDCPP 的含量。

(4)计算加标浓度和加标回收率。

六、思考题

(1)在 GC - MS 测定中目标物定性需要几个特征离子?定量需要几个特征离子?

(2)什么是选择离子监测模式(SIM)和扫描模式(SCAN)?

第16章　液相色谱—质谱联用法

16.1　基础知识

16.1.1　液相色谱—质谱联用仪的结构及原理

液相色谱—质谱联用仪(LC－MS)将液相色谱仪和质谱仪通过特定的连接接口装置实施在线(on　line)连接,有效地发挥联用仪器各自分析特色,实现优势互补,从而得到更高质量保证的分析结果。液相色谱和质谱联用最重要的突破在于色谱和质谱的接口部分。离子源的功能是使样品分子转化为离子,将离子聚焦,并加速进入质量分析器。大气压离子化(API)是指在大气压条件下的质谱离子化技术的总称,包括电喷雾离子化(ESI)和大气压化学离子化(APCI)等技术,是目前商品化液质联用仪主要的离子源类型。

LC－MS利用样品中各组分在色谱柱中的流动相和固定相间的分配或吸附系数的不同,由流动相把样品带入色谱柱中进行分离后,经接口装置和离子源去除溶剂并使样品离子化,使其成为带有一定电荷、质量数的离子,这些不同的离子碎片在不同电场和(或)磁场中的运动行为不同,各种类型的质量分析器利用该原理把带电离子按质荷比(m/z)分开,得到按质量顺序排列的质谱图。通过对质谱图的分析处理,可以得到样品的定性、定量分析结果。

16.1.2　液相色谱—质谱联用仪使用注意事项

(1)质谱数据以正离子还是负离子模式采集,需考虑被测样品结构和特性等。由于C—O、C—N、双键、三键及碱性化合物具有较强的质子亲和力,上述基团或化合物更倾向于形成正离子;含—COOH、—F、—Cl、—HSO_3的化合物由于具有较强的质子给予能力,更倾向于形成负离子;还有许多化合物既可形成正离子,也能生成负离子。

正离子模式:适合于碱性样品,可用乙酸或甲酸对样品加以酸化。样品中含有仲氨或叔氨时可优先考虑使用正离子模式。正离子模式可能产生的离子为$+1\ [M+H]^+$、$+18\ [M+NH_4]^+$、$+23\ [M+Na]^+$、$+39\ [M+K]^+$等。

负离子模式:适合于酸性样品,可用氨水或三乙胺对样品进行碱化。样品中含有较多的强伏电性基团,如含氯、含溴和多个羟基时可尝试使用负离子模式。负离子模式可能产生的离子为$-1\ [M-H]^-$、$+35\ [M+{}^{35}Cl]-$、$+37\ [M+{}^{37}Cl]-$、$+45\ [M+HCOO]^-$等。

当开发方法的时候,ESI(＋)、ESI(－)或APCI(＋)、APCI(－)之间的选择并不总是很明显，或者化合物酸碱性不明时，最好都进行考察。

(2)影响质谱检测灵敏度的主要因素有喷雾针的位置、雾化气流速、干燥气流速、脱溶剂管温度和加热模块温度。除喷雾针的位置外，其他参数均可以通过软件反控，因此可以使用批处理的方法进行优化。

(3)长的驻留时间(dwell time)可以获得高的灵敏度和重复性。当分析多个物质时，长的驻留时间会影响到每个 MRM 通道的采集点数，所以需要平衡驻留时间和采集点数，一般在保证 20 个采集点数前提下，尽量增长驻留时间。

(4)LC/MS 流动相的选择：磷酸盐缓冲液在短波长区的低吸收，以及较宽的 pH 缓冲作用范围（pH =2 ~4，6 ~8，11 ~13）而被广泛使用，但它的一大缺陷是其易结晶，结晶将会使 LC/MS 接口堵塞，故使用挥发性缓冲盐，如醋酸铵或甲酸铵替代磷酸缓冲盐。挥发性缓冲盐调节 pH：pH =1.8 ~ 2.5，TFA，浓度 < 0.1%；pH =2.5 ~ 4，FA，浓度 =0.1%；pH =4 ~5，HAc，浓度 =0.1% ~0.5%；pH =7，NH_4Ac；pH > 7，氨水。

(5)流动相流量的大小对 LC/MS 十分重要，需要从所用色谱柱的内径、柱分离效果、流动相的组成等不同角度加以考虑。较小的流量可获得较高的离子化效率，所以在条件允许的情况下最好采用内径较小的色谱柱。不同色谱柱保证良好分离的流量：0.3mm i.d.，10μL·min^{-1}；2.0mm i.d.，30 ~60μL·min^{-1}；2.0mm i.d.，200 ~500μL·min^{-1}；4.6mm i.d.，>700μL·min^{-1}。

16.2　实　　验

实验一　液相色谱—质谱联用仪主要性能检定

一、实验目的

(1)掌握液相色谱—质谱联用仪的基本原理。

(2)熟悉液相色谱—质谱联用仪的基本组成。

(3)学会液相色谱—质谱联用仪性能参数及测定方法。

二、实验原理

为了保证液相色谱—质谱联用仪性能处于正常状态，依据 JJF 1317—2011《液相色谱—质谱联用仪校准规范》，着重从质量准确性、分辨率、灵敏度、测量重复性几个方面对仪器进行评价和校准。其各项技术指标见表 16.1。

表 16.1 LC－MS 主要技术指标

技术指标			要 求
质量范围			上限不低于 1500u
质量准确性(ΔM)			±0.5u
分辨率(R)			≤1u
灵敏度	Q	ESI/APCI 正离子	10pg 利血平，$m/z=609$ 处 $S/N\geq100:1$(峰峰值)
		ESI/APCI 负离子	10pg 氯霉素，$m/z=321$ 处 $S/N\geq40:1$(峰峰值)
	QQQ QIT	ESI/APCI 正离子	10pg 利血平，$m/z=609$(母核)，$m/z=195$(碎片)，$S/N\geq150:1$(峰峰值)
		ESI/APCI 负离子	10pg 氯霉素，$m/z=321$(母核)，$m/z=152$(碎片)，$S/N\geq100:1$(峰峰值)
定量重复性			RSD≤6%
定性重复性			RSD≤2%

注：Q 表示四极杆质谱；QQQ 表示三重四极杆串联质谱；QIT 表示四极杆质谱串联离子阱质谱。

三、仪器与试剂

1. 仪器

液相色谱—质谱联用仪；10μL 微量注射器(分度为 0.1μL)。

2. 试剂

10.0pg·μL^{-1}利血平的乙腈溶液；10.0pg·μL^{-1}氯霉素的乙腈溶液；碘化钠；碘化铯；异丙醇；乙腈(MS)；水(二次去离子水)。

四、实验步骤

1. 溶液配制

碘化铯钠—异丙醇水溶液：2μg·μL^{-1}碘化钠，50ng·μL^{-1}碘化铯溶于 50＋50 异丙醇—水溶液中。

2. 质量范围确定

质量范围指质谱仪能检测的最低和最高质量。由于液相色谱能够分析分子量大的高沸点化合物，因此液相色谱—质谱联用仪的质量范围一般宽于气相色谱—质谱联用仪。

将碘化铯钠调谐溶液由质谱进样口注入，并调入该类型的质量校准文件进行调谐和校准。使用标准质荷比范围($m/z=50\sim2200$)，选择 SCAN 模式，以碘化铯钠溶液为调谐液进行全范围扫描，质量数达到 1500 以上，观察是否出现质量数 1500 以上(含 $m/z=1500$)的质谱峰。

3. 质量准确性计算

仪器调谐完成后，按照调谐的条件，注入碘化铯钠调谐液，记录表 16.2 中的主要离子的实测质量数,根据公式(16.1)计算质量准确性。

$$\Delta M = \overline{M_{i测量}} - M_{i理论} \tag{16.1}$$

式中,$\overline{M_{i测量}}$为第 i 个离子三次测量平均值,u;$M_{i理论}$为第 i 个离子理论值,u。

表 16.2　碘化铯钠(NaI·CsI)离子质量(m/z)

正离子源校准 离子质量数(m/z)	正离子源校准 离子质量数(m/z)
118.09	112.99
322.05	431.98
622.03	601.98
922.01	1033.99
1521.91	1633.95
2121.93	2233.91
2721.89	2833.87

4.分辨率计算

仪器调谐过后,按照调谐的条件,注入调谐液,考察表 16.2 中 3~5 个主要离子峰的分辨率(该峰形成的峰谷大于峰高的 10%)。并根据式(16.2)计算仪器的分辨率:

$$R = W_{1/2} \tag{16.2}$$

式中,R 为分辨率,FWHM;$W_{1/2}$为离子峰峰高 50% 处的峰宽度(简称半峰宽)。

5.灵敏度确定

以自动或手动调谐时确定的最佳值作为检定参数。

(1)ESI 正离子:以 C_{18}(2.1mm×150mm×5μm)或相当者为色谱分离柱,采用 70+30 乙腈—水溶液为流动相,控制流速为 200μL·min^{-1},注入 10μL 质量浓度为 1pg·μL^{-1}的利血平溶液,选择选择离子检测模式(SIM),提取利血平的特征离子 $m/z=609$,根据公式(16.3)计算质量色谱图中 $m/z=609$ 的信噪比。

$$S/N = H_{609}/H_{噪声} \tag{16.3}$$

式中,H_{609}为提取离子($m/z=609$)的峰高;$H_{噪声}$为基线噪声,取该峰附近 10min 内的基线噪声的平均值。

注:检定 LC-MS 时,以 C_{18}(2.1mm×150mm,5μm)或相当者为色谱分离柱,采用 70+30 乙腈—水溶液为流动相,以 200μL·min^{-1}的流速注入 10μL 质量浓度为 1pg·μL^{-1}的利血平溶液,选择多反应选择检测(MRM)模式,提取利血平特征离子 $m/z=609$ 的碎片离子 $m/z=195$ 的质量色谱图,根据公式(16.3)计算 S/N。

(2)ESI 负离子:以 C_{18}(2.1mm×150mm×5μm)或相当者为色谱分离柱,采用 70+30 乙腈—水溶液为流动相,以 200μL·min^{-1}的流速,注入 10μL 质量浓度为 0.5pg·μL^{-1}的氯霉素溶液,选择 SIM 模式,提取氯霉素特征离子 $m/z=321$,再现质量色谱图,根据公式(16.3)计算 S/N。

注：检定 LC－MS 时以 C_{18}（2.1mm×150mm×5μm）或相当者为色谱分离柱，采用 70＋30 乙腈—水溶液为流动相以 200μL·min^{-1}的流速，注入 5μL 质量浓度为 0.5pg·μL^{-1}的氯霉素溶液，选择 MRM 模式，提取利血平特征离子 $m/z=321$ 的碎片离子 $m/z=152$ 的质量色谱图，根据公式（16.3）计算 S/N。

（3）APCI 正离子：以 C_{18}（2.1mm×150mm×5μm）或相当者为色谱分离柱，采用 70＋30 乙腈—水溶液为流动相，以 1mL·min^{-1}的流速，注入 10μL 质量浓度为 1pg·μL^{-1}的利血平溶液，选择 SIM 模式，提取利血平的特征离子 $m/z=609$ 的质量色谱图，根据公式（16.3）计算 S/N。

注：检定 LC－MS 时注入 5μL 质量浓度为 1pg·μL^{-1}的利血平溶液，选择 MRM 模式，提取利血平特征离子 $m/z=609$ 的碎片离子 $m/z=195$ 的质量色谱图，根据公式（16.3）计算 S/N。

（4）APCI 负离子：以 C_{18}（2.1mm×150mm×5μm）或相当者为色谱分离柱，采用 70＋30 乙腈—水溶液为流动相，以 1mL·min^{-1}的流速，注入 10μL 质量浓度为 1pg·μL^{-1}的氯霉素溶液，选择 SIM 模式，提取氯霉素特征离子 $m/z=321$，再现质量色谱图，根据公式（16.3）计算 S/N。

注：检定 LC－MS 时以 C_{18}（2.1mm×150mm×5μm）或相当者为色谱分离柱，采用 70＋30 乙腈—水溶液为流动相，以 2mL·min^{-1}的流速，注入 5μL 质量浓度为 1pg·μL^{-1}的利血平溶液，选择 MRM 模式，提取利血平特征离子 $m/z=609$ 的碎片离子 $m/z=195$ 的质量色谱图，根据公式（16.3）计算 S/N。

6. 整机定量及定性重复性计算

ESI 正离子参照第 5 项（1）中条件，注入 10μL 质量浓度为 lpg·μL^{-1}的利血平溶液，连续进样六次，记录总离子流色谱图中利血平的峰面积和保留时间，根据公式（16.4），以峰面积的相对标准偏差计算定量重复性，以保留时间的相对标准偏差计算定性重复性。

$$RSD=\sqrt{\frac{\sum_{i=1}^{6}(x_i-\bar{x})^2}{6-1}}\times\frac{1}{\bar{x}}\times 100\% \qquad (16.4)$$

式中，RSD 为相对标准偏差，%；x_i为利血平第 i 次测量峰面积或保留时间；$\bar{x}$为利血平 6 次测量峰面积或保留时间的算术平均值。

注意：（1）负离子源参照第 5 项（2）中条件，注入 10μL 质量浓度为 0.5pg·μL^{-1}的氯霉素溶液，连续 6 次，按总离子流色谱图中氯霉素的峰面积进行积分，根据公式（16.4）计算 RSD；（2）APCI 离子源重现性检定的其他色谱（质谱）条件参照第 5 项（3）、（4）中条件。

7. 不确定度评定

液相色谱—质谱联用仪校准的各项指标中，主要对信噪比进行不确定评价，不确定度主要来自：（1）n 次测量相对标准偏差，A 类，记为 u_1；（2）所采用标准物质的不确定度，B 类，记为

u_2。因此,得到合成标准不确定度 u_c:

$$u_c = \sqrt{u_1^2 + u_2^2} \tag{16.5}$$

将合成标准不确定度乘以包含因子 $k(k=2)$ 得到扩展不确定度 $U_{扩展}$:

$$U_{扩展} = ku_c \tag{16.6}$$

五、注意事项

(1)仪器室内不得有强烈的机械振动和电磁干扰,不得存放与实验无关的易燃、易爆和强腐蚀性气体或试剂。

(2)实验室温度:20～30℃;相对湿度:不大于70%。

六、思考题

(1)LC－MS 常见的接口有哪些?

(2)实验需要进行哪些方面的校准工作?

(3)实验需要优化哪些参数?

实验二　液相色谱—质谱联用法测定水中五氯酚

一、实验目的

(1)了解液相色谱—质谱联用仪的一般操作方法。

(2)了解水中痕量五氯酚残留量的检测方法。

二、实验原理

液相色谱—质谱联用仪主要由色谱仪、接口、质谱仪、电子系统、记录系统和计算机系统六大部分组成。混合组分经色谱分离、接口传输、质谱检测后得到质谱图,根据质谱峰的位置和强度,可对样品的成分和结构进行分析。

LC－MS 的最大困难是"接口"(interface),因为液相淋洗剂的流量按分子数目计,比气相色谱的载气高了几个数量级。大气压离子化(API)等技术的出现,成功解决了接口问题,使 LC－MS 逐渐发展成熟。

API 接口/离子源由液体流入装置或喷雾探针、大气压离子源区、样品离子化孔、大气压至真空接口、离子光学系统五部分组成。API 技术主要包括电喷雾离子化(ESI)、离子喷雾离子化(ISI)和大气压化学离子化(APCI)三种模式。

五氯酚及其钠盐作为一种高效、廉价的除草剂、防腐剂及杀虫剂,曾在我国广泛使用。采用反相色谱柱分离、ESI 技术离子化、选择性离子检测(SIM)测定水中痕量五氯酚,具有灵敏、准确、简便、快速等特点。

三、仪器与试剂

1. 仪器

液相色谱—质谱联用仪(具备 ESI 源);微量移液器(1 ~ 10μL、10 ~ 20μL);25μL 平头微量进样器;富集柱或其他类似萃取短柱;氮吹仪;蠕动泵。

2. 试剂

甲醇、甲基叔丁基醚(HPLC 级);磷酸、醋酸铵(分析纯);五氯酚(含量均不低于 99.9%)。

四、实验步骤

1. 五氯酚标准储备液配制

准确称取 100.0mg 五氯酚标准品,置于 100mL 容量瓶中,用甲醇溶解并稀释至刻度,即成浓度为 $1.0mg \cdot mL^{-1}$ 的标准储备液,4℃冰箱储藏。

2. 五氯酚标准溶液配制

用微量移液器吸取五氯酚标准储备液 100μL 于 10mL 容量瓶中,用甲醇稀释至刻度,即成浓度为 $10.0\mu g \cdot mL^{-1}$ 的标准溶液,4℃冰箱储藏。

3. 样品前处理

(1)富集柱活化和平衡:先用 5mL 甲醇—甲基叔丁基醚(10 + 90)以低流速润洗小柱,再分别用 5mL 甲醇和 5mL 纯水以低流速润洗小柱,然后保存于纯水中,待用。

(2)水样的富集、淋洗与浓缩:测定时准确量取 500mL 水样,以磷酸调节水样 pH = 2.0,以蠕动泵控制水样以 $2.0mL \cdot min^{-1}$ 通过活化后的富集柱,再用 5mL 纯水淋洗小柱。经淋洗富集后的小柱应用高纯氮气吹干,然后用甲醇—甲基叔丁基醚(10 + 90)淋洗两次,每次 2mL,淋洗液用氮吹仪浓缩至干,用 1.0mL 甲醇溶解,过 0.45μm 滤膜后备用

4. 仪器操作条件确定

1)色谱条件

色谱柱:XDB – C_{18} 柱(150mm × 2.1mm,5μm)或其他类似反相色谱柱;流速:$200\mu L \cdot min^{-1}$;柱温:30℃;流动相:$2mmol \cdot L^{-1}$ 的醋酸铵甲醇溶液(A)和 $2mmol \cdot L^{-1}$ 的醋酸铵溶液(B),梯度洗脱:0 ~ 1min,50% A,1 ~ 12min,A 线性变化至 99%,然后保持 13min。

2)质谱条件

离子源:ESI(–);扫描范围(m/z):100 ~ 300;毛细管电压:3500V;干燥温度:350℃;干燥气(N_2)流速:$9.0L \cdot min^{-1}$;喷雾器压力 35.0psi。

5. 仪器启动与条件设定

按所用仪器的操作规程开启质谱仪的真空系统，等待仪器的真空度达到指定要求。打开计算机电源，启动质谱工作站，设定液相色谱和质谱条件，待仪器稳定后，开始进样分析。

6. 标准曲线制备

用移液器吸取五氯酚标准储备液 5μL、25μL、100μL、250μL、500μL，分别置于 10mL 容量瓶中，用甲醇稀释至刻度，即成浓度为 5.0ng · mL^{-1}、25.0ng · mL^{-1}、100.0ng · mL^{-1}、250.0ng · mL^{-1}、500.0ng · mL^{-1}的五氯酚标准系列溶液，分别进样 20μL，选择五氯酚的准分子离子峰 m/z = 265[M－H]$^{-}$为定量分析离子，以五氯酚钠含量与峰面积间的线性关系制作标准曲线。

7. 样品分析

吸取 10μL 水样提取液注入液相色谱—质谱联用仪，得到样品液的五氯酚的 m/z = 265[M－H]$^{-}$的萃取离子流图(EIC)，用其峰面积查标准曲线，得相应含量。

五、数据处理与图谱解析

1. 结果计算

计算公式为

$$\rho = \frac{m \times 1000}{m \times \frac{V_2}{V_1} \times 1000} \tag{16.7}$$

式中，ρ 为水样中五氯酚的含量，μg · mL^{-1}；m 为从标准曲线上查得水样提取液进样体积中五氯酚的含量，ng；V_1为水样提取液定容体积；V_2为进样体积，μL。

2. 谱图解析

以甲醇—醋酸铵溶液为流动相时，五氯酚可与四氯酚、三氯酚等干扰物较好地分离，并可缩短分析时间，改善峰形。在该流动相中 ESI(－)具有较好的灵敏度，而其 ESI(＋)的信号很弱，这是由于五氯酚在甲醇—醋酸铵溶液中酸性较强，容易解离，难形成正离子信号，但易形成负离子信号。为了进一步提高检测灵敏度，选用 ESI(－)离子化模式下的选择离子检测(SIM)，选择其准分子离子峰 m/z = 265[M－H]$^{-}$为定量分析离子，图 16.1 为待测水样提取液中五氯酚的 m/z = 265[M－H]$^{-}$的萃取离子图(EIC)。

五氯酚在 ESI(－)离子化方式下，主要生成[M－H]$^{-}$准分子离子峰。由于五氯酚具有 5 个氯原子，二氯元素又具有 Cl^{35}、Cl^{37}两个同位素，故其 m/z 分别为 263、265、267、269、271、273。它们的[M－H]$^{-}$峰的丰度比例理论上应为 P_{263}∶P_{265}∶P_{267}∶P_{269}∶P_{271}∶P_{273} = 243∶405∶270∶90∶15∶1。根据三原子定性原则，选择 m/z = 263、m/z = 265、m/z = 267[M－H]$^{-}$三个准分子离子峰，再结合丰度比例和保留时间，所获得的色谱图具有高度的专属性，五氯酚标准的质谱图参照图 16.2。

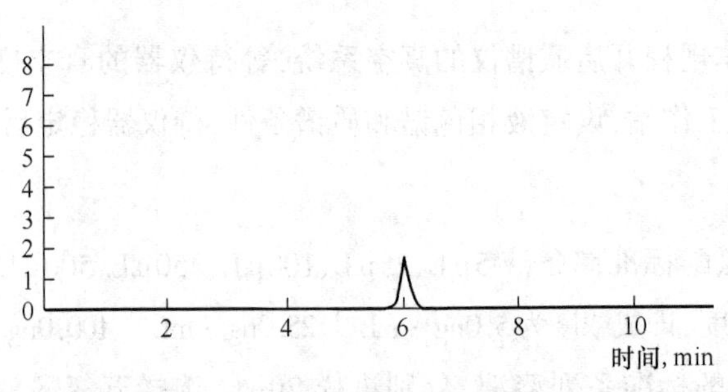

图 16.1　水样提取液中的五氯酚的萃取离子图

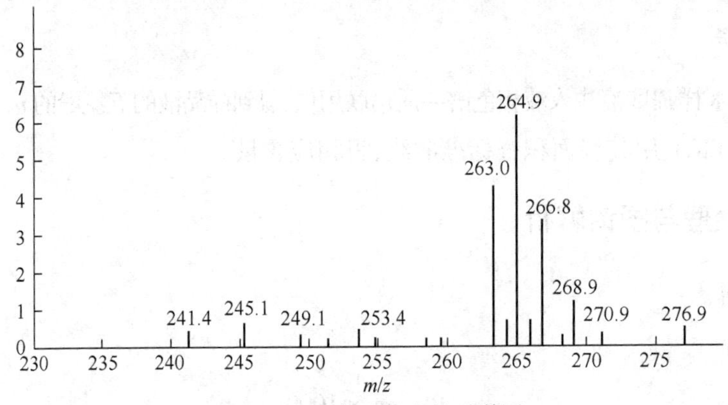

图 16.2　五氯酚标准的质谱图

六、注意事项

(1)在 API 技术中,ESI 和 APCI 二者为相互补充的分析手段。ESI 适合于中等极性到强极性的化合物分析,APCI 适合于非极性或中等极性的小分子分析。ESI 和 APCI 接口都有正、负离子测定模式,正离子模式适合于碱性样品,负离子模式适合于酸性样品。

(2)LC－MS 对使用的溶剂和缓冲液有限制,要求流动相为甲醇、乙腈、水和它们比例不同的混合物及一些易挥发的缓冲盐溶液(如甲酸铵、乙酸铵等)。HPLC 分析中常用的磷酸缓冲液及一些离子对试剂(如三氟乙酸等)要尽量避免使用,不得已时也应尽量使用低浓度。

(3)流动相流量对 LC－MS 的联机分析十分重要,在条件允许的情况下最好使用小流量、细径色谱柱。一般 0.3mm 内径液相柱的流量为 10μL·min^{-1},1.0mm 内径的为 30～60μL·min^{-1},2.1mm 内径的为 200～500μL·min^{-1}。

(4)在质谱参数中,毛细管电压、干燥气体温度、干燥气体流速对准分子离子测定的灵敏度和稳定性有影响,因此需要摸索与优化。其中干燥气体温度一般高于分析物的沸点 20℃左右,对于热不稳定化合物,应选更低温度以避免显著地分解,流动相有机溶剂比例较高时可适当降低温度。

七、思考题

(1)液相色谱 - 质谱联用仪由哪几个部分组成？其接口类型有哪些？

(2)LC - MS 的离子化技术有哪些？各有何优缺点？

(3)与 GC - MS 相比,LC - MS 有哪些特点？

实验三　液相色谱—质谱联用法测定溶液中利血平

一、实验目的

(1)掌握液相色谱—质谱联用法基本原理。

(2)熟悉液相色谱—质谱联用法条件优化的一般过程。

(3)了解选择离子监测(SIM)和多反应检测(MRM)的区别。

二、实验原理

液相色谱—质谱联用仪兼有色谱的分离能力和质谱强大的定性能力,在痕量分析、定性分析等领域有广泛的应用。液相色谱—质谱联用仪一般使用电喷雾离子源(ESI)或大气压化学电离源(APCI),不形成分子离子峰,而形成待测物和 H^+、Na^+、K^+ 的加合离子。利血平的精确质量数为 608.3,与质子结合后形成 $[M+H]^+$ 离子,其质荷比为 609.3。因此,选用 609.3 作为母离子,在碰撞室发生碰撞诱导解离后,形成质荷比为 195.0 的子离子,检测 609.3 - 195.0 这一对母离子和子离子,就可以实现对利血平的串联质谱分析。

三、仪器与试剂

1. 仪器

液相色谱—质谱联用仪(LC - MS - MS);分析天平;10mL 容量瓶。

2. 试剂

利血平(A. R.);甲酸(MS);乙腈(LC - MS);水(超纯水)

三、实验步骤

1. 试剂的配制

利血平储备液($1mg \cdot mL^{-1}$):准确称取利血平 10.0mg,置于 10mL 容量瓶中,加入乙腈溶解,定容,摇匀。使用前需使用 50 + 50 乙腈—水溶液稀释至 $0.5\mu g \cdot mL^{-1}$ 及 $1.0ng \cdot mL^{-1}$。

2. 质谱条件优化

(1)母离子选择和优化:取 $0.5\mu g \cdot mL^{-1}$ 溶液注入 LC - MS - MS,以扫描模式(MS1Scan)

方式采集数据并进行分析,寻找可以作为母离子的离子,记录并通过改变锥孔电压得到优化的实验条件。

(2)子离子选择和优化:取0.5μg·mL^{-1}溶液注入LC-MS-MS,以子离子扫描方式采集数据并进行分析,寻找可以作为子离子的离子,并通过改变碰撞电压得到优化的实验条件。

3. SIM和MRM方式比较

取利血平(1ng·mL^{-1})注入LC-MS-MS,分别以SIM和MRM方式采集数据,记录并比较两种方式的峰面积和信噪比,说明信噪比差异产生的原因。

四、注意事项

(1)利血平为常用的判断液质联用工作状态是否正常的试剂,使用时应当控制使用浓度,避免交叉污染。

(2)锥孔电压一般在20~80V,每隔5V进行优化,然后在最优点附近每隔2V进一步优化。

(3)碰撞电压一般在10~60eV,每隔5eV进行优化,然后在最优点附近每隔2eV进一步优化。

五、思考题

(1)利血平在本实验中形成的质谱峰称为准分子离子峰,液相色谱—质谱联用中常见的准分子离子峰有哪些?

(2)简要说明SIM方式和MRM方式测定的原理。

(3)MRM方式和SIM方式比较,哪种方式的信号强度高?哪种方式的灵敏度高?造成差异的原因是什么?

参考文献

[1] 黄沛力. 仪器分析实验. 北京:人民卫生出版社,2015.
[2] 张剑荣,余晓冬,屠一锋,等. 仪器分析实验. 北京:科学出版社,2009.
[3] 贾琼,马玖彤,宋乃忠. 仪器分析实验. 北京:科学出版社,2015.
[4] 首都师范大学仪器分析实验教材编写组. 仪器分析实验. 北京:科学出版社,2016.
[5] 张显亮. 仪器分析实训. 北京:化学工业出版社,2015.
[6] 李险峰,金真,马毅红,等. 现代仪器分析实验. 广州:中山大学出版社,2017.
[7] 卢士香,齐美玲,张慧敏,等. 仪器分析实验. 北京:北京理工大学出版社,2017.
[8] 黄丽英. 仪器分析实验指导. 厦门:厦门大学出版社,2014.
[9] 胡坪,王氢. 仪器分析. 北京:高等教育出版社,2019.